工业互联网赋能智造系列教材

工业边缘计算

主　编　孔宪光

副主编　张新民　马洪波　陈改革　卢　津

参　编　张国伟　李　霖　苏　伟　郑　珂

机械工业出版社

边缘计算作为云计算的一个分支，被认为是工业互联网打通最后一公里的关键使能技术，边缘计算与云计算协同技术也是工业互联网纵深化、场景化和智能化发展的重要手段。随着边缘计算技术与工业互联网的深度融合，边缘计算技术逐渐成为工业生产中基础设施的支撑性技术，充分发挥其移动性、高速率和低时延等优势，不仅可以满足工业互联网场景下实时、可靠的响应需求，而且可以融合人工智能、大数据等新技术推动企业数字化转型，未来将对推进数据资源化、数据资产化和数据价值化发挥更加重要的作用。本书介绍了边缘计算基础知识、边缘计算关键技术、云边端协同技术、工业云边协同典型应用、基于边缘计算的工业智能视觉及其应用以及基于边缘计算的工业预测性维护及其应用，最后介绍了工业边缘计算的挑战与展望。本书内容简繁得当，实用易学，深刻把握了当前工业互联网的现状与发展趋势，剖析了其内在本质机理和核心技术，描述了工业边缘计算与其他理念、技术等的关系，紧密贴合平台服务与产业应用，可帮助读者厘清概念，掌握技术，熟悉应用，了解产业发展趋势。

本书可作为高等院校机械、自动化、大数据和人工智能等专业本科生或研究生的教材，也可作为从事智能制造、工业互联网、工业大数据和数字化转型等领域工作人员的参考用书。

图书在版编目（CIP）数据

工业边缘计算/孔宪光主编. --北京：机械工业
出版社，2024. 9. --（工业互联网赋能智造系列教材）.
ISBN 978 - 7 - 111 - 76924 - 8

Ⅰ. TB115

中国国家版本馆 CIP 数据核字第 2024115DF4 号

机械工业出版社（北京市百万庄大街 22 号　邮政编码 100037）
策划编辑：张振霞　　　　　　责任编辑：张振霞　赵晓峰
责任校对：梁　园　陈　越　　封面设计：张　静
责任印制：张　博
北京雁林吉兆印刷有限公司印刷
2025 年 1 月第 1 版第 1 次印刷
184mm×260mm · 18. 5 印张 · 456 千字
标准书号：ISBN 978 - 7 - 111 - 76924 - 8
定价：69. 00 元

电话服务　　　　　　　网络服务
客服电话：010-88361066　机 工 官 网：www.cmpbook.com
　　　　　010-88379833　机 工 官 博：weibo. com/cmp1952
　　　　　010-68326294　金　书　网：www.golden-book.com
封底无防伪标均为盗版　机工教育服务网：www.cmpedu.com

工业互联网赋能智造系列教材
编写委员会

指导顾问： 李培根（华中科技大学）

主任委员： 张　洁（东华大学）

委　　员（按姓氏笔画排序）

王万良（浙江工业大学）

孔宪光（西安电子科技大学）

冯毅雄（浙江大学）

史彦军（大连理工大学）

朱海华（南京航空航天大学）

吕佑龙（东华大学）

李　浩（郑州轻工业大学）

李敏波（复旦大学）

汪俊亮（东华大学）

高　亮（华中科技大学）

秦　威（上海交通大学）

雷亚国（西安交通大学）

　　在工业互联网、5G、云计算、AIoT（人工智能物联网）等新一代信息技术基础设施浪潮的带动下，边缘计算作为一种新途径、新方法、新应用被推向风口浪尖，全球边缘计算产业蓬勃兴起，预计到2030年，互联设备总数将突破750亿台，这一增长趋势催生了对边缘计算的强大需求。此外，边缘计算与云计算的协同工作被视为推动工业互联网向更深层次、更具体场景和更智能化发展的关键策略。边缘计算已经受到学术界、工业界及政府部门的极大关注，目前学术界已发表了很多边缘计算综述，工业界成立了边缘计算产业联盟等多个边缘计算联盟组织，政府部门也发布了一系列边缘计算重大研究计划，人工智能标准化机构也将边缘计算列为人工智能的重要组成部分。

　　边缘计算的兴起受人瞩目，吸引了众多的企业进入这个领域，在不同的模式下进行业务模式、服务形态和技术组合的探索。边缘计算在用户和数据源附近提供网络、计算和存储服务，实现流量本地化，从而降低对远程数据中心的流量影响。随着数据的大量传输、运算和处理，在本地更多的推理需求对算力提出了更高的要求。边缘计算产业联盟认为"边缘计算是在靠近物或数据源头的网络边缘侧，融合网络、计算、存储、应用核心能力的分布式开放平台，就近提供边缘智能服务，满足行业数字化在敏捷连接、实时业务、数据优化、智能应用、安全与隐私保护等方面的关键需求"。它可以作为连接物理和数字世界的桥梁，使能智能资产、智能网关、智能系统和智能服务。

　　当前工业互联网处于发展初期阶段，以工业制造行业为例，其主要特点是生产终端的类型多、工艺流程复杂，各个生产环节会产生大量的数据（包括物料、加工设备、工装、加工过程和质量等），导致车间管理过程复杂，接入终端数量繁多。企业通过信息化系统对制造流程进行精细化管理，实现企业的数字化、智能化转型，不仅需要相关生产设备产生的海量数据信息作为重要的数据基础，还需要处理海量数据的算力能力和高可靠网络提供的实时精准传输能力。边缘计算因其算力节点下沉、实时处理能力强等特点，近年来在工业互联网领域被广泛应用。传统的云计算由于计算节点离终端较远，无法满足工业企业现场对网络的低时延、高可靠性的需求。边缘计算的出现，将计算、存储和网络等资源节点下沉至靠近终端侧的网络边缘，不仅可以满足工业互联网场景下实时、可靠的响应需求，而且可以融合人工智能、大数据等新技术推动企业数字化转型。工业互联网的众多场景，都希望通过边缘计算技术提供一体式服务，既可以拥有传统云计算共享的计算、存储等资源，又可以根据不同的业务需求提供差异化的实时处理、高可靠网络传输服务能力。

　　边缘计算作为靠近用户侧的网络计算节点，可以应对业务的高带宽、低时延和本地管理等发展需求，通过边缘计算助力并满足工业互联网的场景产生了以下新需求：

　　1）新业务承载需求：以智慧工厂机器视觉为例，系统需要对大量的视频、图片数据进行分析处理，对生产过程进行实时监测、检测，对网络承载能力提出了更高要求。

　　2）云网一体到算网一体需求：仅云计算已无法满足新业务催生的海量数据的计算需求，因此云边协同组网、算网资源融合供给成了必然的选择。

在工业互联网场景下，边缘计算的引入会导致网络流量模型发生新的变化。当前总体上还是一种端到端模型，用户在一端，算力资源（云平台）在另一端，中间通过网络进行连接；而边缘计算场景变成了算力嵌在网络中间，算力无处不在，使得连接的一端存在极大的不确定性和可变性。因此从用户视角来看，不同位置的资源并不是平等关系，而是需要综合考虑用户到资源距离的不同（即时延不同）、网络状况的好坏和资源能力的不同等多方面因素来选择最优资源组合；业务对资源的需求是弹性变化趋势，由于业务驱动计算从云端下移到接近数据源的边缘侧，而边缘计算作为分散的算力资源池，单个站点资源有限，当业务需求激增时，需要能够通过最优路径将业务动态地调度到最优的算力节点进行处理，或者能够灵活利用其他算力资源弥补本地资源的不足。

随着我国数字经济的不断发展，从数字产业化到产业数字化及数字化转型，工业互联网是促进制造业转型升级，实现制造业向智能化、服务化转型的重要手段，在边缘计算技术与工业互联网融合后，边缘计算技术逐渐成为工业生产的支撑性基础设施。边缘计算技术在工业互联网中的应用，充分利用了其在移动性、传输速率和响应时间上的优势，全面促进了垂直行业在研发设计、生产制造等生产环节的创新和改革。展望未来，它将在实现数据资源化、数据资产化和数据价值化方面发挥更加关键的作用。

本书以精练而全面的内容，深入探讨了当前工业互联网的发展态势和未来趋势。书中不仅细致分析了工业互联网的内在逻辑和核心科技，还详尽阐述了工业边缘计算与相关理念、技术之间的联系。此外，本书紧密结合了平台服务与产业实践，为读者提供了一个既深入又实用的视角，帮助读者厘清概念，掌握技术，熟悉应用，了解趋势。本书可作为普通高等院校或大专院校机械、控制、计算机、通信、智能制造、工业互联网、大数据和人工智能等专业的教材，可供从事工业互联网、边缘计算研究和教学的专业人员参考使用，还可供企业、研究所及政府部门的工程技术人员、管理人员、推广人员自学和参考。

本书由孔宪光任主编，由张新民、马洪波、陈改革、卢津任副主编，张国伟、李霖、苏伟、郑珂为参编。本书前言、第 1 章、第 6 章、第 7 章、第 10 章由孔宪光负责编写，张国伟参与编写；第 2~4 章由张新民负责编写，李霖参与编写；第 5 章由马洪波负责编写，苏伟参与编写；第 8 章由卢津负责编写，郑珂参与编写；第 9 章由陈改革负责编写。东华大学张洁教授对本书大纲提供了指导，中国工业互联网研究院李霖，中国电子技术标准化研究院的苏伟、王程安参与了本书的校对。

感谢西安电子科技大学智能制造与工业互联网（大数据）研究中心、西安邮电大学工业互联网研究院、西安电子科技大学广州研究院先进制造技术创新中心的积极参与。感谢一直以来支持合作的单位，包括华为、中兴通讯、工业和信息化部电子第五研究所、中国电子技术标准化研究院、中国工业互联网研究院、国家工业信息安全发展中心、腾讯、网易、中国航空精密机械研究所、陕西法士特汽车传动集团有限责任公司、中国航空油料集团有限公司、三一重机有限公司、中航工业西安飞机工业（集团）有限责任公司、中航工业第一飞机设计院、南京康尼机电股份有限公司、中国电子科技集团公司第十研究所、西安市创新工业互联网研究院等单位的大力支持！

编 者

Contents 目录

第 1 章

绪 论

1.1 边缘计算

1.1.1 边缘计算起源

边缘计算的起源可以追溯到 20 世纪 90 年代，当时 Akamai（阿卡迈）公司推出了 CDN（内容分发网络），该网络在接近终端用户处设立了传输节点，这些节点能够存储缓存的静态内容，如图像和视频等。边缘计算通过允许节点执行基本的计算任务来进一步深化这一概念。1997 年，计算机科学家 Brian Noble 演示了如何使用移动技术将边缘计算应用于语音识别，两年后这种方法被用来降低移动设备的计算负担，延长电池寿命，当时这一过程被称为游牧服务（Cyber Foraging），这也是 Apple（苹果）的 Siri（苹果公司产品上应用的一个语言助手）和 Google（谷歌）的语音识别的工作原理。

1999 年，对等计算（Peer-to-Peer Computing）的概念出现，随着 2006 年亚马逊公司 EC2（亚马逊弹性计算云）服务的发布，云计算正式问世，自此以后各大企业纷纷采用云计算。2009 年，移动计算汇总的基于 VM（虚拟机）的 Cloudlet（微云）案例发布，它详细介绍了延迟与云计算之间的端到端关系，提出了两级架构的概念：第一级是云计算基础设施，第二级是由分布式云元素构成的 Cloudlet。在 Cloudlet 体系结构中，用户利用 VM 技术在其附近快速实例化定制服务软件，然后通过 WLAN（无线局域网）使用该服务，移动设备通常作为与服务相关的瘦客户端，这是现代边缘计算中很多方面的理论基础。

2012 年，Cisco（思科）公司推出了旨在提升 IoT（物联网）可扩展性的分布式云计算基础设施"雾计算"。雾计算是一种系统级的水平架构，将计算、存储、网络、控制和决策等资源和服务分布到从云到物的任何位置，旨在解决物联网、AI（人工智能）、VR（虚拟现实）、5G 等业务对场景的需求。雾计算的理论中有很多是目前我们理解的边缘计算的理念，包括纯分布式系统，如区块链、对等或混合系统，其中比较典型的是 AWS（亚马逊网络服务）的 Lambda@Edge、Greengrass 和 Azure IoT Edge。目前，边缘计算已经成为推动物联网应用的关键技术。

2016 年 11 月，华为技术有限公司、中国科学院沈阳自动化研究所、中国信息通信研究院、Intel（英特尔）公司、ARM 公司和软通动力信息技术（集团）有限公司联合倡议发起了 ECC（Edge Computing Consortium，边缘计算产业联盟）。ECC 目前已成为业界聚焦边缘计算领域的最大的联盟组织，联盟成员数量突破 150 家，包括华为、英特尔、ARM、BOSCH（博世）、Honeywell（霍尼韦尔）、ABB、施耐德、迅达、Infosys、三菱、和利时、McAfee、360、NI 和 OSISoft 等业界知名厂商。为了促进边缘计算产业的蓬勃发展和在行业内的快速应用，ECC 已经与多个产业组织建立了正式联系与合作，包括 IIC（工业互联网联盟）、AII（工业互联网产业联盟）、CAA（中国自动化学会）、SDN/NFV（软件定义网络/网络功能虚拟化）产业联盟、Avnu 联盟、国际半导体照明联盟和 TIAA（车载信息服务产业应用联盟）等。

当前，边缘计算已经成为 5G 时代的重要技术，国内外组织与机构都对其进行了大量的研究，其中包括 ETSI（European Telecommunications Standards Institute，欧洲电信标准化协会）、3GPP（3rd Generation Partnership Project，第三代合作伙伴计划）和 CCSA（China Communications Standards Association，中国通信标准化协会）等。

边缘计算的快速崛起，主要原因可归纳为以下三点：

1）云计算无法满足数据量的暴增。

2）计算资源、带宽及能耗的限制。

3）数据的隐私安全性要求。

另外，边缘计算的发展不是独立的，同时发展的相关技术包括雾计算、MEC（移动边缘计算）和 Cloudlet 等，这些技术对于学习和掌握边缘计算都有所帮助。

1.1.2 边缘计算定义

1. 基本定义

ECC 的边缘计算定义：在靠近物或数据源头的网络边缘侧，融合了网络、计算、存储和应用核心能力的分布式开放平台，能就近提供边缘智能服务，满足行业数字化在敏捷联接、实时业务、数据优化、应用智能和安全与隐私保护等方面的关键需求。它可以作为连接物理和数字世界的桥梁，使能智能资产、智能网关、智能系统和智能服务。

边缘计算与云计算是行业数字化转型的两大重要支撑，两者在网络、业务、应用和智能等方面的协同将有助于支撑行业数字化转型以及更广泛的场景应用与更大的价值创造。其中，云计算适用于非实时、长周期数据和业务决策场景，而边缘计算在实时性、短周期数据和本地决策等场景中有不可替代的作用。ECC 给出的边缘计算主要特性包括连接性、数据入口、约束性、分布性和融合性等。ECC 提出的边缘计算参考架构如图 1-1 所示，其中 Fabric 是一种灵活、可扩展的网络架构，它能够实现数据、计算和服务的高效交互和管理，用于支持业务或边缘计算场景中的快速部署和运行。

2. 边缘计算的基本特点和属性

（1）连接性 边缘计算以连接性为基础，其所连接物理对象的多样性及应用场景的多样性，要求边缘计算具备丰富的连接功能，如各种网络接口、网络协议、网络拓扑、网络部署与配置和网络管理与维护。

此外，在考虑与现有各种工业总线互联互通的同时，连接性需要充分借鉴吸收网络领域先进的研究成果，如 TSN（时间敏感网络）、SDN、NFV、NaaS（Network as a Service，网络即服务）、WLAN、NB-IoT（窄带物联网）和 5G 等。

（2）数据入口 作为物理世界到数字世界的桥梁，边缘计算是数据的第一入口。

一方面，边缘计算拥有大量实时且完整的数据，可基于数据全生命周期进行管理与价值创造，更好的支持预测性维护、资产效率与管理等创新应用；另一方面，作为数据的第一入口，边缘计算也面临数据实时性、不确定性和多样性等的挑战。

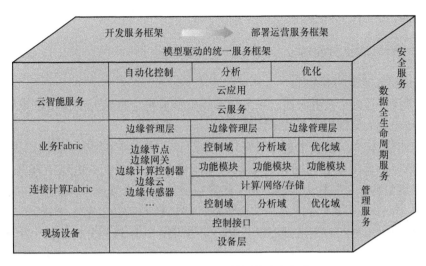

图 1-1 ECC 提出的边缘计算参考架构

（3）约束性 边缘计算产品需要适配工业现场相对恶劣的工作条件与运行环境，如防电磁、防尘、防爆、抗振动和抗电流或电压波动等。

在工业互联场景下，对边缘计算设备的功耗、成本和空间也有较高的要求。边缘计算产品需要考虑通过软硬件集成与优化，以适配各种约束条件，支撑行业数字化多样性场景。

（4）分布性 边缘计算的实际部署天然具备分布式特征。这要求边缘计算具有支持分布式计算与存储、实现分布式资源的动态调度与统一管理、支撑分布式智能和具备分布式安全等能力。

（5）融合性 OT（运营技术）与 IT（信息技术）的融合是行业数字化转型的重要基础。

边缘计算作为 OICT（指 OT、IT 和 CT，CT 为通信技术）融合与协同的关键承载，需要支持在连接、数据、管理、控制、应用和安全等方面的协同。

（6）邻近性 由于边缘计算的部署非常靠近信息源，因此边缘计算特别适用于捕获和分析大数据中的关键信息。

此外，边缘计算还可以直接访问设备，因此容易直接衍生特定的商业应用。

（7）低时延 由于移动边缘技术服务靠近终端设备或者直接在终端设备上运行，因此时延被大大降低。这使得反馈更加快速，从而改善了用户体验，减少了网络在其他部分中可能发生的拥塞。

（8）减少带宽成本 由于边缘计算靠近信息源，可以在本地进行简单的数据处理，不必将所有数据或信息都上传至云端，这将使得网络传输压力下降，减少网络拥塞，网络速率也因此大大提升。

（9）位置认知 当网络边缘是无线网络的一部分时，无论是 Wi-Fi 还是蜂窝，本地服务都可以利用相对较少的信息来确定每个连接设备的具体位置。

边缘计算具备一定的现实意义，其核心是在靠近数据源或用户的地方提供计算、存储等基础设施，并为边缘应用提供云服务和 IT 环境服务。边缘计算不仅是 5G 网络区别于 3G、4G 的重要标准之一，同时也是支撑物联技术低时延、高密度等条件的具体网络技术体现形式，具有场景定制化强等特点。

1.1.3 边缘计算发展现状

1. 边缘计算技术发展现状

当前边缘计算还处于发展阶段，很多技术还不够成熟，海峡大学指出边缘计算在组网、管理、资源和建模方面都面临着技术挑战。

有很多研究机构对组网技术进行了研究。移动和固网业务采用独立的网络进行控制和承载，结构复杂，效率低下，中国联通针对这些问题提出了多业务边缘计算的互联网协议（IP）承载网络架构，该架构中 MEC/CDN 部署在城域网汇聚节点，移动业务、固网业务从汇聚层开始，由 MSG（多业务网关）综合承载，移动核心网转发面 S/PGW-U（服务网关/分组数据网络网关用户面）下沉到汇聚节点，网络采用 SDN 转控分离架构，由 SDN 编排控制器对网络 QoS（服务质量）提供端到端保障。北京交通大学根据 5G 车联网中通信节点的多样性与资源的异构性，设计了基于 MEC 的车联网协作组网。中国移动阐述了 5G 核心网的标准架构和功能，剖析了 5G 面向垂直行业的边缘计算方案和网络切片方案，分析了 5G 边缘计算分流方式和业务连续性方案、网络切片端到端实现方案，提出了面向垂直行业的 5G 网络部署策略。

管理可以贯穿在边缘计算的整个架构中，包括基础设施的管理、卸载决策、资源管理和运维管理等。四川中电启明星信息技术有限公司提出了基于 KubeEdge 技术的边缘智能设备管理办法，该方法将 Docker 容器技术、Kubernetes 技术与边缘智能设备相结合，并对 KubeEdge 架构做了针对性地改造，实现了边缘智能设备对感知层设备统一安全的接入和管理。北京邮电大学在面向 MEC 的场景中，考虑边缘服务器的广地域分布和处理能力异构性，针对普通应用的大规模边缘计算组网资源管理，提出了大规模边缘计算分布式资源管理和协作域划分方案。Microsoft（微软）研究院针对云服务器计算资源受限的问题，提出了多用户卸载的在线和离线算法，该算法对计算任务进行划分，分别在云端和本地进行处理。

资源方面包括边缘计算中的资源管理和异构资源的统一管理。北京邮电大学针对边缘计算中的数据中心资源部署问题，结合虚拟化技术将不同应用需求的服务资源抽象为不同的 VM 进行部署与管理，通过建立数学模型将最小化系统中的资源总量的资源部署问题转化为混合整数线性模型，最终给出了资源部署策略的最优解。该学校还提出了一种适用于动态异构业务且能够弥补单点资源限制的协作边缘计算方案，结合了边缘计算服务器之间的任务迁移和适应业务潮汐效应的休眠控制机制，降低了移动边缘网络在时延约束下的长期平均消耗。

也有研究机构针对边缘计算的建模进行了研究。为了快速发现、动态组织和自主融合边缘节点进行协同服务，嘉兴大学提出了一种基于盟主的边缘计算协同服务模型，该模型基于信任度、影响力、容量、带宽和链路质量等表征节点特征属性，以任务驱动方式，由盟主节点根据策略和边缘节点的特征属性选择协同服务节点集，实现资源快速融合与计算迁移，为计算请求节点提供及时响应和可靠服务。北京工业大学提出了一种基于智能车 MEC 的任务排队建模与调度算法，提供弹性计算服务，将具备感知、计算和控制功能的智能车作为 MEC 服务器，设计了车联网环境下的 MEC 体系架构。

2. 边缘计算平台发展现状

ETSI 将边缘计算架构分为系统层、主机层和网络层，其中主机层包含边缘计算平台、虚拟化基础设施的实体和边缘 APP（应用程序）。边缘计算平台可实现无线网络信息获取、定位和带宽管理等功能，是边缘计算落地实现的重要支撑。

当前比较有代表性的边缘计算平台主要包括 ParaDrop、Cloudlet 和 PCloud 等。ParaDrop 是威斯康星大学麦迪逊分校 WiNGS 实验室的研究项目，无线网关可以在 ParaDrop 的支持下扩展为边缘计算平台，可以像普通服务器一样运行应用。ParaDrop 适用于物联网应用，如智能电网、车联网和无线传感执行网络等，可以作为物联网的智能网关平台。在物联网应用中，传感器数据将汇集到物联网网关中，再传输到云中进行分析。Cloudlet 是由卡内基梅隆大学提出的，它是一个可信且资源丰富的主机或集群，部署在网络边缘，与互联网连接，并可以被周围的移动设备访问，为设备提供服务。PCloud 是佐治亚理工学院的研究成果，它可以将计算、存储、输入/输出与云计算资源整合，使这些资源可以无缝地为移动设备提供支持。

随着边缘计算的发展，也出现了可供用户开发使用的边缘计算开源平台。EdgeX Foundry 是一个面向工业物联网边缘计算开发的标准化互操作性框架，部署在路由器和交换机等边缘设备上，为各种传感器、设备或其他物联网器件提供即插即用功能并进行管理，进而收集和分析它们的数据，或导出至边缘计算应用或云计算中心做处理。Apache Edgent 是一个开源的编程模型和微内核风格的边缘计算平台，可以被嵌入到边缘设备上，用于对连续数据流的本地实时分析。Apache Edgent 解决的问题是如何对来自边缘设备的数据进行高效的分析处理，它提供了一个开发模型和一套 API（Application Programming Interface，应用程序接口）用于实现数据的整个分析处理流程。CORD 是为网络运营商推出的开源项目，旨在利用 SDN、NFV 和云计算重构现有的网络边缘基础设施，并将其打造成可灵活提供计算和网络服务的数据中心。Akraino Edge Stack 是一个面向高性能边缘云服务的开源平台，它为边缘基础设施提供整体的解决方案。该平台可以优化边缘基础设施的网络构建和管理方式，以满足边缘计算云服务的要求，如高性能、低时延和可扩展性等。Akraino Edge Stack 可以应用于边缘视频处理、智慧城市和智能交通等。Azure IoT Edge 是一种混合云和边缘的边缘计算平台，主要将云功能扩展至路由器和交换机等具备计算能力的边缘设备上，以获得更低的处理时延和更快的实时反馈。用户在开发应用的过程中除了对计算能力考量外，无须考虑边缘设备上部署环境的差异，可以将云上原有的应用迁移至边缘设备上运行。

国内研究机构也对边缘计算进行了大量研究，设计了一些边缘计算平台。哈尔滨工业大学设计了一种面向穿戴应用的边缘计算平台，通过该平台与云端的协调，解决了只使用云端资源时穿戴应用存在的时延与带宽限制，并基于边缘计算平台实现了一个战场态势感知应用，实现了小组作战时的信息实时共享。西安电子科技大学提出了一种基于服务化架构的 MEC 平台，该平台与服务化架构具有统一的设计方式和协议，使用服务化接口作为网络功能的通信方式，将 MEC 的功能模块化并设计为网络功能，再进一步设计为网络功能服务。厦门烟草工业有限责任公司以边缘计算架构为基础，提出了一个在工业互联网中的边缘计算服务平台构建方案，能够实现工厂设备的互联互通、数据的就近采集和处理，提高了管理部门与生产执行部门之间的协同工作能力，改善了车间的生产管理水平，实现了生产过程的快速反应与敏捷制造。

1.2 工业边缘计算

1.2.1 工业边缘计算概述

工业边缘计算是边缘计算应用中最具发展潜力和经济效益的一个领域，也是面对的应用场景最多，技术最综合、最复杂，对标准化需求最迫切的领域之一。

在制造背景下的工业边缘计算可以理解为是一类常驻在邻近数据物理源头的分布式边缘节点构成的系统。这些边缘节点必须运行在任意一种容器内，并且受到集中的管理。边缘节点既要与云端层级连接，又要与生产资产层级连接，还要与其他的边缘节点连接，而且边缘节点可以暂时性地离线运行。

一个典型的工业边缘计算架构如图 1-2 所示，内容涵盖了工业边缘计算设备层、工业边缘计算资源层、工业边缘计算节点层、工业边缘计算数据层、工业边缘计算分析层和工业边缘计算应用层，总共六个层级。

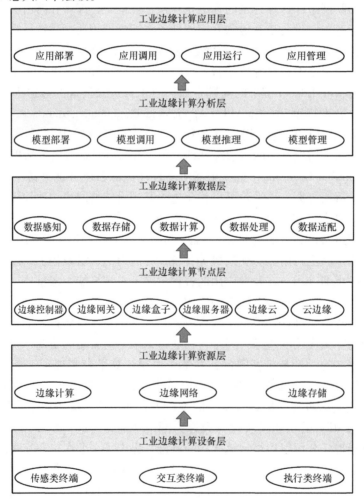

图 1-2 工业边缘计算架构

1. 工业边缘计算设备层

设备层是工业边缘计算系统的基础设施，主要包含传感类终端、交互类终端和执行类终端三类终端，负责数据采集、信息传输和执行命令，为工业边缘计算系统的数据管理与指令执行提供支撑。

2. 工业边缘计算资源层

资源层的边缘节点提供计算、存储、网络和虚拟化等基础设施资源，具有本地资源调度管理能力。

3. 工业边缘计算节点层

边缘计算节点主要包含边缘控制器、边缘网关、边缘盒子、边缘服务器、边缘云和云边缘等，这些边缘计算节点通过将网络能力从云端向边缘侧下沉，为工业基础设施赋予更加灵活的管控能力。

4. 工业边缘计算数据层

数据层的边缘节点主要负责现场和终端数据的采集，按照规则或数据模型对数据进行初步处理与分析，并将处理结果及相关数据上传给云端。

5. 工业边缘计算分析层

针对工业质检、设备管理和能耗优化等智能化生产应用，分析层的边缘节点按照人工智能模型执行模型部署、模型调用、模型推理和模型管理等任务，实现分布式智能。

6. 工业边缘计算应用层

应用层的边缘节点提供应用部署与运行环境，并对本节点多个应用的生命周期进行管理调度。

1.2.2 工业边缘计算应用现状

近年来，随着传感技术、电子技术和工业自动化的发展，大部分的工业制造过程都可以被监测，这就产生了海量的数据。如何从生产过程产生的数据中提取有价值的信息，从而改进生产过程，是智能制造的主要需求。所有的智能技术都离不开对数据的分析，而数据分析任务是一种计算敏感型任务，需要大量的计算资源，这在工业环境中很难满足，尤其是以深度学习为代表的数据驱动技术。工业边缘计算具有的低时延、低流量和高安全性的优势恰恰可以解决这些问题，因此工业边缘计算的概念一经提出，就在工业环境中得到了广泛应用。工业边缘计算的主要应用场景如下。

1. 故障诊断与缺陷检测

边缘计算提供了更为便捷的计算资源，为工业现场数据分析提供了计算支撑，在所有的数据分析任务中，故障诊断与缺陷检测类任务往往是非常重要的，目前也是工业边缘计算应用较多的场景。典型的应用有基于深度学习的刀具磨损监控和轴承的故障诊断、工厂产线零件识别与缺陷检测、工厂热异常检测、智能制造过程的设备实时监控运维及电力设备检修，这些应用普遍地利用了边缘计算低时延的特点，提高了诊断预警的响应速度。而对于地理范围较大的故障检测，边缘计算可以为移动设备与无人机等提供算力，来提高检测效率。

2. 工厂园区的安防监控

视频流的快速处理也是一种需要大量计算资源的任务，厂区的视频监控对提高设备、物料和人员的安全性有着重要意义。因此，基于边缘计算的视频流处理也是工业领域中重要的应用。例如，在矿山生产作业场景中对视频数据进行结构化分析，从而完成人员行为督导、设备状态监测和物料流转监控等任务；利用边缘计算实现铁路的无人坚守。边缘计算还可以拓展园区安防的形式，如通过边缘计算为无人机提供计算服务，进行大范围的数据收集和实时监控。

3. 辅助设计与制造

VR/AR（虚拟现实/增强现实）技术近年来得到了快速发展，在制造业中也有了一定的应用。VR/AR 技术具有数据可视化、交互性和沉浸性等特点，可以辅助操作人员装配，便于设备维护和产品测评等。由于 VR/AR 技术需要处理大量信息，并且一些穿戴式 VR/AR 设备难以提供强大的算力，因此边缘计算在此类应用上显得尤为重要。西班牙 Navantia 造船厂利用边缘计算技术为船厂的 AR 设备提供计算服务，从而提高了 AR 设备的响应速度，更好的帮助工人快速的处理信息。

4. 控制决策过程的优化

智能制造的提出使得工业生产过程日益复杂，这对工业生产的控制与决策过程提出了更高层次的优化需求，以深度学习为代表的复杂优化方法在工业控制领域也有着较多的应用。边缘计算可以为这些应用提供基础的计算设施，从而保证相关的计算任务能够安全、快速且高效地完成。利用边缘计算提供的实时计算能力，可以提高机器人的自主移动能力、感知推理能力。将 5G 与边缘计算联系在一起可以为智能汽车柔性制造提供解决方案，能够提高柔性制造中感知、分析、决策和执行过程的效率。

5. 工业数据安全与隐私保护

工业互联网的发展使得越来越多的设备数据需要与工业云平台进行交互，用户数据往往携带大量的用户隐私，与云端交互的过程可能存在用户隐私泄露的问题。工业设备与云端通信的过程也可能被第三方恶意入侵，相比于传统互联网的网络入侵，由于工业互联网数据源可能是大型设备，入侵更容易造成严重的安全事故，因此安全性与隐私保护一直是工业安全研究的重点。边缘计算在云端与设备端之间提供了多级计算资源，为工业应用的安全和隐私保护提供了更灵活的方法。针对隐私泄露问题，可以利用边缘节点对采集的数据进行加密压缩、多点聚合，保护原始数据的特征不被轻易获取，或者直接将云端计算下放到边缘端来执行，减少不必要数据的上传，从根本上杜绝隐私泄露的可能。

6. 平台与应用

2018 年，西门子推出第一台工业边缘设备，此后，其边缘计算技术经过不断的完善发展，已经形成了一个较为完备的工业边缘计算平台，包括用于执行边缘任务的各种工业级边缘设备（如 SIMATIC IPCs，SIMATIC S7-1500 和 RUGGEDCOM RX1500 等），用于监控、性能分析、数据分析和仿真设计的工业边缘软件，用于管理各种边缘设备的管理系统及工业云平台 MindSphere 等。

华为的智能边缘平台 IEF 的主要工业应用场景为面向工业产线的视觉缺陷检测，用边缘智能的方式取代产线人工的质检，从而提高检测的效率。平台的边缘节点部署在工业产线上，采集工业现场的图片信息，利用部署在边缘节点的视觉人工智能模型进行识别，同时在边缘节点生成相关的数据库。IEF 与华为云相结合，在云端完成模型的训练并下放到边缘节点进行部署，还可以进行增量的训练优化。不同于西门子的工业边缘平台包含了大量的工业级边缘设备，华为的边缘节点硬件采用为满足一定配置的 PC（个人计算机），华为 IEF 主要提供边缘计算软件与云端的服务，边缘节点的软件同样采用 Docker 容器的方式进行部署。

1.2.3 工业边缘计算与工业互联网

工业互联网是开放的、全球化的网络，将人、数据和机器连接起来，属于泛互联网的目录分类。它是全球工业系统与高级计算、分析、传感技术及互联网的高度融合。

工业互联网满足工业智能化的发展需求，具有低时延、高可靠性和广覆盖特点的关键网络基础设施，是新一代信息通信技术与先进制造业深度融合所形成的新兴业态下的应用模式，包括网络、平台和安全三大体系，其中网络是基础，平台是核心，安全是保障。工业互联网的本质和核心是通过开放的、全球化的工业级网络平台把设备、生产线、工厂、供应商、产品和客户紧密地连接融合起来，高效共享工业经济中的各种要素资源，形成跨设备、跨系统、跨厂区和跨地区的互联互通，从而通过自动化、智能化的生产方式降低成本、提高效率，帮助制造业延长产业链，推动制造业转型发展，推动整个制造服务体系智能化发展。

随着工业互联网发展和建设的不断深入，工业互联网典型场景需要超低网络时延及海量、异构且多样性的数据接入，这对数据中心的处理能力提出了新要求。要实现工业互联网的创新应用，如智能化生产、网络化协同、个性化定制和服务化转型等并非易事。

例如，目前基于视觉引导的装配机器人得到了广泛的应用，但是个性化定制过程也对装配机器人提出了更高的要求。在实时性方面，个性化定制系统对于装配机器人的空间定位、目标识别和轨迹规划的实时性要求高，部分情况的场景需要在 10ms 以内完成。同时，工业现场中单个摄像头在 4Mbit/s 码率下每天将产生 330G 的 1080p 格式视频数据，完全传输至云端需要占用大量带宽，并产生较大的时延，若数据分析和控制都在云端进行，则难以满足业务实时性的要求。

工业边缘计算的提出为解决上述问题提供了可能性。工业边缘计算是在数据产生源的网络边缘处提供网络、计算、存储和应用能力的开放平台。部署边缘计算后，数据可在本地进行处理，并安全的传输到云端，不仅减少了云端计算压力和传输带宽负荷，还降低了数据传输时间和安全隐患，能够大幅提升用户体验。工业互联网包含工业边缘计算，工业边缘计算是实现工业互联网的"最后一公里"，针对工业互联网领域的需求，开展高性能、高可靠性边缘计算关键技术的研究已经刻不容缓。

对于工业智能来讲，工业互联网对边缘计算的需求要更进一步，需要构建更加强大的边缘计算功能，要用平台级的思维去理解工业边缘计算的高级能力需求。

1. 建立物理世界和数字世界的连接与互动

通过数字孪生，在数字世界建立起对多样协议、海量设备和跨系统的物理资产的实时映像，了解事物或系统的状态，应对变化，改进操作和增加价值。

在过去十年里，网络、计算和存储领域作为 ICT（信息与通信技术）产业的三大支柱，在技术可行性和经济可行性上发生了指数性提升。

网络领域的变化：带宽提升千倍，而成本下降到 1/40。

计算领域的变化：计算芯片的成本下降到 1/60。

存储领域的变化：单硬盘容量增长万倍，而成本下降到/17。

正是下降的连接成本、提升的计算能力和海量的数据，使得数字孪生可以在行业智能2.0 时代发挥重要作用。

2. 以模型驱动的智能分布式架构与平台

在网络边缘侧的智能分布式架构与平台上，通过知识模型驱动智能化能力，实现了设备自主化和设备协作化，详细的智能分布式架构的协作流程如图1-3所示。

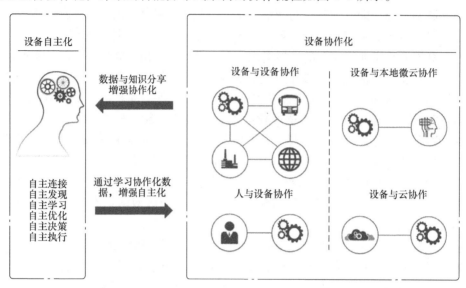

图1-3　智能分布式架构的协作流程

边缘平台结构如图1-4所示。

图1-4　边缘平台结构

边缘计算控制器：通过融合网络、计算、存储和应用等ICT能力，实现自主化和协作化；负责管理、协调和安全地连接边缘设备与云端，实现边缘计算环境的高效运行。

边缘计算网关：通过网络连接、协议转换等功能连接物理和数字世界，提供轻量化的连接管理、实时数据分析和应用管理功能。

边缘云：基于多个分布式智能网关或服务器协同构成。

智能服务：基于模型驱动的统一服务框架，面向系统运维人员、业务决策者、系统集成商和应用开发人员等多种角色，提供开发服务框架和部署运营服务框架。

3. 提供开发和部署运营的端到端服务框架

开发服务框架主要包括方案的开发、集成、验证和发布，部署运营服务框架主要包括方案的业务编排、应用部署和应用市场。开发服务框架和部署运营服务框架需要紧密协同、无缝运作，支持方案快速高效开发、自动部署和集中运营。

4. 边缘计算与云计算的能力协同

边缘侧需要支持多种网络接口、协议与拓扑，业务实时处理与确定性时延，数据处理与分析以及分布式智能和安全与隐私保护。云端难以满足上述要求，需要边缘计算与云计算在网络、业务、应用和智能方面进行协同。

1.3　本章小结

本章第一节阐述了边缘计算的相关知识，边缘计算从 20 世纪 90 年代一步步发展至今，其概念和相关技术在不断完善，这一节从 ECC 给出的边缘计算的具体定义出发，对边缘计算的基本特点和属性做出了详细描述，同时对于边缘计算的发展现状，从边缘计算技术发展现状和边缘计算平台发展现状两个方面进行了详细介绍。第二节阐述了工业边缘计算的相关理论，从工业边缘计算的概述出发，详细介绍了一个典型的工业云和边缘计算的技术架构，同时总结了近几年工业环境中的边缘计算应用，从故障诊断与缺陷检测、工厂园区的安防监控、辅助设计与制造、控制决策过程的优化、工业数据安全与隐私保护和平台与应用六个方面对工业边缘计算的应用现状做了详细介绍，最后从工业互联网的短处与需求和工业边缘计算的优势两个角度出发，详细阐明了工业互联网与工业边缘计算不可分割的联系。

本章习题

1）边缘计算的基本定义是什么？
2）边缘计算崛起的原因是什么？
3）制造背景下的工业边缘计算的概念是什么？
4）工业边缘计算的技术架构包含哪几层？
5）工业互联网与工业边缘计算的关系是什么？

第 2 章

边缘计算基础知识

边缘计算基础知识主要研究工业边缘计算基本需求、边缘计算架构、边缘计算网络技术、边缘计算操作系统、边缘计算安全与隐私和边缘计算人工智能范式。

2.1 工业边缘计算基本需求

在工业互联网时代，随着越来越多的设备联网，边缘计算模型将原有云计算中心的部分或全部计算任务迁移到数据源附近，相比于传统的云计算模型，边缘计算模型具有实时数据处理和分析、安全性高、隐私数据保护、可扩展性强、位置感知及低流量的优势。

1. 实时数据处理和分析

由于边缘计算模型将原有云计算中心的计算任务部分或全部迁移到网络边缘，在边缘设备上处理数据，而不是在外部数据中心或云端处理数据，因此提高了数据传输性能，保证了处理的实时性，同时也降低了云计算中心的计算负载。

2. 安全性高

传统的云计算模型是集中式的，这使得它容易受到 DDoS（分布式拒绝服务）供给和断电的影响。边缘计算模型在边缘设备和云计算中心之间进行分配处理、存储和应用，提高了安全性。边缘计算模型也降低了单点故障发生的可能性。

3. 保护隐私数据

边缘计算模型可以提高数据安全性。边缘计算模型是在本地设备上处理更多数据，而不是将其上传至云计算中心，因此可以减少实际存在风险的数据量。即使设备受到攻击，受损的也只是本地收集的数据，而不是云计算中心的数据。与边缘计算相关的安全级别通常更高，因为数据不通过网络发送到云。在边缘计算中，数据是分散的，这使数据更难被攻击。

4. 可扩展性强

边缘计算模型提供了更便宜的可扩展性路径，允许公司通过物联网设备与边缘数据中心的组合来扩展其计算能力。使用具有数据处理能力的物联网设备还可以降低扩展成本，而且添加的新设备都不会对网络产生大量带宽需求。

5. 位置感知

边缘分布式设备利用低级信令进行信息共享。边缘计算模型通过从本地接入网络内的边缘设备接收信息以发现设备的位置。例如，导航的终端设备可以根据自己的实时位置把相关位置信息和数据交给边缘节点进行处理，边缘节点基于现有的数据进行判断和决策。

6. 低流量

本地设备收集的数据可以进行本地计算分析，或者在本地设备上进行数据的预处理，不必把本地设备收集的所有数据上传至云计算中心，从而减少了进入核心网的流量。

2.2 边缘计算架构

边缘计算是一种分散式的运算架构，在这种架构之下，将应用系统、数据和服务的运算，由云计算中心节点迁移到网络逻辑上的边缘计算节点进行处理，因此边缘计算架构涉及的内涵和外延就非常广泛。

边缘计算将原来完全由云计算中心节点处理的大型服务加以分解，切割成更小更容易管理的部分，分散到边缘计算节点去处理。边缘计算更接近于装备端的装置，可以加快数据的处理与传输时效，降低时延。

随着工业互联网的不断发展，传感器等底层设备接入的数量越来越多，各类型的数据呈现爆炸式增长，数据计算技术特别是边缘计算技术已成为影响工业互联网平台深入应用的重要因素。边缘计算的架构技术是影响边缘计算发展的核心，如何将边缘计算模式合理架构是本节研究的重点。

从逻辑结构上讲，我们可以将边缘计算分为三层架构：云架构、边缘架构和端架构。云架构侧重于边缘计算和云计算的交互与协同，边缘架构侧重于边缘计算的应用能力，端架构负责数据的接入、采集和下发。

目前不同的企业和技术流派都推出了形态各异的云边端架构，本书对多种技术流派的现状做一下分析，然后推出正确的云边端协同架构技术。

边缘计算系统由云、边缘、端三部分组成，每部分的解决方案不止一种。限于章节篇幅，这里只介绍一种解决方案。云架构组成部分选择 Kubernetes，边缘架构组成部分选择 KubeEdge，端架构组成部分选择 EdgeX Foundry。本节将从硬件支撑系统和软件支撑系统两方面分别讲述边缘计算架构的组成体系。

边缘计算架构的组成如图 2-1 所示，图中展示了各架构的组成部分。

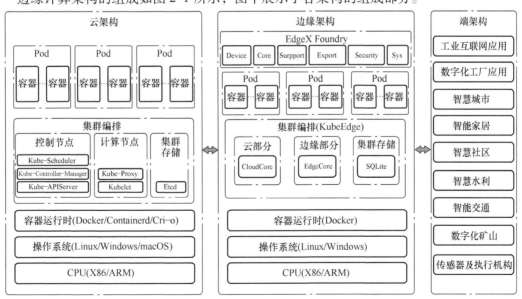

图 2-1　边缘计算架构的组成

2.2.1　云架构组成

CPU（中央处理器）支持 X86 和 ARM 架构；操作系统支持 Linux、Windows 和 macOS；容器运行时支持 Docker、Containerd 和 Cri-o；集群编排使用 Kubernetes，包括控制节点、计算节点和集群存储。

控制节点组件包括 Kube-APIServer、Kube-Controller-Manager 和 Kube-Scheduler，计算节点组件包括 Kubelet 和 Kube-Proxy，集群存储组件包括 Etcd。

云上的负载以 Pod 形式运行，Pod 由容器组成，容器是基于操作系统的 NameSpace（命名空间）和 CGroup（控制组群）隔离出来的独立空间。

Kubernetes 是 Google 开源的大规模容器编排解决方案。整套解决方案由核心组件、第三方组件和容器运行时组成，具体内容如下。

1. 核心组件

Kube-APIServer：Kubernetes 内部组件相互通信的消息总线，对外暴露集群 API 资源的唯一出口。

Kube-Controller-Manager：保证集群内部资源的现实状态与期望状态保持一致。

Kube-Scheduler：将需要调度的负载与可用资源进行最佳匹配。

Kubelet：根据 Kube-Scheduler 的调度结果，操作相应负载。

Kube-Proxy：为节点内的负载访问和节点间的负载访问做代理。

2. 第三方组件

Etcd：存储集群的元数据和状态数据。

Flannel：集群的跨主机负载网络通信的解决方案，它需要对原来的数据包进行额外的封装、解封装，性能损耗较大。

Calico：集群的跨主机负载网络通信的解决方案，它是纯三层网络解决方案，不需要额外的封装、解封装，性能损耗较小。

CoreDNS：负责集群中负载的域名解析。

3. 容器运行时

Docker：目前默认的容器运行时。

Containerd：比 Docker 轻量，稳定性与 Docker 相当的容器运行时。

Cri-o：轻量级容器运行时，目前稳定性没有保证。

Frakti：基于 Hypervisor（虚拟机监视器）的容器运行时，目前稳定性没有保证。

对于大多数企业用户而言，Kubernetes 的部署偏重，那么用户可以选择其他轻量级的解决方案，如 K3S。

2.2.2　边缘架构组成

CPU 支持 X86 和 ARM 架构；操作系统支持 Linux、Windows；容器运行时支持 Docker；边缘集群编排使用 KubeEdge，包括云部分的 CloudCore、边缘部分的 EdgeCore 和集群存储 SQLite；边缘上的负载以 Pod 形式运行。

KubeEdge 是华为开源的一款基于 Kubernetes 的边缘计算平台，用于将容器化应用的编排功能从云扩展到边缘的节点和设备上，并为云和边缘之间的网络、应用部署和元数据同步提供基础架构支持。KubeEdge 使用 Apache 2.0 许可，并且可以免费用于个人或商业用途。

KubeEdge 由云部分、边缘部分和集群存储组成，具体如图 2-1 所示。

2.2.3　端架构组成

端架构由运行在边缘集群上的管理端设备的服务框架 EdgeX Foundry 和端设备组成。

EdgeX Foundry 微服务集合构成了四个微服务层和两个增强的基础系统服务。四个微服务层从上往下依次为设备（Device）服务层、核心（Core）服务层、支持（Support）服务层和开放（Export）服务层，这也是从物理域到信息域的数据处理顺序；两个增强的基础系统服务包括安全（Security）服务层和系统（Sys）管理服务层。

设备服务层负责与南向设备交互；核心服务层介于北向与南向之间，作为消息管道并负责数据存储；支持服务层包含广泛的微服务，主要提供边缘分析服务和智能分析服务；开放服务层是整个 EdgeX Foundry 服务框架的网关层；安全服务层为机密信息提供了安全存储位置，并实现访问控制；系统管理服务层提供了系统管理工具，可用于监视和扩展 EdgeX Foundry 服务。

EdgeX Foundry 是一个由 Linux 基金会运营的开源边缘计算物联网软件框架项目。该项目的核心是基于与硬件和操作系统完全无关的参考软件平台建立的互操作框架，构建即插即用的组件生态系统，加速物联网方案的部署。EdgeX Foundry 使有意参与的各方在开放与互操作的物联网方案中自由协作，无论其是使用公开标准还是私有方案。

2.2.4　基于实践应用的云边端架构

以上了解了基于云、边缘、端的三层应用架构，内容和涉及范围都非常全面，但是在实际应用中，这样的架构显然过重，结构过于复杂，对于技术和设备的要求也非常高，所以这里将介绍一些简化型的云边端架构。

1. K3S 云处理架构

K3S 是一个轻量级 Kubernetes 发行版，它针对边缘计算、物联网等场景进行了高度优化。基于 K3S 的云集群架构如图 2-2 所示，它有以下增强功能。

图 2-2　基于 K3S 的云集群架构

1）所有 Kubernetes 的控制平面（Control-Plane）组件的操作都封装在单个二进制文件和进程中，使 K3S 具有自动化和管理包括证书分发在内的复杂集群操作能力。

2）使用基于 SQLite3 的轻量级存储后端作为默认存储机制；同时支持使用 Etcd3、MySQL 和 PostgreSQL 作为存储机制。

3）默认情况下是安全的，对轻量级环境有合理的默认值。

4）添加了简单但功能强大的内置电池（Batteries-Included）功能。例如，本地存储提供程序、服务负载均衡器、Helm controller 和 Traefik Ingress controller。

5）最大程度地减轻了外部依赖性，仅需要 Kernel 和 CGroup 挂载。

本架构采用分布式消息队列作为数据入口，为用户提供基于多种方式的数据接口，包括 MQTT（消息队列遥测传输）、MQTT-SN（MQTT 协议的传感器版本）、CoAP（受限应用协议）、LwM2M、LoRaWAN（远程广域网）和 WebSocket 等，利用 Redis（远程字典服务）和 TDengine 作为实时数据库，进行实时数据的管理和访问服务。持久层使用 MySQL 或者 SQLServer。通过 K3S 对容器进行管理，对提供不同的数据处理、分析和服务的微服务进行调度和监控。通过 Prometheus（普罗米修斯）进行平台系统的监控。

该架构的功能完全实现了云架构的集群化部署，同时可在应用规模上支撑千万级设备接入，可以作为大型工业互联网平台应用部署的云端框架。

2. 基于工业实践的边缘架构

基于 KubeEdge 的边缘架构是一种简化的 Kubernetes 部署，但是边缘的实际应用对用户的研发、设备和维护仍提出了非常高的要求，不利于大规模部署和运行维护。基于工业实践的边缘架构，既可以采用 Linux 平台，也可以采用 Windows 平台，对操作人员、运行维护人员的要求也不高。

基于工业实践的边缘架构如图 2-3 所示，采用两级管理，包括边缘数据中心和应用服务。

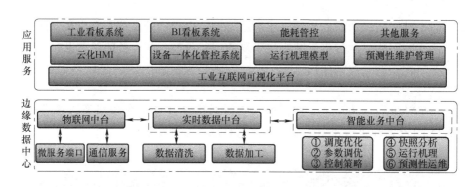

图 2-3 基于工业实践的边缘架构

（1）边缘数据中心 边缘数据中心的主要功能有三个：物联网中台、实时数据中台和智能业务中台。它们都可以采用轻量级的管理和数据服务，不需要过于庞大的集群部署架构，只需要在企业内部使用已经建立好的虚拟化系统进行服务部署，完全可以满足不同场景的边缘应用。

物联网中台以微服务的方式为所有的接入设备提供接口服务，可以实时管理接入设备的工作状况，是设备联网的核心组件。可靠性是物联网中台对外提供的最基础承诺，但在微服务体系日益庞大后，接口间的相互依赖和调用也趋于复杂，在这样的环境下，如果某个接口不可用或者某个时刻请求量过载，则会导致整个系统不可用的风险也大大增加，为了应对这样的风险，有必要在服务接口出现状况时，提供熔断与限流保护。

实时数据中台对各业务单元业务与数据的沉淀构建包括数据技术、数据治理和数据运营等的数据建设、管理和使用体系，实现数据赋能。实时数据中台是新型信息化应用框架体系中的核心，它对海量数据进行采集、计算、存储和加工，同时统一标准和口径。

实时数据中台也是一个数据集成平台，它不仅仅是为数据分析挖掘而建，更重要的功能是作为各个业务的数据源，为业务系统提供数据和计算服务。实时数据中台的本质就是数据仓库和数据服务中间件。中台构建这种服务时考虑了可复用性，每个服务就像一块积木，可以任意组合，非常灵活，有些个性化的需求在中台即可解决，这样就避免了重复建设，既省时、省力，又省钱。

这里的实时数据库建议使用 TDengin 或者 InfluxDB，可以非常有效地进行实时数据管理、快速访问、快速存储和海量存储等。

智能业务中台是以业务为核心、实现业务级隔离的管理中台，它提供数字化工厂所需要的智能业务管理系统，采用微服务架构、多引擎集群和互联网级交互支持技术，为数字化工厂的智能业务提供支持。智能业务包括运营优化系统、预测性维护、机理模型管理和控制策略管理。智能业务中台为数字化工程的智能运行和智能管理提供了下一代应用技术。

（2）应用服务　应用服务以工业互联网可视化平台为核心，构建企业的各种应用服务，包括云化 HMI（人机界面）、设备一体化管控系统、运行机理模型、预测性维护管理、工业看板系统、BI（商业智能）看板系统、能耗管控及其他服务等。

工业互联网可视化平台是基于 SeiFusion 融合云计算服务器的一套工业互联网可视化应用系统，它是集通信管理、数据采集处理、数据计算处理、数据存储、云计算和访问接口服务为一体的综合型 HMI 系统，系统是内置云 SeiFusion 计算的核心算法、通信协议和人工智能算法的一整套完整工业互联网解决方案。

如果说边缘数据中心解决的是数据的接入、组织和处理问题，那么工业互联网可视化平台解决的就是人机接口问题，在云计算时代，HMI 系统的概念已经发展为非常广泛的含义，以前的 HMI 特指现场设备的人机接口，云时代的 HMI 已经泛化成一整套的人机解决方案，包括工业看板、可视化、安灯和调度等方面，它具有部署灵活、稳定性好和功能强大的特点，在为用户提供可靠数据访问的基础上进行积木式的堆叠应用，帮助用户由小到大地建立起自己的工业互联网可视化体系。

3. 以智能网关为核心的端架构

EdgeX Foundry 的架构在实践应用中可以说是无从下手，因为要部署架构过于复杂的应用。这种架构的逻辑性非常强，但是部署的难度和复杂程度不利于它的广泛使用和推广。因此，推荐用以智能网关为核心的端架构完成轻量化、简易化部署。这种架构使边缘应用的部署可以大面积的推广，非常多的应用可以接入到边缘或云计算平台。以智能网关为核心的端架构如图 2-4 所示。

现场的设备层一般比较复杂，有可能包括各类型的智能传感器、智能仪表、智能装备、二维码识别设备、RFID（射频识别）设备和电气设备等。这些设备都可以通过智能网关接入到边缘计算平台，智能网关可以更好地识别不同的网络形态、通信协议和 IO 级的接入。对于没有智能功能的电气设备，可以通过加装控制器或 RTU（远程终端单元）的方式进行数据采集和管控。

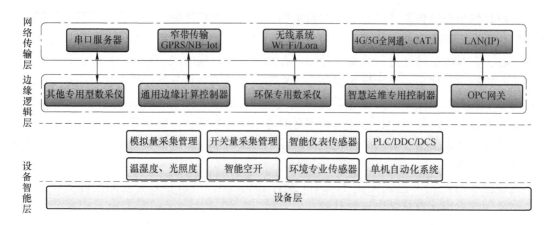

图 2-4 以智能网关为核心的端架构

2.3 边缘计算网络技术

边缘计算将计算推至靠近数据源的位置，甚至将整个计算部署于从数据源到云计算中心的传输路径的节点上，这样的计算部署对现有的网络结构提出了以下三个新要求。

（1）服务发现 在边缘计算中，由于计算服务请求者的动态性，计算服务请求者如何知道周边的服务，将是边缘计算在网络层中的一个核心问题。传统的基于 DNS（域名服务器）的服务发现机制主要用于服务静态或者服务地址变化较慢的场景。当服务变化时，DNS 通常需要一定的时间来完成域名服务的同步，在此期间会造成一定的网络抖动，因此 DNS 并不适合大范围、动态性的边缘计算场景。

（2）快速配置 在边缘计算中，由于用户和计算设备的动态性增加，如智能网联车，以及计算设备由于用户开关造成的动态注册和撤销，服务通常也需要跟着进行迁移，由此将会导致大量的突发网络流量。与云计算中心不同，广域网的网络情况更为复杂，带宽可能存在一定的限制。因此，如何从设备层支持服务的快速配置，将是边缘计算的一个核心问题。

（3）负载均衡 在边缘计算中，边缘设备产生大量的数据，同时边缘服务器提供大量的服务。因此，根据边缘服务器和网络状况，如何动态地对这些数据调度并送至合适的计算服务提供者，将是边缘计算的一个核心问题。

解决以上三个问题，最简单的一种方法是在所有的中间节点上都部署所有的计算服务，然而这将导致大量的冗余，同时也对边缘计算设备提出了较高的要求。

边缘计算网络技术分为两大类：有线通信和无线通信。有线通信在工业互联网领域主要集中在 Ethernet（以太网）技术中，无论以何种介质传输，技术已经非常成熟，这里主要介绍 SDN（软件定义网络）和 TSN（时间敏感网络）。

无线通信分为两大类，一类是短距离通信技术，包括 ZigBee（蜂舞协议）、Wi-Fi、Bluetooth（蓝牙）、Z-Wave 等；另一类则被称为广域网通信技术，即 LPWAN（Low-Power Wide-Area-Network，低功耗广域网）。

LPWAN 又可细分为两类，一类是工作于未授权频谱的 LoRa（远距离无线电）、SigFox 等技术；另一类是工作于授权频谱下，3GPP 支持的 2G/3G/4G 蜂窝通信技术，如 EC-GSM

［扩展覆盖 GSM（全球移动通信系统）技术］、LTE（长期演进）Cat-M 和 NB-IoT（Narrow Band Internet of Things，基于蜂窝窄带物联网）等。

其中，NB-IoT 凭借低功耗、广覆盖、低速率和低成本等特点，成为时下最受追捧的一种无线通信技术。后面将对 NB-IoT 和 LoRaWAN 做详细介绍。

2.3.1 SDN 技术

SDN 是一种架构，它抽象了网络不同、可区分的层，使网络变得敏捷和灵活，SDN 的目标是通过使企业和服务提供商能够快速响应不断变化的业务需求来改进网络控制。

在 SDN 中，网络工程师或管理员可以从中央控制台调整流量，而无须接触网络中的各个交换机，无论服务器和设备之间如何进行特定连接，集中式 SDN 控制器都会指导交换机为任何需要的地方提供网络服务。

此过程与传统网络架构不同，在传统网络架构中，单个网络设备根据其配置的路由表做出流量决策。SDN 在网络中发挥作用已有十几年，影响了许多网络创新。

SDN 架构分为应用层、控制平面层和数据平面层三个层，如图 2-5 所示。在云数据中心的 SDN 解决方案，其应用层通常为 OpenStack，控制平面层为 SDN 控制器，数据平面层为 OpenFlow 交换机和 SDN 硬件网关。其中 SDN 控制器是整个架构的核心，负责统一管理、配置和转发各层的网络资源与设备。

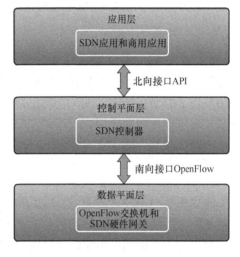

图 2-5 SDN 架构

1. SDN 的工作原理

SDN 包含多种类型的技术，包括功能分离、网络虚拟化和通过可编程性实现的自动化。

最初，SDN 技术只专注于网络控制平面与数据平面的分离，控制平面决定数据包应该如何流经网络，数据平面将数据包从一个地方转移到另一个地方。

在经典的 SDN 场景中，数据包到达网络交换机，交换机专有固件中内置的规则告诉交换机将数据包转发到何处，这些数据包处理规则由集中控制器发送给交换机。

交换机也被称为数据平面设备，它根据需要对控制器查询指导，并向控制器提供有关其处理的流量信息。交换机将每个数据包沿着相同的路径发送到相同的目的地，并以相同的方式处理所有数据包。

SDN 有时被称为自适应或动态的操作模式，其中交换机向控制器发出路由请求，以获取没有特定路由的数据包，此过程与自适应路由分开，自适应路由通过路由器和基于网络拓扑的算法，发出路由请求而不是通过控制器。

SDN 的虚拟化方面通过虚拟覆盖发挥作用，虚拟覆盖是位于物理网络之上的逻辑独立网络，用户可以实现端到端的覆盖来抽象底层网络和分段网络流量，这种微分段对于具有多租户云环境和云服务的服务提供商和运营商特别有用，因为他们可以为每个租户提供具有特定策略的单独虚拟网络。

2. SDN 的优点

（1）简化策略规则　使用 SDN 时，管理员可以在必要时更改任意网络交换机的规则——设置优先级、取消优先级甚至阻止具有细粒度控制和安全级别的特定类型数据包。此功能在多租户云计算架构中特别有用，因为它使管理员能够以灵活高效的方式管理网络流量，从本质上讲，管理员能够使用更便宜的商品交换机来更好地控制网络流量。

（2）网络管理和可见性　SDN 的优势还体现在网络管理和端到端可见性，网络管理员只需处理一个集中控制器即可将策略分发到连接的交换机上，这与配置多个单独的设备相反。此功能也是一个安全优势，因为控制器可以监控流量并部署安全策略，例如，如果控制器认为流量可疑，它可以重新路由或丢弃数据包。

（3）减少硬件占用空间和运营成本　SDN 虚拟化了以前由专用硬件执行的硬件和服务，这样可以最大程度地减少硬件占用空间，从而降低运营成本。

（4）网络创新　SDN 促成了 SD-WAN（软件定义广域网）技术的出现。SD-WAN 采用了 SDN 技术的虚拟覆盖，抽象了组织在其广域网中的连接，创建了一个虚拟网络，该网络可以使用控制器认为适合发送流量的任何连接。

2.3.2　TSN 技术

TSN 是 IEEE 802.1 TSN 工作组开发的一系列数据链路层协议规范的统称，用于指导和开发低时延、低抖动，并具有传输时间确定性的以太网局域网，是传统以太网在汽车等特定应用环境下的增强功能实现。TSN 系列规范包含了非常多的技术标准，一部分来自于以往音视频、通信等领域的应用，一部分来源于芯片等技术厂商在技术实现上的探索。

当前已经发布的 TSN 系列规范大致分为四个部分：时间同步、调度时延、可靠性和资源管理。

1. 时间同步

时间同步的协议规范主要是 IEEE 802.1AS 和 IEEE 802.1AS-Rev，基于数据链路层进行以交换机为关键节点的时钟同步机制的实现，主要来自于 IEEE1588 时间同步协议的简化版本，更适用于车载网络中实时性精度要求较高的通信传输场景。

2. 调度时延

IEEE 802.1Qbv 是在交换机多个输出队列的严格优先级［报文中的优先级通常来自于 VLAN（虚拟局域网）或者 IP（互联网协议）］模式下，利用 GCL（Gate Control List，门控制列表）控制每个队列的开关时间窗口，以实现 TAS（Time-aware Shaper，时间感知整形器）的功能。GCL 通常有 8～16 组，可通过灵活配置来实现不同时延需求的调度规则集合，进而对应不同优先级帧的最大传输时延保证，从而实现传输时延确定性和带宽稳定性。

IEEE 802.1Qbu 和 IEEE 802.1Qbv 的同时使用，可以在保证链路时延和带宽相对确定的情况下，对高实时报文进一步降低传输时延。

3. 可靠性

IEEE 802.1CB 主要是通过交换机硬件的报文复制功能实现发送端数据帧在交换机指定转发端口处的复制，并通过不同的交换机传输路径发送至最终目的节点所在的交换机连接端口，然后在该交换机端口，利用交换机硬件对特定协议复制帧重复消除，进而利用网络拓扑中的冗余路径实现在传输链路中实时的可靠性数据备份，并且不增加软件收发数据产生的额外负载。相比传统的通信错误恢复机制，IEEE 802.1CB 能够在正常通信链路发生错误时，利用在冗余路径中的实时数据保证通信不间断，且时延仅是冗余路径中多余交换机节点的转发时延，一般在 $10\mu s$ 左右，可以非常好地应用于具有高实时、高可靠性要求的应用场景。

4. 资源管理

资源管理的系列规范类似于网络管理类协议和配置格式的一些规定，适用于灵活组网、易于维护的应用环境，并不适用于汽车上稳定性要求高、固定资源分配的策略，所以这里不做详细介绍。

TSN 不是一种新的工业以太网协议，它是对标准以太网的统一扩展，增加了实时能力，其优势在于硬件可用性、统一基础设施和与速度无关。

2.3.3 5G 通信技术

5G 通信技术是下一代移动通信发展新时代的核心技术。为了满足各种时延敏感应用的需求，世界各国都在加速部署 5G 网络的步伐。

与目前在全世界范围内已经相对普及的 4G 相比，5G 将作为一种全新的网络架构，提供 10G/s 以上的峰值速率、更佳的移动性能、毫秒级的时延和超高密度的连接。5G 技术可以更加高效、快捷地应对网络边缘海量连接的设备和爆炸式增长的移动数据流量，为万物互联时代提供优化的网络通信技术支持。

5G 网络将不仅用于人与人之间的通信，还会用于人与物、物与物之间的通信。我国 IMT-2020（5G）推进组提出 5G 业务的三个技术场景：一是 eMBB（Enhanced Mobile Broadband，增强移动宽带），面向 VR 和 AR 等具有极高带宽需求的业务；二是 mMTC（Massive Machine Type Communication，海量机器间通信），面向智慧城市、智能公交等具有高连接密度需求的业务；三是 uRLLC（Ultra-Reliable Low Latency Communication，超高可靠和超低时延通信），面向无人驾驶、无人机等时延敏感的业务。

5G 技术将作为边缘计算模型中一个极其重要的关键技术存在，边缘设备通过处理部分或全部计算任务，过滤无用的信息数据和敏感信息数据后，仍需要将中间数据或最终数据上传至云计算中心，因此 5G 技术的一个作用将是作为移动边缘终端设备降低数据传输时延的必要解决方案。

边缘计算恰好可以为 5G 的问题带来解决方案。首先，边缘计算设备将为新的和现有的边缘设备提供连接和保护；其次，尽管 5G 将为基于云的应用程序提供更好的连接性和更低的时延，但仍然存在处理和存储数据的成本，混合边缘计算/5G 解决方案将降低这些成本；最后，边缘计算可以让更多应用程序如分析、网络安全或合规性/监管应用程序在边缘运行，降低了由数据传输速度和带宽限制所带来的时延，并可对本地数据做初步分析，为云分担一部分工作。

不仅边缘计算对 5G 有推动作用，5G 与边缘计算在一定程度上是相辅相成的。一方面，5G 自身的发展将对边缘计算的发展起到直接促进作用；另一方面，5G 对物联网的促进作用也将间接促进边缘计算的发展。前面已经讲到，5G 的发展虽然仍然存在些许挑战，但边缘计算能够解决这些问题。因此，由于目前 5G 处在商用前的"最后一公里"，相关企业将对相关重要支撑技术投入更多精力与资源，边缘计算也就能够"借东风"而得到大力发展。

另外，5G 对物联网的促进作用也很明显。得益于 5G 技术的支持，智能家居、智慧城市、车联网和工业互联网等领域都将迎来大发展，相应的也就会产生海量的数据。海量数据和数据实时处理的特性对数据处理的技术手段提出新要求，现行的数据处理方式不足以满足需求，边缘计算的出现则为这个难题带来了解决方案。

5G 和边缘计算虽然是热门话题，但是目前的不足也是客观存在的：5G 建设规模和进程、边缘计算技术发展及运营商投资都不及预期。据 Gartner 公司的预测，由于目前 4G/LTE 应用成功且持续盈利，而 5G 尚未出现具有显著优势的应用，因此 5G 部署时间将会是 4G/LTE 的两倍多。

大部分通信服务提供商要等到 2025 年至 2030 年期间，才能在他们的公共网络上实现完整的端对端 5G 基础架构，因为他们首先把重心放在了 5G 无线电通信上，然后才是核心网络切片和边缘计算。边缘计算的部署主要靠业务驱动，受时延和带宽限制，其中时延因素是刚性限制因素。虽然 5G 有望解决相关领域的一些问题，但边缘计算的发展仍然需要深入了解客户和业务需求，也需要整体产业链的成熟。由此可见，由于 5G 与边缘计算相辅相成，在 5G 发展未达预期的情况下，边缘计算也很难达到期望的状态。两者发展密不可分，市场繁荣仍需时日。

2.3.4　NB-IoT 通信技术

NB-IoT 工作在授权频谱，是万物互联网络的一个重要分支。NB-IoT 构建于蜂窝网络，只消耗大约 180kHz 的带宽，可直接部署于 GSM 网络、UMTS（通用移动通信系统）网络或 LTE 网络，以降低部署成本，实现平滑升级。

NB-IoT 是物联网领域一个新兴的技术，支持低功耗设备在广域网的蜂窝数据连接，也被称为 LPWAN。NB-IoT 支持待机时间长、对网络连接要求较高的设备的高效连接。NB-IoT 设备具有低功耗的特性，可以大大延长电池的使用寿命，同时 NB-IoT 还能提供非常全面的室内蜂窝数据连接覆盖，具有非常好的穿透性能。

NB-IoT 具备四大特点：一是广覆盖，NB-IoT 将提供改进的室内覆盖，在同样的频段下，NB-IoT 比现有的网络增益 20dB，相当于提升了 100 倍覆盖区域的能力；二是具备支撑连接的能力，NB-IoT 一个扇区能够支持 10 万个连接，支持低时延敏感度、超低的设备成本、低设备功耗和优化的网络架构；三是更低功耗，NB-IoT 终端模块的待机时间可长达 5 年；四是更低的模块成本，企业预期的单个连接模块成本不超过 40 元。NB-IoT 的四大特点如图 2-6 所示。

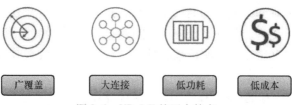

图 2-6　NB-IoT 的四大特点

NB-IoT 主要以模组的形式供各应用厂商使用，其中国内的厂家包括华为、中兴通信、移远通信、利尔达和安信可等。

2.3.5　LoRaWAN 通信技术

LoRaWAN 是 Semtech（升特）公司开发的一种低功耗局域网无线标准，它的最大特点是在同样的功耗条件下传播距离比其他无线方式的传播距离更远，实现了低功耗和远距离的统一。其在同样的功耗下比传统的无线射频通信距离扩大了 3 ~ 5 倍。LoRaWAN 工作在未授权频谱。

LoRa 设备和 LoRaWAN 标准为物联网应用提供了引人注目的功能，包括远程、低功耗和安全数据传输。LoRaWAN 通信技术被公共、私有或混合网络利用，它提供了比蜂窝网络更大的范围，部署可以轻松集成到现有基础设施中，并支持低成本电池供电的物联网应用。LoRa 芯片组集成到由大型物联网解决方案提供商生态系统制造的设备中，并连接到全球网络。简单地说，LoRa 将设备连接到云，为事物提供"声音"，使世界成为一个更美好的生活、工作和娱乐场所。

LoRa 联盟于 2015 年上半年由思科、IBM 公司（国际商业机器公司）和 Semtech 等多家厂商共同发起创立，董事会成员中也有不少大企业，大家共同为未来低功耗广域网而努力。LoRaWAN 目前在国外应用比较多，国内主要应用在电信运营商网络不能覆盖或者有自组网需求的企业。LoRaWAN 应用组网架构如图 2-7 所示。

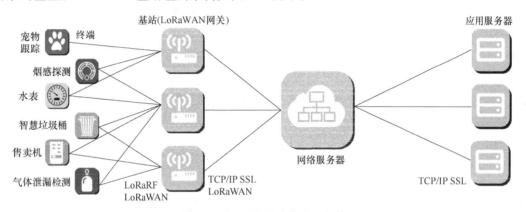

图 2-7　LoRaWAN 应用组网架构

一个 LoRaWAN 应用组网架构包含了终端、基站、NS（网络服务器）和应用服务器四个部分。基站和终端之间采用星形网络拓扑，由于 LoRa 的长距离特性，使得 LoRa 设备之间可以实现单跳传输。终端部分列了六个典型应用，终端节点可以同时发给多个基站。基站对网络服务器和终端之间的 LoRaWAN 协议数据做转发处理，将 LoRaWAN 数据分别承载在 LoRaRF（LoRa 射频）传输和 TCP/IP（传输控制协议/互联网协议）的 SSL（安全套接字层）上。

2.4　边缘计算操作系统

边缘计算操作系统向下需要管理异构的计算资源，向上需要处理大量的异构数据及多用的应用负载，其需要负责将复杂的计算任务在边缘计算节点上进行部署、调度和迁移，从而保证计算任务的可靠性和资源利用的最大化。

边缘计算操作系统可以分为两类，一是基于 MCU（微控制器单元）或 MPU（微处理器单元）的 RTOS（实时操作系统），二是基于数据、任务和计算资源的管理框架应用的低代码平台。前者属于底层的操作系统，灵活度非常好，一般由硬件生产商提供。后者属于用户可直接使用的低代码平台，也是未来普及边缘计算的一个方向。

2.4.1 RTOS

RTOS 又被称为即时操作系统，它会按照排序运行、管理系统资源，并为开发应用程序提供一致的基础。RTOS 与一般操作系统相比，最大的特色就是实时性，如果有一个任务需要执行，RTOS 会马上（在较短时间内）执行该任务，不会有较长的延时。这种特性保证了各个任务的及时执行。

简单来说，RTOS 是指当外界事件发生或数据产生时，能够接收并以足够快的速度予以处理，其处理结果又能在规定时间内控制生产过程或对处理系统做出快速响应，并控制所有实时任务协调一致运行的操作系统。

1. RTOS 的主要特点

（1）高精度计时系统　计时精度是影响实时性的一个重要因素。在实时应用系统中，经常需要精确确定并实时操作某个设备或执行某个任务，或精确的计算一个时间函数。这些不仅依赖于一些硬件提供的时钟精度，也依赖于 RTOS 的高精度计时功能。

（2）多任务协同调度　RTOS 支持多任务协同调度功能，并能根据优先级进行任务切换。

（3）多级中断机制　一个 RTOS 通常需要处理多种外部信息或事件，但处理的紧迫程度有轻重缓急之分，有的必须立即做出反应，有的则可以延后处理。因此需要建立多级中断嵌套处理机制，以确保对紧迫程度较高的实时事件进行及时响应和处理。

（4）实时调度机制　RTOS 不仅要及时响应实时事件中断，同时也要及时调度运行实时任务。

2. μC/OS-Ⅱ

μC/OS-Ⅱ由 Micrium 公司提供，是一个可移植、可固化和可裁剪的占先式多任务实时内核，它适用于多种 MPU、MCU 和数字处理芯片，已经被移植到超过 100 种 MPU 应用中。同时，该系统的源代码开放、整洁且一致，注释详尽，适合系统开发。

μC/OS-Ⅱ已经通过 FAA（美国联邦航空管理局）商用航行器认证，符合 RTCA（航空无线电技术委员会）的 DO-178B 标准。

μC/OS 和 μC/OS-Ⅱ专门为计算机嵌入式应用设计，绝大部分代码是用 C 语言编写的。CPU 硬件相关部分用汇编语言编写，总量约 200 行的汇编语言部分被压缩到最低限度，以便于移植到其他任何一种 CPU 上。用户只要有符合 ANSI（美国国家标准学会）标准的 C 交叉编译器和汇编器、连接器等软件工具，就可以将 μC/OS-Ⅱ嵌入到开发的产品中。μC/OS-Ⅱ具有执行效率高、占用空间小、实时性能优良和可扩展性强等特点，最小内核可编译至 2KB。μC/OS-Ⅱ已经移植到了几乎所有知名的 CPU 上。

严格地说，μC/OS-Ⅱ只是一个 RTOS 内核，它仅仅包含了任务调度、任务管理、时间管理、内存管理和任务间的通信与同步等基本功能，没有提供输入/输出管理、文件系统和网络等额外的服务。但由于 μC/OS-Ⅱ具有良好的可扩展性和开放源代码，这些非必需的功能完全可以由用户自己根据需要分别实现。

μC/OS-Ⅱ的目标是实现一个基于优先级调度的抢占式实时内核，并在这个内核之上提供最基本的系统服务，如信号量、邮箱、消息队列、内存管理和中断管理等。

μC/OS-Ⅱ以源代码的形式发布，是开源软件，但并不意味着它是免费软件。μC/OS-Ⅱ可以用于教学和私人研究，但是如果用于商业用途，就必须获得 Micrium 公司的商用许可。

μC/OS-Ⅱ的体系结构可以大致分为核心部分、任务处理部分、时间处理部分、任务同步与通信部分和与 CPU 的接口部分五个部分，各部分的功能及相关源代码文件如下。

（1）核心部分（OSCore.c）　核心部分是操作系统的处理核心，包括操作系统初始化、操作系统运行、中断进出的前导、时钟节拍、任务调度和事件处理等，能够维持系统基本工作的部分都在这里。

（2）任务处理部分（OSTask.c）　任务处理部分的内容都与任务操作密切相关，包括任务的建立、删除、挂起和恢复等。因为 μC/OS-Ⅱ是以任务为基本单位调度的，所以这部分内容也相当重要。

（3）时间处理部分（OSTime.c）　μC/OS-Ⅱ中的最小时钟单位是 Timetick（时钟节拍），任务时延等操作是在时钟部分完成的。

（4）任务同步与通信部分　任务同步与通信部分为事件处理部分，包括信号量、邮箱、邮箱队列和事件标志等，主要用于任务间的互相联系和对临界资源的访问。

（5）与 CPU 的接口部分　与 CPU 的接口部分是指 μC/OS-Ⅱ针对所使用的 CPU 的移植部分。由于 μC/OS-Ⅱ是一个通用性的操作系统，所以对于关键问题的实现，还是需要根据具体 CPU 的具体内容和要求作相应的移植。这部分内容由于涉及 SP（堆站指针）等系统指针，所以通常用汇编语言编写，主要包括中断级任务切换的底层实现、任务级任务切换的底层实现、时钟节拍的产生和处理及中断的相关处理部分等。

3. FreeRTOS

FreeRTOS（微控制器 RTOS）在欧美国家中使用比较多，目前在国内的使用并不多，但是发展趋势不错。

同 μC/OS-Ⅱ类似，FreeRTOS 也是一个轻量级的 RTOS 内核，其功能包括任务管理、时间管理、信号量、消息队列、内存管理、记录功能、软件定时器和协程等，可基本满足较小系统的需要。FreeRTOS 官网的移植演示和教程现在已经非常全面，嵌入式芯片基本已经覆盖，可以前往官网下载。相比 μC/OS-Ⅱ，FreeRTOS 的主要优势在于：

1）内核文件占用 RAM（随机存储器），对 ROM（只读存储器）的要求少一些（其实差异不大，但是对于片内资源较少的 MCU 也算是一种优势）。

2）支持协程，可以共享堆栈，进一步降低 RAM 的消耗。

3）支持有同等优先级的任务，可以使用时间片轮转的方式进行调度。

4）商业使用免费。

4. RT-Thread

RT-Thread 是一款来自中国的开源嵌入式 RTOS，由国内一些专业开发人员从 2006 年开始开发、维护，除了类似 μC/OS-Ⅱ和 FreeRTOS 的 RTOS 内核外，还包括一系列应用组件和驱动框架，如 TCP/IP 栈、虚拟文件系统、POSIX（可移植操作系统接口）、图形用户界面、FreeModbus 主从协议栈、CAN（控制器局域网）框架和动态模块等。因为具有系统稳定、功能丰富的特性，RT-Thread 被广泛应用于新能源、电网、风机等要求高可靠性的行业和设备上，已经被验证为一款具有高可靠性的 RTOS。

RT-Thread 遵循 GPL v2（第二版通用公共许可协议），RTOS 内核及所有开源组件可以免费在商业产品中使用，不需要公布应用源码，没有任何潜在商业风险。

5. 嵌入式 Linux 操作系统

一提到嵌入式的操作系统，自然绕不开嵌入式 Linux 操作系统。嵌入式 Linux 操作系统是将 Linux 操作系统进行裁剪修改，使之能在嵌入式计算机系统上运行的操作系统。它性能优异，软件移植容易，代码开放，有许多应用软件支持，应用产品开发周期短，且新产品上市迅速，所以在不同行业，尤其是消费类电子产品中应用广泛。

但是嵌入式 Linux 操作系统也有其难以弥补的缺陷：

1）嵌入式 Linux 操作系统有庞大的内核，对任何中断指令的响应都需要一个复杂的处理过程，在一些需要快速响应的场合显得有些力不从心。

2）软硬件成本较高，需要功能强劲的 MCU 和外部资源，不适用于低成本产品。

3）配备嵌入式 Linux 操作系统需要相对较高的功耗，不适用于对功耗要求严格的应用场合。

因为上述缺陷，在对实时性要求比较高、成本控制比较严格或低功耗的应用场合，常常会使用 RTOS。原生 Linux 操作系统虽然是分时操作系统，但一些衍生的嵌入式 Linux 操作系统进行了优化和改进，也能有很高的实时性，也可以认为是 RTOS。

2.4.2　低代码边缘操作系统

物联网上层软件应用开发和底层硬件紧密耦合，第三方开发者很难为硬件开发应用。此外，物联网设备往往由厂商独立建设系统，相互之间易形成孤岛式架构，融合难度大。这样的发展严重阻碍了工业互联网和物联网的应用。未来基于低代码边缘操作系统的应用将是一个重要的发展方向。

为了应对物联网严重碎片化的现状，需要操作系统屏蔽物联网底层的硬件碎片化差异，提供统一的编程接口，降低物联网应用开发的门槛，减少开发的成本和时间。低代码边缘操作系统构建了一种开放、灵活的物联网体系架构，实际上低代码边缘操作系统可以用任何一种 RTOS 作为内核层，打通云边端应用壁垒，实现物联网端设备抽象框架，屏蔽管、端特性，为应用提供面向对象的编程方法，完成物联网的软硬分离设计。开发者只需基于接口开发的软硬件，就可以运行在所有基于该操作系统研发的设备上，设备之间实现互联互通。

低代码边缘操作系统有以下特点：

1）轻量安全：轻量化设计，极大地减少了被攻击面，为安全提供基础保障。

2）高度融合：以 RTOS 为基线版本，融合多种 CPU 架构。

3）高效互联：集成主流边缘物联、互联框架 EdgeX，实现多样的终端设备互联。

4）快速部署：应用全部采用容器化，方案、支撑多样性的应用快速部署上线。

2.5　边缘计算安全和隐私

虽然边缘计算将计算推至靠近用户的地方，避免了数据上传到云端，降低了隐私数据泄露的可能性。但是相较于云计算中心，边缘计算设备通常处于靠近用户侧或传输路径上，具有更高的潜在可能被攻击者入侵，因此边缘计算节点自身的安全性仍然是一个不可忽略的问题。边缘计算节点的分布式和异构型也决定了其难以进行统一的管理，从而导致一系列新的安全问题和隐私泄露问题。作为信息系统的一种计算模式，边缘计算也存在信息系统普遍存在的共性安全问题，如应用安全、网络安全、信息安全和系统安全等。

由于边缘计算具有分布式架构、异构多域网络、实时性要求、数据的多源异构性、感知性及终端的资源受限等特点，传统云计算环境下的数据安全和隐私保护机制无法适用于边缘设备产生的海量数据防护。数据的计算安全、存储安全、共享安全、传播和管控及隐私保护等问题变得越来越突出。此外，边缘计算的优势在于利用了终端硬件资源，使移动终端等设备也可以参与到计算服务中来，实现了移动数据存取、低管理成本和智能负载均衡，但这也极大地增加了接入设备的复杂性，而且由于移动终端的资源受限，其所能承载的安全算法执行能力和数据存储计算能力也有相应的局限性。相比于云计算的集中式存储计算架构，边缘计算的安全性有其特定的优势，主要原因有：

1）数据是在离数据源最近的边缘节点上暂时存储和分析的，这种本地处理方式使得网络攻击者难以接近数据。

2）数据源端设备和云之间没有实时信息交换，窃听攻击者难以感知任何用户的个人数据。

但是，边缘计算的安全性仍然面临诸多挑战：核心设施安全、边缘服务器安全、边缘网络安全和边缘设备安全。要创建一个安全可用的边缘计算生态系统，实施各种类型的安全保护机制至关重要。

2.5.1 核心设施安全

所有的边缘计算场景都需要核心设施，如云服务器和管理系统。这些核心设施可能由同一个第三方，如移动网络运营商管理，这样就可能带来隐私泄露、数据篡改、拒绝服务攻击和服务操纵等风险，因为该核心设施可能不完全可信。首先，用户的个人敏感信息可能被没有授权的个体窃取，这样会导致隐私泄露和数据篡改。其次，由于边缘计算允许不经核心设施而只在边缘服务器和边缘设备之间进行信息交换，当服务被劫持时，核心设施有可能提供错误的信息从而导致拒绝服务。另外，信息流可以被具有足够访问权限的内部个体操纵，并向其他实体提供虚假信息和虚假服务。由于边缘计算分散和分布式的性质，这种类型的安全性问题可能不会影响整个生态系统，但仍然是不容忽视的安全挑战。

2.5.2 边缘服务器安全

边缘服务器通过在特定地理区域部署边缘数据中心来提供虚拟化和各种管理服务。在这种情况下，内部攻击者和外部攻击者可能访问边缘服务器并窃取或篡改敏感信息。一旦获得了足够的控制权限，他们可以滥用特权，作为合法的管理员操纵服务。攻击者可以执行几种类型的攻击，如中间人攻击和拒绝服务。还有一种极端的情况，攻击者可以控制整个边缘服务器或者伪造虚假的核心设施，完全控制所有的服务，并将信息流引导到非法服务器。另一个安全挑战是对边缘服务器的物理攻击，这种攻击的主要原因是相对于核心设施，对边缘服务器的物理保护可能较薄弱或者被忽视。

2.5.3 边缘网络安全

通过对多种通信方式如移动核心网、无线网和互联网等的集成，边缘计算实现了物联网设备和传感器之间的互联。与此同时，也带来了这些通信设施间的网络安全挑战。在边缘计算架构中，由于服务器部署在网络边缘，传统的网络攻击如拒绝服务和分布式拒绝服务攻击等，可以很好地被遏制。这种攻击如果发生在边缘网络，那么对核心网络影响不大；如果发生在核心基础设施中，也不会严重干扰边缘网络的安全性。然而，若恶意攻击者通过如窃听、流量注入攻击等手段控制通信网络，则会对边缘网络产生较大的威胁。其中，中间人攻击很可能影响所有边缘网络的功能元素，如信息、网络数据流和VM。另外，恶意攻击者部署的流氓网关对于边缘网络安全也是一个挑战。

2.5.4 边缘设备安全

在边缘计算中，边缘设备在分布式边缘环境的不同层中充当活动参与者，因此即使是小部分受损的边缘设备，也可以对整个边缘生态系统造成有害的结果。例如，被操纵的任何设备都可以尝试通过注入虚假信息破坏服务或者通过某些恶意活动侵入系统。在一些特定场景下，一旦攻击者获得了一个边缘设备的管理权限，他就可能操纵该场景的服务。例如，在一个被信任的域中，一台边缘设备可以充当其他设备的边缘数据中心。

边缘侧的应用生态可能存在一些不受信任的终端和移动边缘应用开发者的非法接入问题。因此，需要在用户、边缘节点和边缘计算服务之间建立新的访问控制机制和安全通信机制，以保证数据的机密性、完整性和用户的隐私性。在设计边缘计算的安全架构及其实现时应首先考虑以下五点：

1）安全功能适配边缘计算特定架构。
2）安全功能能够灵活部署与扩展。
3）能够在一定时间内持续抵抗攻击。
4）能够容忍一定程度和范围的功能失效，且基础功能始终保持运行。
5）整个系统能够从失效中快速恢复。

由于边缘计算具有资源有限性和海量异构设备接入的特点，需要针对这样的应用场景做安全管理的优化。同时，还需要有统一的安全态势感知、安全管理和编排、身份认证和管理及安全运维体系，以最大限度地保障整个架构的安全与可靠。

2.6 边缘计算人工智能范式

随着信息ICT的发展，科技产业不断涌现出许多新兴技术。其中，两种代表性技术被普遍认为对人类经济社会产生了巨大的推动力与深远的影响力。这两种代表性技术就是人工智能和边缘计算。

人工智能领域的代表性技术深度学习，受益于算法、算力和数据集等方面的进步，近年来得到了突飞猛进的发展，并在无人驾驶、电子商务、智能家居和智慧金融等领域大展拳脚，深刻改变了人们的生活方式，提高了生产效率。

边缘计算从传统的云计算演化发展而来，相比于云计算，边缘计算将强计算资源和高效服务下沉到网络边缘侧，从而拥有更低的时延、更低的带宽占用、更高的能效和更好的隐私保护性。

一方面，对于深度学习而言，由于其需要进行高密度计算，目前基于深度学习的智能算法通常运行于具有强大计算能力的云计算数据中心。考虑到当下移动终端设备的高度普及，如何将深度学习模型高效地部署在资源受限的终端设备中，从而使智能更加贴近用户与物端，解决人工智能落地的"最后一公里"这一问题已经引起学术界与工业界的高度关注。

另一方面，对于边缘计算而言，随着计算资源与服务的下沉与分散化，边缘计算节点将被广泛部署于网络边缘的接入点，如蜂窝基站、网关和无线接入点等。边缘计算节点的高密度部署也给计算服务的部署带来了新的挑战：用户通常具有移动性，因此当用户在不同节点的覆盖范围间频繁移动时，计算服务是否应该随着用户的移动轨迹迁移？显然，这是一个两难的问题，因为服务迁移虽然能够降低时延，提升用户体验，但也会带来额外的成本开销，如带宽占用和能源消耗。

幸运的是，深度学习和边缘计算各自面临的发展瓶颈可以通过两者之间的协同得到缓解。

首先，对于深度学习而言，运行深度学习应用的移动设备将部分模型推理任务卸载到邻近的边缘计算节点进行计算，从而协同终端设备与边缘服务器，整合两者的计算本地性与强计算能力的互补性优势。在这种方式下，由于大量计算在与移动设备邻近的具有较强算力的边缘计算节点上执行，因此移动设备自身的资源、能源消耗和任务推理的时延都显著降低，从而保证了良好的用户体验。

其次，针对边缘计算服务的动态迁移与放置问题，深度学习同样大有可为。基于高维历史数据，深度学习可以自动抽取最优迁移决策与高维输入间的映射关系，当给定新的用户位置时，对应的机器学习模型即可迅速将其映射到最优迁移决策。此外，基于用户的历史轨迹数据，深度学习还可以高效地预测用户未来短期内的运动轨迹，从而实现预测性边缘计算服务迁移决策，进一步提升系统的服务性能。

总体而言，边缘计算和深度学习彼此赋能，将催生"边缘智能"崭新范式，从而产生大量创新研究机会。

上述基于边缘服务器与终端设备协同的深度学习模型推断框架的设计思路为：在离线训练阶段，训练好满足任务需求的分支网络，同时为分支网络中的不同神经网络层训练回归模型，以此估算神经网络层在边缘服务器和终端设备上的运行时延；在在线优化阶段，回归模型将被用于寻找符合任务时延需求的退出点和模型切分点；在协同推断阶段，边缘服务器和终端设备将按照得出的方案运行深度学习模型。

1. 离线训练阶段

在离线训练阶段，边缘计算需要执行以下两个初始化操作：分析边缘服务器和终端设备的性能，针对不同类型的深度学习模型神经网络层（如卷积层、池化层等）生成基于回归模型的时延估算模型。在估算神经网络层的运行时延时，边缘计算会对每个神经网络层进行建模，而不是对整个深度学习模型进行建模，不同神经网络层的时延由各自的自变量（如输入数据和输出数据的大小）决定，可以基于每层的自变量建立回归模型，估算每层的时延；训练带有多个退出点的分支网络模型，从而实现模型精简。

2. 在线优化阶段

在在线优化阶段，主要工作是利用离线训练阶段的回归模型在分支网络中找出符合时延需求的退出点和模型切分点。因为要使方案的准确率最大化，所以在该阶段中，从最高准确率的分支开始，迭代找出符合需求的退出点和切分点。

3. 协同推断阶段

在协同推断阶段，根据在线优化阶段输出的最优退出点和切分点组合，边缘服务器与移动终端对深度学习模型进行协同推断。边缘计算在提升深度学习应用实时性能方面表现优异，能在不同的计算时延需求下，实现高精度的模型推理。

2.7 本章小结

本章主要介绍了边缘计算的基本知识，从技术角度深入研究了边缘计算的应用对工业互联网的重要性和实用性，面向实践解决工业互联网的实际应用问题；详细介绍了边缘计算的架构体系，从实践角度出发介绍了实际应用的实例架构；介绍了边缘计算的相关网络技术、边缘计算的操作系统和边缘计算的安全与隐私等，同时讲解了边缘计算与人工智能发展结合的技术路线。

工业互联网的概念非常宽泛，以至于在数字化转型的重要阶段，经常会让大家感到工业互联网的概念非常大，甚至无从下手。本章从网络、平台、操作系统、安全和架构等多个方面对工业互联网的主要技术进行构建。通过利用这些关键的边缘计算实现工业互联网应用。希望读者可以通过本章的学习，掌握边缘计算在工业互联网应用中的重要途径和方法，在我国地工业互联网发展中，清楚地认识到边缘计算学科对于工业互联网的重要性，更加积极地投入到边缘计算学科研究中。

本章中关于 Kubernetes 的集群架构是当前云边协同计算的核心架构模式，这种以集群技术和容器技术为核心的应用模式，代表着未来云计算和边缘计算的发展方向，希望本章简单的介绍为大家提供一个思路。实现集群架构的模式很多，技术路线也很多，Kubernetes 只是选项之一，如果部署过重也会造成浪费，因此可以考虑 K3S 的集群部署方式，以期实现最优资源化部署。

本章习题

1）请结合某一个工业环境的应用模式，构建一种边缘计算的应用。

2）互联网安全的发展已经成熟，请结合边缘计算的安全管理，给出某一个特定场合下的边缘计算通信安全能力。

3）"十四五"规划明确了新基建的发展方向和数字化转型的国家发展战略，请结合国家政策，阐述边缘计算和工业互联网与国家发展目标的关系。

4）国际上各个国家都有相关的发展技术，请查阅并对比我国与其他国家在工业互联网和边缘计算领域的不同发展，并提出自己的看法。

5）请阐述边缘计算的网络安全需要注重的几个方面。

第 3 章

边缘计算通信和数据处理技术

边缘计算的范畴比较广，除了计算模式的特性之外，也涉及通信和数据处理技术。通信技术是数据采集的基础，工业边缘计算通信设计的概念更为广泛，工业通信的基础有别于普通的运营商或者民用的通信系统，它具有高可靠性、高稳定性和高性能等特点。了解和学习边缘计算，掌握工业通信技术和现场总线技术是不可逾越的重要环节。工业数据采集是利用工业通信技术，将不同装备、系统和仪器仪表的数据进行收集并处理的系统。经过多年的发展，工业数据采集已经成熟。随着物联网的发展，工业数据采集已经由原来的单机应用发展到集群部署和应用，应用的水平和层次也不断提升，已经形成了明确的发展方向。在这个过程中，数据处理技术也相应得到发展，已经由原来最初的组态软件和数据库应用，发展到高可用的时序数据处理集群。

3.1 边缘计算通信技术

3.1.1 工业网络通信基础

工业网络是指安装在工业生产环境中的一种全数字化、双向且多站的通信系统，具体有以下三种类型。

（1）专用型工业网络 该工业网络的规范由各公司自行研制，往往是针对某一特定应用领域而设，效率最高，但在相互连接时就显得各项指标参差不齐，推广与维护都难以协调。专用型工业网络有三个发展方向：①走向封闭系统，以保证市场占有率；②走向开放型，成为标准工业网络；③设计专用的网关，与开放型工业网络连接。

（2）开放型工业网络 该工业网络除了一些较简单的标准无条件开放外，大部分是有条件开放，或仅对成员开放。生产商必须成为该组织的成员，产品需经过该组织的测试、认证，方可在该工业网络中使用。

（3）标准工业网络 标准工业网络是指符合国际标准 IEC 61158、IEC 62026 和 ISO 11519 或欧洲标准 EN 50170 的工业网络，都会遵循 ISO（国际标准化组织）定义的 OSI（开放系统互连）七层参考模型。工业网络大都只使用物理层、数据链路层和应用层。一般工业网络的制定是根据现有的通信界面，或自己设计通信 IC（集成电路），然后再依据应用领域设定数据传输格式。例如，DeviceNet（设备网）的物理层与数据链路层是以 CAN 总线为基础，再增加适用于一般 I/O（输入/输出）点应用的应用层规范。

目前 IEC 61158 认可的工业现场总线标准有 TS 61158、CIP（通用工业协议）、Profibus（过程现场总线）、P-NET、WorldFIP（世界工厂仪表协议）、INTERBUS、FF（基金会现场总线）H1、SERCOS（串行实时通信协议）Ⅰ&Ⅱ、CC_Link（控制与通信链路）和 HART

（可寻址远程传感器高速通道），高速/实时以太网标准有 FF HSE、ProfiNet、TCNet、Ether-CAT（以太网控制自动化技术）、Ethernet Powerlink、EPA（工厂自动化以太网）、Modbus-RTPS（Modbus 实时发布订阅）、VN/IP 和 SERCOS Ⅲ。

1. 工业数据通信的技术组成和系统组成

工业数据通信的技术组成和系统组成如图 3-1 所示。

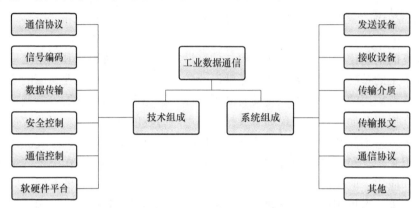

图 3-1　工业数据通信的技术组成和系统组成

工业数据通信可以从技术组成和系统组成两个方面进行理解。技术组成包括通信协议、信号编码、数据传输、安全控制、通信控制和软硬件平台，系统组成包括发送设备、接收设备、传输介质、传输报文、通信协议及其他。

2. 工业数据通信的传输过程

工业数据通信的传输过程如图 3-2 所示。

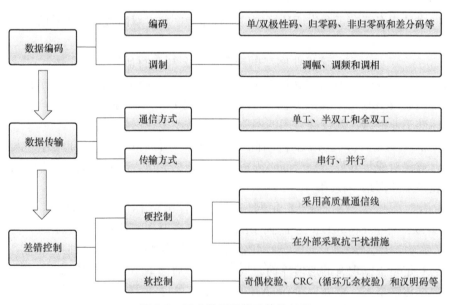

图 3-2　工业数据通信的传输过程

3. 工业网络拓扑结构

（1）工业网络的传输介质

1）有线传输介质：双绞线、同轴电缆和光纤。

2）无线传输介质：无线电、微波、卫星和移动通信等各种通信介质。

（2）工业网络的拓扑结构 拓扑就是节点的互连形式，工业网络的常见拓扑有总线型、星形、树形和环形等。

1）总线型。总线型拓扑结构如图3-3所示，一条总线电缆作为传输介质，各节点通过接口接入总线。总线型是工业网络中最常用的一种拓扑结构。

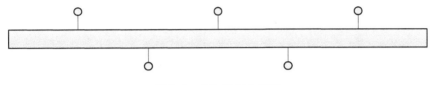

图3-3 总线型拓扑结构

2）星形和树形。星形和树形拓扑结构如图3-4所示。在星形拓扑中，每个节点以点对点的形式连接到中央节点，任何节点之间的通信都通过中央节点进行。树形拓扑是星形拓扑的变种，常用于节点密集的地方，在商业网络和民用网络中使用较多。

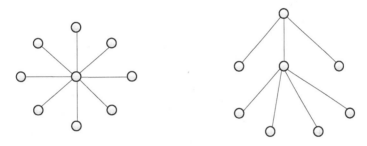

图3-4 星形和树形拓扑结构

3）环形。环形拓扑结构如图3-5所示，通过网络节点点对点的链路连接，构成一个环路。信号在环路上从一个设备进行到另一个设备进行单向传输，直到到达目的地为止。

4. 介质访问控制协议

在计算机网络中，不管采用什么样的拓扑结构，传输介质总是各站点的共享资源。将传输介质的频带有效地分配给网络上各站点用户的方法被称为介质访问控制协议或方法。介质访问控制协议对网络的响应时间、吞吐量和效率起着十分重要的作用，各种局域网的性能在很大程度上取决于所选用的介质访问控制协议。

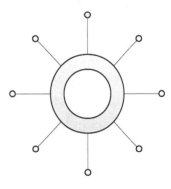

图3-5 环形拓扑结构

（1）多路复用技术 在实际的计算机网络系统中，为了有效地利用通信电路，总是用一个信道同时传输多路信号。多路复用技术就是把多路信号在单一传输线路上用单一传输设备进行传输的技术。在进行远距离传输时，多路复用技术可以大大节省电缆的安装和维护费用。多路复用技术的控制原理如图3-6所示。

（2）带冲突检测的载波监听多路访问（CSMA/CD）

① 载波监听多路访问（CSMA）：网络站点监听载波是否存在，即判断信道是否被占用，并采取相应的措施。它是一种争用协议。

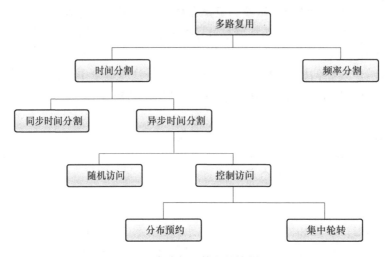

图 3-6　多路复用技术的控制原理

原则：发前监听，空闲即发，忙时等待。

② 带冲突检测（CD）的载波监听多路访问：该协议可以提高总线的利用率。这种协议的国际标准就是以太网标准，已在局域网中广泛使用。

原则：发前先监听，空闲即发送，边发边检测，冲突时退避。

（3）令牌环（Token Ring）介质访问控制协议　谁可以发送帧，是由一个沿着环旋转的被称为令牌（Token）的特殊帧来控制的。只有拿到令牌的站可以发送帧，没有拿到令牌的站只能等待。拿到令牌的站将令牌转变成访问控制头，后面加挂自己的数据进行发送。帧通过除源站点外的其他任何一个站点时，该站点都要把帧的目的地址和本站地址相比较，若地址相符合，则将帧拷贝到接收缓冲器，供高层软件处理，同时将帧送回环中；若地址不符合，则直接将帧送回环中。数据循环一周后由发送站回收。

3.1.2　工业互联网通信技术发展现状

当前工业互联网的主流有工业以太网和无线网络［NFC（近距离无线通信）、RFID、ZigBee、6LoWPAN、Bluetooth、GSM、GPRS（通用分组无线服务）、GPS（全球定位系统）、3G、4G 和 5G］。从现场总线划分，目前主要的现场总线有 ProfiNet、以太网、BacNet 和 CC-Link 等。从通信协议划分，有 Modbus、Modbus TCP 和 CTD（信元传送延迟）等，应用层的通信协议 MQTT、AMQP（高级消息队列协议）、JMS（Java 消息服务）和 REST/HTTP［REST（描述性状态迁移）架构的 HTTP（超文本传送协议）］是指在以太网应用层上的协议，CoAP 是专门为资源受限设备开发的协议，DDS（数据分发服务）和 MQTT 的兼容性较强。

目前边缘计算的架构和功能应用相对成熟，但是云边协同的应用发展尚不具备统一的标准，异构工业互联网的兼容适配是一个待解决的重要问题。

基于以上现状，本书对于平台协议接口适配的分析采用统一消息流机制，进行平台和边缘测的数据交互，形成统一的结构规范，通过模版设置不同的交互协议。

1. 接口标准应用与定义

1）数据接口标准定义。通过定义统一的数据、模型和应用的协同标准实现数据标准接口的异构适配。需要实现的内容包括：分析平台接口约束，数据的标准化，模型的描述及其实现，模型的发布和推理实现（依据边缘层的计算能力），以及应用的协同。这部分功能主要在云边协同的云计算层实现。

2）网络和异构系统接入的标准化。由于现场总线和工业以太网在实际应用中的存量基数庞大，因此需要将异构系统的接入标准统一到 OPC［用于过程控制的 OLE（对象链接和嵌入）］UA（统一架构），将高效低时延 TSN 纳入到异构引用来提高系统的效率。这部分功能主要在云边协同的边缘侧实现。

平台层面的异构工业互联网兼容适配技术是以数据协同为基点，通过模型协同解决工业应用的实际问题，从而达到应用、服务和资源协同的目的和实践。

云端的工业互联网协议一般有 MQTT、DDS、AMQP、XMPP（可扩展通信和表示协议）、JMS、REST/HTTP 和 CoAP，这几种协议都已被广泛应用，并且每种协议都有至少十种以上的代码实现，都宣称支持实时的发布/订阅的物联网协议，但是在进行具体物联网系统架构设计时，需考虑实际场景的通信需求，选择合适的协议。

从本质意义上讲，MQTT、DDS、AMQP、XMPP、JMS、REST/HTTP 和 CoAP 实现的是消息流交互，无论选择哪种消息流格式，实际上都不能解决数据层面的交互问题，而且随着应用的不同，消息的定义格式也不同。为解决以上问题，本节以定义基于同一规范的数据架构体系作为核心要求，通过数据协同架构交互实现异构平台之间协同的目标。数据协同架构包括数据流的定义与交互、模型的定义与交互、应用的定义与交互、服务的定义与交互和资源的定义与交互。

2. 兼容适配技术架构设计

目前，异构工业互联网中的兼容性问题主要表现在以下三个方面：

1）为满足类似工业 4.0 下智慧工厂的需求，工厂的设备等资源应该具有适应性的自组织/重构的能力，以 CPS（Cyber-Physical Systems，信息物理系统）为基础的智能制造系统是一个信息空间、客观世界和人频繁交互的三元系统，各种动态信息频繁输入并需要及时响应，网络重构也可能为满足定制化生产而不时发生。

2）网络内部异常（如链路不稳定）也会对整个网络的可靠传输产生影响。

3）网络规模随着企业新技术应用和产线升级在动态地不断增大（边缘节点的动态增加），如何自适应工业异构网络的动态性，也是一个巨大的挑战。

异构工业互联网平台的兼容适配技术分为以下四个方面：异构工业互联网网络适配技术、云端异构工业互联网系统适配技术、边端异构工业互联网协议适配技术和异构工业互联网系统之间的高实时性适配技术。

基于以上挑战，IIEGate over TSN 和 OPC UA over TSN 作为解决整个工业互联网的基础网络方案，受到广大厂商的关注。然而技术的产生必然有一定继承性，TSN 在其初始技术（包括基于 IEEE 1588 的时钟同步、IEEE 802.1Q 的数据流调度）的基础上，结合原有的一些技术开发了加强的整形器、数据配置工具，这些都并非全新，只是对音视频、汽车领域 IEEE 802.1Q 工作组已有工作的扩展，而其底层如 IEEE 802.3、IEEE 802.3cg（单绞以太网）都是已有的标准。

异构工业互联网平台兼容适配技术研究形成的成果和应用主要包括以下两点：数据协同架构和强边缘计算网关应用。

3. 数据协同架构标准体系

工业互联网应用不仅要满足更高的安全性要求，同时也要满足高可靠性和高实时性的要求，因此急需在多种协议的工业互联网应用中开发更高效的数据协同架构协议。本书将提出的数据协同架构协议命名为 SinaIBUS。

SinaIBUS 数据协同架构协议基于应用层的数据交互标准和数据格式，数据协同架构明确定义了五种规范：数据流的定义与交互规范、模型的定义与交互规范、应用的定义与交互规范、服务的定义与交互规范和资源的定义与交互规范。

目前基于云原生（Cloud Native）开发技术的大力推广，架构的复杂性远远大于技术本身的难度，但是复杂的架构往往需要通过协议协同规范数据访问。工业互联网的数据可以分为工业实时数据、工业大数据、工业应用数据、管理类数据和决策类数据。对于工业实时数据和工业大数据的海量交互和处理都是各自进行，所以急需一种通用的工业互联网通信协议来规范应用的交互，为智能资产和智能应用提供良好的应用基础。SinaIBUS 数据协同架构协议的主要目的是解决现场控制、边端协同和云边协同中数据交互问题。

4. 强边缘计算网关应用

强边缘计算网关不同于普通网关只进行数据转发和弱计算，除了具备普通网关的功能外，还具备边缘计算功能，并负责数据清洗、加工、存储和展示，以及现场策略（诊断、质检和控制策略）的执行。边缘计算网关可以分为边缘计算控制器和边缘计算服务器两种模式。

目前以 OPC UA over TSN 为主的网络架构在一些智能化程度较高的大型国际企业已经得到成功应用。在工业异构网络中面临的控制业务流、交互业务流和感知业务流混合调度问题，TSN 提供以高速、分时为主要思想的解决实时传输的机制，但是并不能完全解决业务流混合的问题，还需要结合调度理论进行深入研究。边端异构工业互联网协议适配技术分为两个技术方向：①通过边缘计算网关的应用，将不同格式的各种工业现场互联网［EtherNet/IP［以太网/工业协议。此处的 IP 不是互联网协议，而是 Industrial Protocol（工业协议）的简称］、BacNET、FINS（工厂接口网络服务）、Profibus、ProfiNet、IEC 60870-104、IEC 61850、EtherCAT、DeviceNet、DFI（双倍数据速率物理层接口）、ControlNet（控制网）和 PowerLink］接入到边缘计算控制器或边缘计算服务器，实现统一的数据处理；②通过 OPC UA over TSN 实现异构互联网。OPC UA 网关作为 OPC 2.0 技术，采用 OPC UA 实现异构互联，并通过 TSN 满足高实时性要求。

5. Open API 应用

稳定性和及时响应变更是工业互联网应用的重点要求。工业互联网异构兼容适配应用属于 PaaS 平台即服务化应用，基于 PaaS 模式市场和客户对互联网应用的需求日趋增多，长尾理论让更多工业互联应用看到未来。但其应用开发周期长、版本迭代周期长，让传统软件开发模式下的开发人员疲于满足用户需求。而最重要的创意是，相比于传统工业软件专注于专业化，而专业化需要解决的是信息竖井，如何将不同行业的信息串联打通，让原有的数据资源体现其更大的商业价值。随着企业规模日趋庞大，组织内部的协作模块化和服务接口化需求日益增加，随着业务的梳理及抽象，服务不仅要满足内部交互，还要对外开放给商业合作伙伴，使得数据资源价值在开放服务的企业得到体现。同时互联网企业将内部业务作为服务提供给外部使用者，促进了服务的发布和流程的规范化。REST 作为一种轻量级服务交互规范，得到新一代互联网企业的认同，配合多种数据格式 RSS（简易信息整合）、JSON（JS 对象简谱）和 XML（可扩展标记语言），让 Open API（开放式应用程序接口）具备足够的公共基础，也为 Open API 开发者的集成开发提供了最基本的保障。

基于 Open API 的工业互联网应用的接入层和异构系统的互连，从根本上解决了异构系统的互连互通。区别于面向数据的开发理念，基于 HTTP，本书依据 RESTful（符合 REST 原则的架构）规范提出了基于资源设计理念的 Open API 应用架构，如图 3-7 所示。

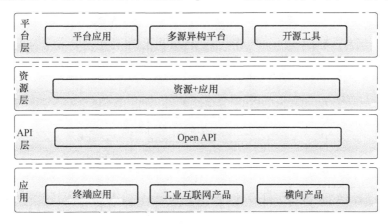

图 3-7　基于资源设计理念的 Open API 应用架构

3.1.3　工业现场总线和通信协议

当以太网用于信息技术时，应用层有 HTTP、FTP（文件传送协议）和 SNMP（简单网络管理协议）等常用协议，但当它用于工业控制时，体现在应用层的是实时通信、用于系统组态的对象和工程模型的应用协议。目前还没有统一的应用层协议，但受到广泛支持并已经开发出相应产品的有以下几种主要协议，下面将从传统控制网络、现场总线和工业以太网三个方面进行详细介绍。

1. 传统控制网络

（1）CCS　CCS（计算机控制系统）是一种集中式控制系统。控制系统的结构是从最初的 CCS 发展的，然后是第二代的 DCS（分布式控制系统），目前已发展到现在流行的 FCS（现场总线控制系统）。

（2）DCS　DCS（分布式控制系统）在国内自控行业又被称为集散控制系统，是相对于集中式控制系统而言的一种新型计算机控制系统，它是在 CCS 的基础上发展、演变而来的。DCS 是一个由过程控制级和过程监控级组成的以通信网络为纽带的多级计算机系统，综合了计算机（Computer）、通信（Communication）、显示（CRT）和控制（Control）4C 技术，其基本思想是分散控制、集中操作、分级管理、配置灵活及组态方便。

（3）FCS　FCS（现场总线控制系统）采用了开放式、标准化的通信协议，突破了 DCS 采用专用通信协议的局限，使得不同厂商、不同型号的设备能够实现连接和互操作，极大地提高了工业自动化系统的灵活性和可扩展性。同时，由于现场总线具有实时性高、抗干扰能力强等特点，使得 FCS 可以在更复杂的工业环境中稳定运行。

现场总线（Field Bus）是近年来迅速发展起来的一种工业数据总线，它主要解决工业现场的智能化仪器仪表、控制器和执行机构等现场设备间的数字通信以及这些现场控制设备和高级控制系统之间的信息传递问题。现场总线因为具有简单、可靠和经济实用等一系列突出的优点，受到了许多标准团体和计算机厂商的高度重视。现场总线是自动化领域中底层数据通信网络，简单说，就是以数字通信替代了传统 4～20mA 模拟信号和普通开关量信号的传输，是连接智能现场设备和自动化系统的全数字、双向且多站的通信系统。工业互联网常用通信协议如图 3-8 所示。

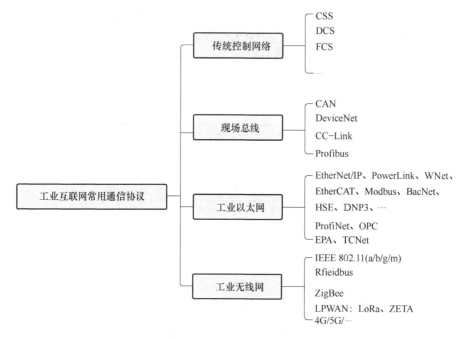

图 3-8　工业互联网常用通信协议

2. 现场总线

（1）CAN　CAN（控制器局域网络）是由以研发和生产汽车电子产品著称的德国 BOSCH 公司开发的，并最终成为国际标准（ISO 11898），是国际上应用最广泛的现场总线之一。

在北美和西欧，CAN 总线协议已经成为汽车计算机控制系统和嵌入式工业控制局域网的标准总线，并且拥有以 CAN 为底层协议的专为大型货车和重工机械车辆设计的 J1939 协议。CAN 的高性能和可靠性已得到认可，并被广泛应用于工业自动化、船舶、医疗设备和工业设备等方面。现场总线是当今自动化领域技术发展的热点之一，CAN 被誉为自动化领域的计算机局域网。它的出现为 DCS 实现各节点之间实时、可靠的数据通信提供了强有力的技术支持。

（2）DeviceNet　DeviceNet 是一种用在自动化技术中的现场总线标准，由美国 Allen-Bradley 公司（已被罗克韦尔公司合并）于 1994 年开发。DeviceNet 使用 CAN 作为底层的通信协议，其应用层有针对不同设备所定义的行规（Profile）。DeviceNet 的主要应用包括资讯交换、安全设备和大型控制系统，在美国的市场占有率较高。

DeviceNet 移植了来自 ControlNet（另一个由 Allen-Bradley 公司开发的通信协议）的技

术，再配合 CAN 的使用，使其成本较传统以 RS-485 为基础的通信协议要低，但又有较好的强健性。为了推动 DeviceNet 在世界各地的使用，罗克韦尔公司决定将此技术分享给其他厂商。

DeviceNet 通信协议由位于美国的独立组织 ODVA（开放 DeviceNet 厂商协会）管理。ODVA 维护 DeviceNet 的规格、也提供一致化测试，确保厂商的产品符合 DeviceNet 通信协议的规格。ODVA 将 DeviceNet 通信协议和其他相关的通信协议整合成 CIP（通用工业协议），CIP 包括以下的通信协议：ControlNet、DeviceNet、CompoNet 和 EtherNet/IP。

（3）CC-Link　CC-Link 是 Control&Communication Link（控制与通信链路系统）的简称，1996 年 11 月，其由以三菱电机为主导的多家公司推出。CC-Link 可以将控制和信息数据同时以 10Mbit/s 的速率高速传送至现场网络，具有性能卓越、使用简单、应用广泛和成本较低等优点，不仅解决了工业现场配线复杂的问题，而且具有优异的抗噪性和兼容性。

CC-Link 是一个以设备层为主的网络，同时也可覆盖较高层次的控制层和较低层次的传感层。

（4）Profibus　Profibus 是一个用在自动化技术中的现场总线标准，在 1987 年由德国西门子公司等十四家公司和五个研究机构推动。需要注意的是，Profibus 和用在工业以太网中的 ProfiNet 是两种不同的通信协议。

Profibus-DP（Decentralized Periphery，分布式周边）具有高速、低成本的特点，用于设备级控制系统与分散式 I/O 的通信，它与 Profibus-PA（Process Automation，过程自动化）、Profibus-FMS（Fieldbus Message Specification，现场总线报文规范）共同组成了 Profibus 标准。

1）Profibus-DP 概述。Profibus-DP 明确规定了用户数据如何在总线各站之间传递，但用户数据的含义是在 Profibus 行规中进行具体说明的。另外，行规还具体规定了 Profibus-DP 如何用于应用领域。

使用行规可使不同厂商所生产的不同设备互换使用，而工厂操作人员无须关心不同设备之间的差异，因为与应用有关的含义在行规中均作了精确的规定说明。

Profibus-DP 用于现场层的高速数据传送。在这一级，中央处理器［如 PLC（可编程逻辑控制器）、PC 等］通过高速串行线同分散的现场设备（如 I/O、驱动器和阀门等）进行通信。

Profibus-DP 用在工厂自动化的应用中，可以由中央控制器控制许多的传感器和执行器，也可以利用标准或选用的诊断机能得知各模块的状态。

2）Profibus-PA 概述。Profibus-PA 适用于 Profibus 过程自动化。Profibus-PA 将自动化系统和过程控制系统与压力、温度和液位变送器等现场设备连接起来，可用来替代 4~20mA 模拟信号。

Profibus-PA 应用在过程自动化系统中，由过程控制系统监控并控制测量设备，是本质安全的通信协议，可适用于防爆区域［工业防爆危险区分类（Ex-Zone）中的 Ex-Zone 0 和 Ex-Zone 1］。其物理层线缆遵循 IEC 61158-2 标准，允许通信线缆提供电源给现场设备，即使发生故障也可限制电流量，避免造成可能导致爆炸的情形。因为使用网络供电，一个 Profibus-PA 网络所能连接的设备数量就会受到限制。Profibus-PA 的通信速率为 31.25kbit/s。Profibus-PA 使用的通信协议与 Profibus-DP 相同，只要有转换设备就可以和 Profibus-DP 网络连接，由速率较快的 Profibus-DP 作为网络主干，将信号传递给控制器。在一些需要同时处理自动化和过程控制的应用中可以同时使用 Profibus-DP 和 Profibus-PA。

3）Profibus-FMS 概述。Profibus-FMS 的设计旨在解决车间监控级通信任务，提供大量的通信服务。可编程序控制器之间有比现场层更大量的数据传送，用以完成以中等传输速度进行的循环和非循环的通信服务，但对通信实时性的要求低于现场层。

3. 工业以太网

（1）EtherNet/IP　EtherNet/IP 由 ODVA 开发并得到了罗克韦尔公司的大力支持。它使用已用于 ControlNet 和 DeviceNet 的 CIP 作为应用层协议。

EtherNet/IP 定义了一个开放的工业标准，将传统的以太网与工业协议相结合。该标准由 CI（ControlNet International，国际控制网）和 ODVA 在 IEA（Industrial Ethernet Association，工业以太网协会）的协助下联合开发，并于 2000 年 3 月推出。EtherNet/IP 是基于 TCP/IP 的协议，因此采用原有 OSI 模型中较低的四层。所有标准的以太网通信模块（如 PC 接口卡、电缆、连接器、集线器和开关）都能与 EtherNet/IP 一起使用。

CIP 提供了一系列标准的服务，提供隐式和显式方式对网络设备中的数据进行访问和控制。CIP 数据包在通过以太网发送前必须先进行封装，并根据请求服务类型赋予一个报文头，这个报文头指示了发送数据到响应服务的重要性。通过以太网传输的 CIP 数据包具有特殊的以太网报文头，由一个 IP 头、一个 TCP 头和封装头组成，封装头包括了控制命令、格式和状态信息、同步信息等。这允许 CIP 数据包通过 TCP 或 UDP（用户数据报协议）传输并能够由接收方解包。相对于 DeviceNet 或 ControlNet，这种封装的缺点是协议的效率比较低。以太网报文头可能比数据本身还要长，从而造成网络负担过重。因此，EtherNet/IP 更适用于发送大块的数据如程序，而 DeviceNet 和 ControlNet 更适用于发送模拟或数字 I/O 数据。

（2）EtherCAT　EtherCAT 是一个开放架构，是以以太网为基础的现场总线系统，其名称中的 CAT 为 Control Automation Technology（控制自动化技术）的简称。

EtherCAT 是确定性的工业以太网，最早由德国 Beckhoff（倍福）公司研发。自动化一般会要求资料更新时间（也被称为周期时间）较短，资料同步时的通信抖动量低，而且硬件的成本要低，EtherCAT 开发的目的就是让以太网可以运用在自动化应用中。一般工业通信网络各节点传送的资料长度不长，多半都比以太网帧的最小长度小。而每个节点每次更新资料都要送出一个帧，造成带宽利用率低，网络的整体性能也随之下降。EtherCAT 利用一种被称为飞速传输（Processing on the Fly）的技术来改善以上问题。在 EtherCAT 网络中，当资料帧通过 EtherCAT 节点时，节点会复制资料，再传送到下一个节点，同时识别对应此节点的资料并进行对应的处理。若节点需要送出资料，也会在要传送到下一个节点的资料中插入要送出的资料。每个节点接收和传送资料的时间少于 $1\mu s$。

（3）HSE　HSE 最大限度地利用了已在商业领域普及的以太网技术作为主干网络，连接主机、I/O 子系统、网关和现场设备，运行速度为 100Mbit/s。

（4）ProfiNet　ProfiNet 由 PI（Profibus International，Profibus 国际组织）推出，是新一代基于工业以太网技术的自动化总线标准。ProfiNet 为自动化通信领域提供了一个完整的网络解决方案，囊括了如实时以太网、运动控制、分布式自动化、故障安全及网络安全等当前自动化领域的热点话题。而且 ProfiNet 作为跨供应商的技术，可以完全兼容工业以太网和现有的现场总线如 Profibus 等技术，保护现有投资。

（5）EPA　EPA（Ethernet for Plant Automation，工厂自动化以太网）是 EtherNet、TCP/

IP 等商用计算机通信领域的主流技术，直接应用于工业控制现场设备间的通信，并在此基础上建立了应用于工业现场设备间通信的开放网络通信平台。

（6）PowerLink　开源实时通信技术 PowerLink 是一项在标准以太网介质上，用于解决工业控制和数据采集领域数据传输实时性的最新技术。鉴于以太网的蓬勃发展和 CANopen 在自动化领域里广阔的应用基础，PowerLink 融合了这两项技术的优点和缺点，即拥有了以太网的高速、开放性接口与 CANopen 在工业领域良好的 SDO（服务数据对象）和 PDO（过程数据对象）数据定义，从某种意义上说，PowerLink 就是以太网上的 CANopen，物理层、数据链路层使用了以太网介质，应用层则保留了原有 SDO 和 PDO 对象字典的结构，这样做的好处是可以保护原有投资和开放性接口，而且无须做较多的改动即可实现。

（7）Modbus　Modbus 协议定义了一个控制器能识别并使用的消息结构，而不管它们经过何种网络进行通信。Modbus 描述了一个控制器请求访问其他设备，如何回应来自其他设备的请求，以及怎样侦测错误并记录的过程。Modbus 采用请求/应答方式的应用层消息协议，可以方便实现低级设备与高级设备间的通信。它包含三个独特的协议数据单元：Modbus 请求、Modbus 应答和 Modbus 异常应答。Modbus 请求中包含功能码和请求，Modbus 功能码有公共功能码、用户定义功能码和保留功能码三种类型。Modbus 可以采用多种通信方式，如 Modbus RTU 口 Modbus ASCII（美国信息交换标准码）、Modbus TCP 和 Modbus Plus。

（8）DNP3　DNP3（Distributed Network Protocol 3，分布式网络协议 3）在各种工业系统中都有很多应用。它比 S7comm（S7 通信）大刀阔斧做的协议栈要简单得多，其完全基于 TCP/IP，只是修改了应用层（但比 Modbus 应用层要复杂得多），在应用层实现了对传输数据的分片、校验和控制等诸多功能。DNP3 借助 TCP 在以太网上运行，使用的端口是 20000 端口，是一种应用于自动化组件之间的通信协议。

（9）OPC　OPC 是应用最广泛的信息交换互操作标准，它具有安全性、可靠性及平台独立性。

（10）TCNet　TCNet 是一种由 IEC（国际电工委员会）认证为国际标准的网络技术，并作为公共可用规范（PAS）发布。它具有基于以太网的实时性和高可靠性。

（11）WNet　WNet 又被称为 NetBEUI［NetBIOS（网上基本输入输出系统）增强用户接口］，它不再执行客户端模拟。在以前所有 Firebird（火鸟数据库）版本中，通过 WNet 的远程请求都在客户端安全令牌的上下文中执行。服务器根据客户端安全凭据为每个连接提供服务，这意味着如果客户端计算机正在运行 NT 域中的某个操作系统用户，那么该用户应该具有访问服务器文件系统上的物理数据库文件、UDF 库等的适当权限。

（12）BacNet　BacNet 是用于智能建筑的通信协议，是由 ISO、ANSI 和 ASHRAE（美国采暖、制冷与空调工程师学会）定义的通信协议。BacNet 是针对智能建筑和控制系统应用所设计的通信协议，可用于 HVAC（暖通空调系统，包括暖气、通风和空气调节），也可用于照明控制、门禁系统和火警侦测系统及其相关的设备。BacNet 的优点在于能降低维护系统所需成本，比一般工业通信协议安装更为简易，而且提供了五种业界常用的标准协议，可防止设备供应商和系统业主的垄断，也因此使未来系统的扩展性和兼容性大为增加。

BacNet 通信协议中定义了许多种类的服务，可供各设备之间进行通信。服务可以分为五类：有关设备对象管理的服务包括 Who-Is、I-Am、Who-Has 和 I-Have 等，有关对象访问的服务包括读取属性、写入属性等，有关报警和事件的服务包括确认报警、属性改变报告等，此外还有有关文件读写和有关虚拟终端的服务。

BacNet 通信协议也定义了许多种类的对象，每个对象中都有许多属性，可以通过服务来访问对象中的属性。BacNet 通信协议中的设备就是由许多对象组成，其中一个设备对象是每个设备所必须有的，用于记录设备的相关数据，其他对象包括模拟输入、模拟输出、模拟值、数字输入、数字输出和数字值等有关数据的对象。

为了提供不同厂商 BacNet 设备之间的互操作性，BacNet 通信协议也定义了 BIBB（BacNet Interoperability Building Block，BacNet 互操作块），BIBB 是由一个或多个服务组成，用于说明在特定需求下，服务器端和客户端需要支持的服务和程序。BIBB 可分为以下五种：数据分享、警告及事件管理、调度、趋势和设备及网上管理。

每个 BacNet 设备都会有一份 PICS（Protocol Implementation Conformance Statement，协议实现一致性声明）文件，其中需说明设备所支持的 BIBB、对象种类及定义、使用文字集和通信时需要的数据。

3.2 工业数据采集

在边缘计算应用的实践中，工业数据采集应该是最主要的环节，它是边缘计算的数据源头。只有通过各种各样的数据通信将工业现场的数据收集起来，才能进行下一步分析和处理工作。这一节将重点介绍工业数据采集系统及其应用。

3.2.1 控制系统的数据类型

1. 开关量

开关量一般是指触点开和关的状态，在计算机设备中一般用 0 或 1 来表示开关量。开关量信号分为有源开关量信号和无源开关量信号，有源开关量信号是指开和关的状态是带电源的信号，专业叫法为跃阶信号，可以理解为脉冲量，一般有 AC 220V、AC 110V、DC 24V 和 DC 12V 等信号；无源开关量信号是指开和关的状态是不带电源的信号，一般又被称为干接点。

2. 数字量

很多人会将数字量与开关量、模拟量混淆。数字量是指在时间和数量上都离散的物理量，其表示的信号为数字信号。数字量是由 0 和 1 组成的信号，经过编码形成有规律的信号，量化后的模拟量就是数字量。

3. 模拟量

模拟量的概念与数字量相对应，但模拟量经过量化后可以转化为数字量。模拟量是指在时间和数量上都连续的物理量，其表示的信号为模拟信号。模拟量在连续变化过程中的任何一个取值都是一个具体有意义的物理量，如温度、电压和电流等。

4. 离散量

离散量是模拟量经过离散化后得到的物理量。任何仪器设备对于模拟量都不可能有完全精确的表示，因为它们都有一个采样周期，在该采样周期内，物理量的数值是不变的，而实际上模拟量是变化的。这样就会将模拟量离散化，使之成为离散量。

5. 脉冲量

脉冲量是瞬间电压或电流由某一值跃变到另一值的信号量。在量化后，如果其变化持续有规律，则是数字量；如果其由 0 变成某一固定值并保持不变，则是开关量。

3.2.2　基于 Modbus 的工业数据采集系统

1. Modbus 概述

1979 年，Modbus 通信协议由 Modicon（莫迪康）公司（现在是施耐德电气的一个品牌）发明，具有划时代、里程碑式的意义，从此掀起了工业控制网络技术的序幕。Modbus 是全球第一个真正用于工业现场的总线协议，近年来在控制器和测量仪表上也得到了广泛应用，目前已成为我国工业自动化领域使用的一种国际标准。Modbus 通信协议支持传统的 RS-232、RS-422、RS-485 通信接口和以太网接口。

Modbus 通信协议采用的主-从（Master-Slave）模型是一种应用层报文协议，可以在不同类型的总线或网络上进行连接，而不管它们经过何种网络进行通信。在同一个通信网络上，每个设备都有唯一的设备地址，并且只能有一个主设备，可以有多个从设备。主设备可以单独与从设备进行通信，也能以广播的方式与所有从设备进行通信。如果是单独通信，从设备返回一个应答消息作为回应；如果是以广播的方式进行通信，则从设备不作任何回应。具体的 Modbus 通信结构模型如图 3-9 所示。

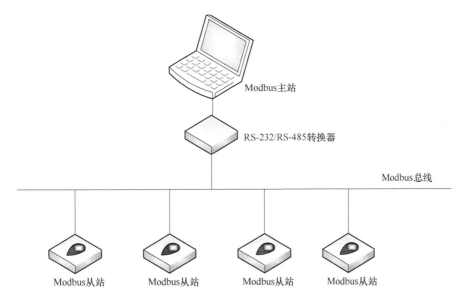

图 3-9　Modbus 通信结构模型

Modbus RTU 通信协议采用主-从模型。通用型控制器在 μC/OS-Ⅱ操作系统环境下非常容易实现 Modbus RTU 通信协议。

2. Modbus RTU 主站的实现

Modbus RTU 主站服务程序的核心模块是功能处理模块，具有串口初始化、数据帧的构造和解析及发送数据帧等功能。发送数据帧时必须将数据帧封装成标准的 Modbus 数据帧才能进行发送。在协议帧的组成上，Modbus RTU 通信协议定义了一个与基础通信层无关的简单 PDU（协议数据单元），通过在 PDU 上增加地址域和 CRC 域等附加域定义 ADU（应用数据单元）。

CRC 值为 2 字节即 16 位的二进制值。由发送设备计算 CRC 值，并把它附加到信息中。接收设备在接收信息过程中再次计算 CRC 值，并与实际 CRC 值进行比较，若两者不一致，则产生一个错误。校验开始时，先把 16 位寄存器的各位都置 1，然后把信息中相邻两个字节的数据放到当前寄存器中处理，只有字符中的 8 位数据用于进行 CRC 处理，起始位、停止位和校验位不参与 CRC 计算。

进行校验时，每个 8 位数据与该寄存器的内容进行异或运算，然后向 LSB（最低有效位）方向移位，将 0 填入 MSB（最高有效位）后，再检查 LSB，若 LSB = 1，则寄存器与预置的固定值作异或运算；若 LSB = 0，则不作异或运算。

重复上述处理过程，直至移位八次，在最后一次（第八次）移位后，下一个 8 位数据与寄存器的当前值异或，再重复上述过程。信息中的数据字节全部处理完后，最终得到的寄存器值为 CRC 值。将 CRC 值附加到信息中时，低位在先，高位在后。

Modbus RTU 主站程序流程图如图 3-10 所示。为实现 Modbus RTU 主站协议的功能处理模块，首先需要完成串口初始化和服务函数的构造，然后根据服务函数构造 Modbus 请求帧并调用串口发送命令将请求帧发送出去，程序若在设定的时间内接收到应答帧，则将调用对应的应答帧解析函数进行处理，否则返回应答超时码。同时，解析函数对串口缓冲区内接收到的数据进行分析，若应答帧解析正确，则函数将数据装入目标缓冲区，否则返回校验失败码。

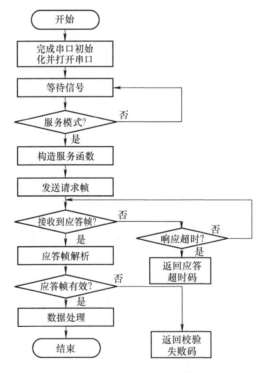

图 3-10　Modbus RTU 主站程序流程图

3. Modbus RTU 从站的实现

Modbus RTU 通信协议是一个一主多从的通信协议，所以需要为每个从站分配不同的地址。Modbus RTU 从站主要实现数据帧的接收和存储，并且根据接收到的数据帧中的功能代码给出一个应答消息作为对主站的回应。

Modbus RTU 从站程序流程图如图 3-11 所示。首先需要完成串口初始化，如设置波特率、数据位和奇偶校验位等，然后调用串口接收命令读取主站发送来的数据帧，并判断接收到的数据帧中的地址与本机是否相符，若不符，则直接结束程序，否则对数据帧进行校验。若校验正确，则可以判断功能代码，调用对应函数来执行对应功能操作，否则向主站返回一个带有错误信息的应答帧。图 3-11 中的功能代码为 03，是读保持寄存器的功能函数。

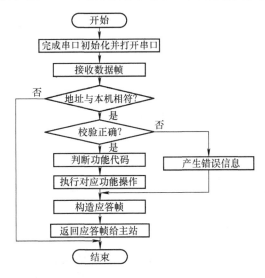

图 3-11 Modbus RTU 从站程序流程图

4. Modbus 功能码

Modbus 功能码具体见表 3-1。

表 3-1 Modbus 功能码

功能码	描述	PLC 地址	寄存器地址	位/字操作	操作数量
01H	读线圈寄存器	00001 ~ 09999	0000H ~ FFFFH	位操作	单个或多个
02H	读离散输入寄存器	10001 ~ 19999	0000H ~ FFFFH	位操作	单个或多个
03H	读保持寄存器	40001 ~ 49999	0000H ~ FFFFH	字操作	单个或多个
04H	读输入寄存器	30001 ~ 39999	0000H ~ FFFFH	字操作	单个或多个
05H	写单个线圈寄存器	00001 ~ 09999	0000H ~ FFFFH	位操作	单个
06H	写单个保持寄存器	40001 ~ 49999	0000H ~ FFFFH	字操作	单个
0FH	写多个线圈寄存器	00001 ~ 09999	0000H ~ FFFFH	位操作	多个
10H	写多个保持寄存器	40001 ~ 49999	0000H ~ FFFFH	字操作	多个

5. 支持 Modbus 的产品和设备

1）西门子 PLC。

2）施耐德 PLC。

3）众多厂家的 RTU 和智能仪表系统。

3.2.3 基于 Modbus TCP 的数据采集系统

Modbus TCP 是简单的、中立厂商用于管理和控制自动化设备的 Modbus 通信协议的派生产品，它覆盖了使用 TCP/IP 的 Intranet（内部互联网）和 Internet（国际互联网）环境中 Modbus 报文的用途。Modbus TCP 通信协议最通用的用途是为如 PLC、I/O 模块及连接其他简单总线或 I/O 模块的网关服务。

Modbus TCP 使 Modbus RTU 运行于以太网，Modbus TCP 使用 TCP/IP 以太网在站点间传送 Modbus 报文，它结合了以太网物理网络和网络标准 TCP/IP 及以 Modbus 作为应用协议标准的数据表示方法。Modbus TCP 通信报文被装于以太网 TCP/IP 数据包中。与传统的串口方式相比，Modbus TCP 将一个标准的 Modbus 报文插入 TCP 报文中，不再带有数据校验和地址。

1. Modbus TCP 数据帧

Modbus TCP 数据帧可分为两部分：MBAP（Modbus 应用协议）和 PDU。

MBAP 报文头包括的域具体见表 3-2。

表 3-2　MBAP 报文头

域	长度	描述	客户机	服务器
事务处理标识符	2 字节	Modbus 请求响应事务处理的识别码	客户机启动	服务器将接收的请求重新复制
协议标识符	2 字节	0 为 Modbus 通信协议	客户机启动	服务器将接收的请求重新复制
长度	2 字节	以下字节的数量	客户机启动（请求）	服务器响应启动
单元标识符	1 字节	串行链路或其他总线上连接的远程从站识别码	客户机启动	服务器将接收的请求重新复制

1）事务处理标识符：用于事务处理配对。在响应中，Modbus 服务器复制请求的事务处理标识符。

2）协议标识符：用于系统内的多路复用。通过 0 值识别 Modbus 通信协议。

3）长度：长度域是下一个域的字节数，包括单元标识符和数据域。

4）单元标识符：用于使系统内路由使用这个域。专门用于通过以太网 TCP/IP 网络和 Modbus 串行链路之间的网关对 Modbus 或 Modbus 和串行链路从站进行通信。Modbus 客户机在请求中设置这个域，在响应中服务器必须利用相同的值返回这个域。

2. 通信方式

Modbus TCP 设备可分为主站和从站。主站只有一个，从站有多个，主站向各从站发送请求帧，从站给予响应。在使用 TCP 进行通信时，主站作为客户端，建立连接；从站作为服务器端，等待连接。

主站请求：功能码 + 数据。

从站正常响应：请求功能码 + 响应数据。

从站异常响应：异常功能码 + 异常码。异常功能码即将请求功能码的最高有效位置 1，异常码指示差错类型。

注意：程序需要超时管理机制，避免无限期的等待可能不出现的应答。

IANA（Internet Assigned Numbers Authority，互联网编号分配机构）给 Modbus 通信协议赋予的 TCP 端口号为 502，这是 Modbus 通信协议目前在仪表与自动化行业中唯一分配到的端口号。

3. 通信过程

1）使用 connect( ) 函数建立 TCP 连接。

2）准备 Modbus 报文。

3）使用 send( ) 函数发送报文。

4）在同一连接下等待应答。

5）使用 recv( ) 函数读取报文，完成一次数据交换。

6）通信任务结束时，关闭 TCP 连接。

4. 支持 Modbus Tcp 的产品

1）西门子 PLC。

2）施耐德 PLC。

3.2.4 基于 EtherNet/IP 的工业数据采集系统

与 Modbus 相比，EtherNet/IP 是一个更现代化的标准协议，由 CI 工作组与 ODVA 在 20 世纪 90 年代合作设计。EtherNet/IP 基于 CIP，CIP 是一种由 ODVA 支持的开放工业协议，它被使用在如 ControlNet、DeviceNet 和 EtherNet/IP 等串行通信协议中。美国的工控设备制造商罗克韦尔已经围绕 EtherNet/IP 进行了标准化，其他厂商如 Omron（欧姆龙）也在其设备上支持了 EtherNet/IP。EtherNet/IP 已经变得越来越受欢迎，特别是在美国。尽管 Ether-Net/IP 比 Modbus 更现代化，但仍然存在协议层面的安全问题。EtherNet/IP 通常通过 TCP/UDP 端口 44818 运行。此外 EtherNet/IP 还使用另一个 TCP/UDP 端口 2222，使用这个端口的原因是 EtherNet/IP 实现了隐式和显式两种通信方式。显式消息被称为客户端/服务器消息，隐式消息通常被称为 I/O 消息。

1. 功能

EtherNet/IP 同时支持 CIP 时分和非时分的消息传输服务。时分消息交换基于生产者/消费者模型，在这个模型中，一个传送者在网络上发送数据，会被网络上的多个设备同时接收到。

EtherNet/IP 支持下列功能：

1）时分消息交换（用于 I/O 控制）。

2）人机界面。

3）设备组态和编程。

4）设备和网络诊断。

5）与嵌入在设备中的 SNMP 和网页兼容。

6）对以上功能的支持、提供互操作性和互替换性决定了 EtherNet/IP 是一种基于以太网并面向工业自动化的开放性网络标准。

2. EtherNet/IP 通信方式

EtherNet/IP 定义了两种类型的通信方式，分别为显式与隐式，具体见表 3-3。

表 3-3　显式与隐式

通信方式	CIP 通信关系	传输协议	通信类型	适用情形	举例
显式	已连接或未连接	TCP/IP	请求/响应交换	低时间相关性数据信息	读/写、配置字段
隐式	已连接	UDP/IP	I/O 数据交换	实时 I/O 数据	实时控制数据

显式通信：通过 TCP/IP 传输数据，适合用于传递高准确性、低及时性的数据，如配置设备信息、上传或下载程序。表 3-3 中 CIP 通信关系中的已连接与未连接是 CIP 的一个服务，完成该服务后，连接的双方各持一串号码，用该号码完成后续的信息交流。

隐式通信：通过 UDP/IP 传输数据，适合用于传输高实时性的数据，如电动机控制数据、传感器数据。该通信方式需要提前建立 CIP 连接。

CIP 连接需要通过 CM（Connection Manager，连接管理器）对象的 ForwardOpen 服务完成。客户端作为请求的发起方，请求中包含传输类信息、时间信息、电子密钥和连接 ID（标识）。当接收到 ForwardClose 请求或响应超时，清空连接信息。

对于隐式通信，其数据可以广播或发送给某个特定地址。发送的数据必须包含对象的地址（单一地址或广播地址）和 CIP 连接 ID。

3. CIP 对象模型

每个 CIP 节点都是一组对象的集合，每个对象都代表了设备的某个特定组件，所有未被描述的对象都无法通过 CIP 访问（因为没有定义）。CIP 对象由类（Class）、实例（Instance）和属性（Attribute）构成。每个类可以有多个实例，每个实例可以有多个属性。例如，一个类叫"男人"，这个"男人"类可以有"王二狗"和"李铁柱"等实例，"王二狗"又可以包含"年龄""身高"和"体重"等属性。在读取或写入数据时，协议中要申明需要操作的是哪个类中哪个实例的哪个属性。

类是一组代表相同系统组件的对象。实例是该类中的某个特定对象。每个实例可以有自己特有的属性。

CIP 网络中的每个节点都有节点地址，在 EtherNet/IP 网络中，该地址即为设备的 IP 地址。

CIP 中每个类、实例和属性都有其对应的 ID，分别为 Class ID（类 ID）、Instance ID（实例 ID）和 Attribute（属性 ID）ID。CIP 中使用服务代码来明确操作指令。

类 ID 分为公共对象（范围：0x0000 ~ 0x0063、0x00F0 ~ 0x02FF）和厂家自定义对象（范围：0x0064 ~ 0x00C7、0x0300 ~ 0x04FF）两个部分，其他范围为预留部分。

实例 ID 也分为公共实例（服务代码范围：0x0001 ~ 0x0063、0x00C8 ~ 0x02FF）和厂家自定义实例（服务代码范围：0x0064 ~ 0xxC7、0x0300 ~ 0x04FF）两个部分，其他范围为预留部分。

属性 ID 同样分为公共属性（服务代码范围：0x0000 ~ 0x0063、0x0100 ~ 0x02FF、0x0500 ~ 0x08FF）和厂家自定义属性（服务代码范围：0x0064 ~ 0x00C7、0x0300 ~ 0x04FF、0x000 ~ 0x0CFF）两个部分。

4. 支持 EtherNet/IP 的产品

1）Allen-Bradley PLC。

2）Omron PLC。

3.2.5 基于 OPC UA 的工业数据采集系统

工业控制领域用到大量的现场设备，在 OPC 出现以前，软件开发商需要开发大量的驱动程序来连接这些设备。即使硬件供应商在硬件上做了一些小小改动，应用程序可能也需要重写。同时，由于不同设备甚至同一设备不同单元的驱动程序也有可能不同，软件开发商很难同时对这些设备进行访问以优化操作。为了消除硬件平台和自动化软件之间互操作的障碍，建立了 OPC 软件互操作性标准，开发 OPC 的最终目标是在工业控制领域建立一套数据传输规范。

1. OPC 背景知识

OPC 全称是 OLE（Object Linking and Embedding，对象链接和嵌入）for Process Control（用于过程控制的 OLE）。为了便于自动化行业不同厂家的设备和软件能相互交换数据，规定了一个统一的接口定义，就是 OPC 协议规范。OPC 基于 Windows COM/DOM（组件对象模型/文档对象模型）技术，可以使用统一的方式访问不同设备厂商的产品数据。简单来说，OPC 就是用于不同厂家设备和软件之间的数据交换。具体 OPC DA（Data Access，数据访问）的应用层次模型如图 3-12 所示。

图 3-12　OPC DA 的应用层次模型

OPC 基金会前前后后规定了不同的接口定义，分别如下：

1）OPC DA 定义了数据交换，包括值、时间和质量信息。

2）OPC A&E（Alarms & Events，报警和事件）定义了报警和事件类型消息的信息交换及变量状态和状态管理。

3）OPC HDA（Historical Data Access，历史数据访问）定义了可应用于历史数据、时间数据的查询和分析的方法。

4）OPC XML-DA，定义了基于 XML 的数据交换。

2. OPC UA 的定义

UA 全称是 Unified Architecture（统一架构）。为了应对标准化和跨平台的趋势，更好地推广 OPC，OPC 基金会近些年在之前 OPC 成功应用的基础上推出了一个新的 OPC 标准——OPC UA。OPC UA 接口定义包含了之前的 OPC DA、OPC A&E、OPC HDA 和 OPC XML-DA，只使用一个地址空间就能访问之前所有的对象，而且不受 Windows 平台限制，因为它是从传输层以上定义的，这使得灵活性和安全性较之前的 OPC 都有提升。

OPC UA 实质上是一种抽象的框架，它是一个多层架构，其中的每一层完全从其相邻层抽象而来。这些层定义了线路上的各种通信协议，以及能否安全地编码/解码包含数据、数据类型定义等内容的信息。利用这一核心服务和数据类型框架，人们可以在其基础上轻松添加更多功能。

OPC UA 将成为一个转换工具，其他协议或标准如 BacNet 可以非常轻松地转换为 OPC UA 内的一个子集。OPC UA 的应用层次模型如图 3-13 所示。

OPC UA 的定义完全是在 TCP/IP 五层模型的应用层，实现该协议不需要专用芯片，也不需要任何物理层面的改动。

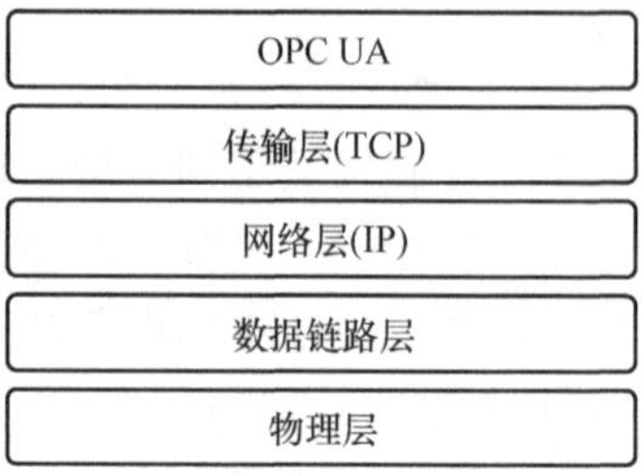

OPC UA 多层方法实现了最初设计 UA 规范时的以下目标。

1）功能对等性：所有 OPC Classic（经典架构）规范都映射到 UA。

2）平台独立性：从嵌入式微控制器到基于云的基础设施。

3）安全性：信息加密、身份验证和审核。

4）可扩展性：添加新功能而不影响现有应用程序的能力。

5）综合信息建模：用于定义复杂信息。

| OPC UA |
| 传输层(TCP) |
| 网络层(IP) |
| 数据链路层 |
| 物理层 |

图 3-13　OPC UA 的应用层次模型

3. OPC UA 的基本概念

OPC UA 使用对象作为过程系统表示数据和活动的基础。对象包含变量、事件和方法，它们通过引用（Reference）来互相连接。

OPC UA 信息模型是节点的网络（Network of Node），也被称为结构图（Graph），它由节点和引用组成。这种结构图被称为 OPC UA 的地址空间，可以描述各种各样的结构化信息（即对象）。

地址空间有以下要点：

1）地址空间给服务器提供标准方式，以向客户端表示对象。

2）地址空间是从变量和方法等方面定义对象，也可以表现对象与对象之间的关系。

3）地址空间中模型的元素被称为节点，通过为节点分配节点类代表对象模型的元素。

4）对象及其组件在地址空间中表示为节点的集合，节点由属性描述并由引用相连。

OPC UA 建模的基本在于节点和节点间的引用。OPC UA 模型采用 XML 文件描述，通过编译工具可以将 XML 文件编译成 C + + 语言的程序。

（1）对象模型　对象模型结构内涵如图 3-14 所示。

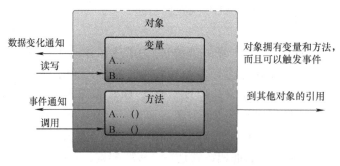

图 3-14　对象模型结构内涵

（2）节点模型　节点模型结构内涵如图 3-15 所示。

节点根据用途不同分属于不同的节点类（NodeClass），一些表示实例，一些表示类型。

节点类依据属性和引用来定义。OPC UA 定义的节点类被称为地址空间的元数据，地址空间中每个节点都是这些节点类的实例。属性和引用是节点的基本组件。

属性用于描述节点，不同的节点类有不同的属性。节点类的定义中包括属性的定义，因

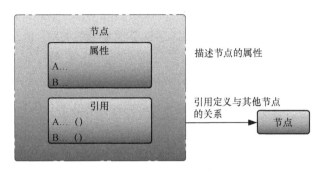

图 3-15　节点模型结构内涵

此属性不包括在地址空间中。

引用表示节点间的关系。引用被定义为引用类型节点的实例，存在于地址空间中。

节点模型通用属性见表 3-4，其中"使用"列定义了其为强制的（M）还是可选的（O）。

表 3-4　节点模型通用属性

名称	使用	数据类型	说明
NodeID	M	NodeID	明确标识节点
NodeClass	M	NodeClass	标识节点的节点类
BrowseName	M	QualifiedName	浏览地址空间时的非本地化名称
DisplayName	M	LocalizedText	包含节点本地名称
Description	O	LocalizedText	解释节点的本地化文本
WriteMask	O	UInt32	不考虑权限的写入节点属性的可能性
UserWriteMask	O	UInt32	考虑权限的写入节点属性的可能性

注：WriteMask 和 UserWriteMask 是 32 位无符号整数。

包含引用的节点为源节点，被引用的节点为目标节点。引用的目标节点可以与源节点在同一个地址空间中，也可以在另一个 OPC 服务器的地址空间中，甚至还可以不存在目标节点。

（3）引用模型　引用模型结构如图 3-16 所示。

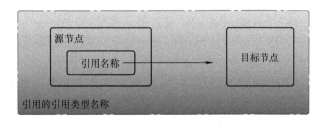

图 3-16　引用模型结构

4. 标准的节点类

节点类用于定义 OPC UA 地址空间中的节点。节点类源于通用的基本节点类。

首先定义基本节点类，然后定义用于组织地址空间的节点类，最后再定义用于代表对象的节点类。代表对象的节点类分为三种：用于定义实例，定义实例的类型，以及定义数据类型。

标准的节点类有如下八种。

1）基本节点类：能够派生所有其他的节点类。

2）对象节点类。

3）对象类型节点类。

4）变量节点类：定义数据变量。

5）变量类型节点类：定义特性。

6）方法节点类：定义方法。方法没有类型定义，可以绑定到对象上。

7）引用类型节点类：定义引用。

8）视图节点类：定义地址空间中的节点子集。

在 OPC UA 中，最重要的节点类是对象、变量和方法。

1）节点类为对象的节点用于（构成）地址空间结构。

对象不包含数据，使用变量为对象公开数值。对象可用于分组管理对象、变量或方法（变量和方法总属于一个对象）。对象也可以是一个事件通知器（设定 EventNotifier 属性），客户端可以通过订阅事件通知器来接收事件（事件在地址空间中是不可见的，被绑定到对象上）。

2）节点类为变量的节点代表一个值。值的数据类型取决于变量，类型的种类在 BaseDataType（基本数据类型）中。客户端可以对值进行读取和写入，或订阅其变化。

变量节点最重要的属性是值，它由 DataType、ValueRank 和 ArrayDimensions 属性定义，通过这三个属性可以定义各种类型的数据。

3）节点类为方法的节点代表服务器中一个由客户端调用并返回结果的方法。

方法指定客户端使用的输入参数，并返回给客户端输出参数。输入参数和输出参数作为方法的特性存在，是数据方法的变量。客户端使用 Call（调用）服务调用方法。

5. OPC UA 的优势

（1）功能方面　OPC UA 不仅支持传统 OPC 的所有功能，还支持更多新的功能。

1）网络发现：自动查询本 PC 和当前网络中可用的 OPC 服务器。

2）地址空间优化：所有数据都可以使用分级结构定义，使 OPC 客户端不仅能读取并利用简单数据，而且能访问复杂的结构体。

3）互访认证：所有读写数据/消息的行为，都必须有访问许可。

4）数据订阅：针对 OPC 客户端不同的配置与标准，提供数据/消息的监控和数值变化时的变化报告。

5）方案功能：OPC UA 中支持通过在 OPC 服务器中定义方案使 OPC 客户端执行特定的程序。

（2）平台支持方面　由于不再基于 COM/DCOM（分布式组件对象模型）技术，OPC UA 提供了更多可支持的硬件或软件平台。

（3）安全性方面　最大的变化是 OPC UA 可以通过任意单一端口（经管理员开放后）进行通信，这使 OPC 通信不再会因防火墙而受到大量的限制。

OPC UA 在通过防火墙时通过提供一套控制方案来解决安全问题，具体包括以下内容。

1）传输：定义了许多协议，提供了如超快 OPC 二进制传输或更通用的 SOAP（简单对象访问协议）、HTTPS（超文本传输安全协议）等选项。

2）会话加密：信息以 128 位或 256 位加密级别安全地进行传输。

3）信息签名：信息接收与发送时的签名必须完全相同。

4）测序数据包：通过排序消除已发现的信息重放攻击。

5）认证：每个 UA 的客户端和服务器都要通过 OpenSSL（开放式安全套接字层）证书标识，提供控制应用程序和系统彼此连接的功能。

6）用户控制：应用程序可以要求用户进行身份验证（如登录凭据，证书等），并且可以进一步限制或增强用户访问权限和地址空间视图的能力。

7）审计：记录用户和系统的活动，提供访问审计跟踪。

OPC 和 OPC UA 的核心区别是两者使用的 TCP 层不一样。OPC 基于 DOM/COM，应用层为最顶层；OPC UA 则基于 TCP/IP，位于传输层。

6. OPC UA 开发流程

具体的 OPC UA 服务器开发流程如图 3-17 所示。

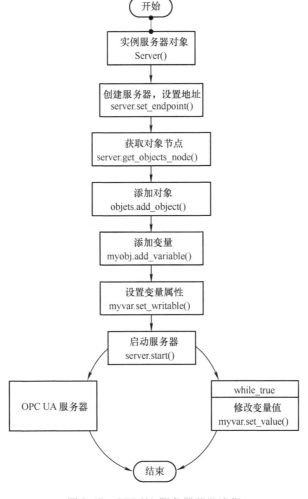

图 3-17　OPC UA 服务器开发流程

3.2.6 基于 ProfiNet 的工业数据采集系统

ProfiNet 协议基于工业以太网,而 Profibus 协议基于 RS-485 串行总线,为全双工模式,因此两者的传输介质不同,协议也完全不同,两者之间没有任何关联。

以太网应用到工业控制场合后,经过改进适用于工业现场的以太网,就成为工业以太网。以太网是一种局域网规范,工业以太网是应用于工业控制领域的以太网技术,ProfiNet 是一种在工业以太网上运行的实时技术规范。

ProfiNet 是 SIMATIC NET 中的一个协议,是众多协议的集合,其中包括 ProfiNet IO(输入输出)RT(实时通信)、ProfiNet CBA(基于组件的自动化)RT、ProfiNet IO IRT(同步实时通信)等实时协议。可以说 ProfiNet 是工业以太网上运行的实时协议。现在常常将某些网络称为 ProfiNet 网络,那是因为这个网络上应用了 ProfiNet 协议。

ProfiNet 完全兼容工业以太网和现有的现场总线如 Profibus 技术。国内大多数采用德国西门子公司提供的 ASIC(专用集成电路)专用 Profibus 协议芯片 SPC3 开发 Profibus-DP 从站,但由于 SPC3 芯片昂贵的价格,再加上外围器件和软件开发的成本,给生产厂家带来了巨大的成本压力,导致国内只有少量产品带有 Profibus-DP 通信接口,无法被广泛应用。ProfiNet 网络层次模型如图 3-18 所示。

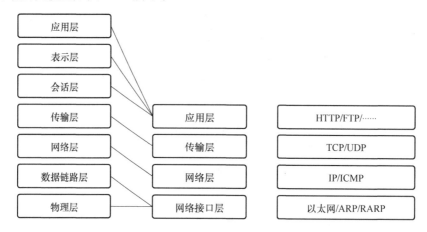

图 3-18 ProfiNet 网络层次模型

ICMP—互联网控制报文协议 ARP—地址解析协议 RARP—反向地址解析协议

1. ProfiNet 与自动化

随着现场设备智能程度的不断提高,自动化控制系统的分散程度也越来越高。工业控制系统正由分散式自动化向分布式自动化演进,因此 CBA 成为新兴趋势。将工厂中相关的机械部件、电气部件、电子部件和应用软件等具有独立工作能力的工艺模块抽象成一个封装好的组件,各组件间使用 ProfiNet 连接,再通过 SIMATIC iMap 软件,即可用图形化组态的方式实现各组件间的通信配置,不需要另外编程,大大简化了系统的配置和调试过程。

通过模块化这一成功理念,可以显著缩短机器和工厂建设中的组态与上线调试时间。在使用分布式智能系统或可编程现场设备、驱动系统和 I/O 时,还可以扩展使用模块化理念,从机械应用扩展到自动化解决方案。另外,也可以将一条生产线的单个机器作为生产线或过程中的一个标准模块进行定义。作为设备与工厂设计者,工艺模块化能够使设计者更容易、更好地对设备和系统进行标准化和再利用，使设计者能够在面对不同的客户要求时更快、更具灵活性地做出反应。设计者可以对各台设备和厂区进行预先测试，极大地缩短系统的上线调试时间。作为系统操作者，从现场设备到管理层，操作者都可以从 IT 标准的通用通信中获得好处，对现有系统的扩展也会变得更加容易。

2. 通信方式

根据响应时间的不同，ProfiNet 支持以下三种通信方式。

（1）TCP/IP 标准通信 ProfiNet 基于工业以太网技术，使用 TCP/IP 和 IT 标准。TCP/IP 是 IT 领域关于通信协议方面事实上的标准，尽管其响应时间大概在 100ms 量级，但对于工厂控制级的应用来说，这个响应时间足够了。

（2）RT 对于传感器和执行器设备之间的数据交换，系统对响应时间的要求更为严格，大概需要 5～10ms 的响应时间，目前可以使用现场总线技术达到这个响应时间，如 Profibus-DP。

对于基于 TCP/IP 的工业以太网技术来说，使用标准通信栈来处理过程数据包需要很可观的时间，因此 ProfiNet 提供了一个优化的、基于以太网第二层（Layer 2）的 RT 通道，通过该通道可极大地减少数据在通信栈中的处理时间，因此 ProfiNet 获得了等同甚至超过传统现场总线系统的实时性能。

（3）IRT 在现场级通信中，对通信实时性要求最高的是运动控制（Motion Control），ProfiNet 的 IRT 技术可以满足运动控制的高速通信要求，在 100 个节点下，其响应时间要小于 1ms，抖动误差要小于 1μs，以此来保证及时、确定的响应。

3. ProfiNet 的接入能力

（1）分布式现场设备 通过集成 ProfiNet 接口，分布式现场设备可以直接连接到 ProfiNet 上。

对于现有的现场总线通信系统，可以通过代理服务器实现与 ProfiNet 的透明连接。例如，通过 IE/PB Link（ProfiNet 和 Profibus 之间的代理服务器）可以将一个 Profibus 网络透明集成到 ProfiNet 中，Profibus 具有的各种丰富的设备诊断功能同样也适用于 ProfiNet。对于其他类型的现场总线，可以通过同样的方式，使用一个代理服务器将现场总线网络接入到 ProfiNet 中。

（2）运动控制 通过 ProfiNet 的 IRT 功能，可以轻松实现对伺服运动控制系统的控制。

在 ProfiNet 的 IRT 功能中，每个通信周期被分成两个不同的部分，一个是循环且确定的部分，被称为实时通道；另一个是标准通道，标准的 TCP/IP 数据通过这个通道传输。

实时通道为实时数据预留了固定循环间隔的时间窗，而实时数据总是按固定的次序插入，因此实时数据在固定的间隔被传递，循环周期中剩余的时间用来传递标准的 TCP/IP 数据。因此两种不同类型的数据就可以同时在 ProfiNet 上传递，而且不会相互干扰。通过独立的实时通道，可以保证对伺服运动系统的可靠控制。

（3）网络安装 ProfiNet 支持星形、总线型和环形拓扑结构。为了减少布线费用，并保证高度的可用性和灵活性，ProfiNet 提供了大量的工具帮助用户方便地实现 ProfiNet 安装。特别设计的工业电缆和耐用连接器满足 EMC（电磁兼容性）和温度要求，并且在 ProfiNet 框架内形成了标准，保证了不同制造商设备之间的兼容性。

4. 安全

（1）标准与网络安全　ProfiNet 的一个重要特征就是可以同时传递实时数据和标准的 TCP/IP 数据。在传递 TCP/IP 数据的标准通道中，各种已验证的 IT 技术如 HTTP、HTML（超文本标记语言）、SNMP、DHCP（动态主机配置协议）和 XML 等，都可以使用。在使用 ProfiNet 时，可以使用这些 IT 技术加强对整个网络的管理和维护，这意味着调试和维护成本的节省。

ProfiNet 实现了从现场级到管理层的纵向通信集成。一方面，方便管理层获取现场级的数据；另一方面，原本在管理层存在的数据安全问题也延伸到了现场级。为了保证现场级控制数据的安全，ProfiNet 提供了特有的安全机制，使用专用的安全模块保护自动化控制系统，使自动化通信网络的安全风险最小化。

（2）故障安全　在过程自动化领域中，故障安全是一个相当重要的概念。故障安全是指当系统发生故障或出现致命错误时，系统能够恢复到安全状态（即"零"态）。这里的安全有两个方面的含义，一方面是指操作人员的安全，另一方面是指整个系统的安全，因为在过程自动化领域中，当系统出现故障或致命错误时很可能会导致整个系统的爆炸或毁坏。故障安全机制就是用来保证系统在故障后可以自动恢复到安全状态，不会对操作人员和过程控制系统造成损害。

ProfiNet 集成了 ProfiSafe 行规，实现了 IEC 61508 中规定的安全完整性等级 SIL 3 故障安全，很好地保证了整个系统的安全。

ProfiNet 不仅可以用于工厂自动化场合，而且面对过程自动化的应用。工业界针对工业以太网总线供电和以太网应用在本质安全区域的问题的讨论正在形成标准或解决方案。PI 在 2006 年提出了 ProfiNet 进入过程自动化现场级应用的方案。

通过代理服务器技术，ProfiNet 可以无缝地集成现场总线 Profibus 和其他总线标准。目前 Profibus 是世界范围内唯一可以覆盖工厂自动化场合到过程自动化应用的现场总线标准。集成 Profibus 解决方案的 ProfiNet 是过程自动化领域的完美应用。

作为国际标准 IEC 61158 的重要组成部分，ProfiNet 是完全开放的协议，PI 的成员公司在 2004 年德国汉诺威信息及通信技术博览会上推出了大量带有 ProfiNet 接口的设备，对 ProfiNet 技术的推广和普及起到了积极的作用。随着时间的流逝，作为面向未来的新一代工业通信网络标准，ProfiNet 必将为自动化控制系统带来更大的收益和便利。

3.2.7　基于 MQTT 的数据传输技术

MQTT 是一种基于发布/订阅（Pub/Sub）模式的轻量级通信协议，该协议构建于 TCP/IP 上，由 IBM 在 1999 年发布。

MQTT 的最大优点在于可以以极少的代码和有限的带宽，为远程连接设备提供实时且可靠的消息服务。作为一种低开销、低带宽占用的实时通信协议，MQTT 在物联网、小型设备和移动应用等方面有着广泛的应用。MQTT 协议具有轻量、简单、开放和易于实现的特点，这些特点使得它的适用范围非常广泛，可以在很多情况下使用，包括在受限的环境中，如 M2M（机器与机器）通信和物联网，而且在通过卫星链路通信的传感器、偶尔拨号的医疗设备、智能家居及一些小型化设备中也已得到广泛应用。具体的 MQTT 应用结构如图 3-19 所示。

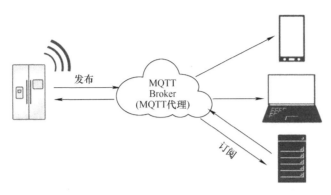

图 3-19　MQTT 应用结构

1. MQTT 协议的设计规范

1）精简，不添加可有可无的功能。

2）使用发布/订阅模式，可便于消息在传感器之间传递，解耦客户端/服务器模式，带来的好处在于不必预先知道对方的存在，也不必同时运行。

3）允许用户动态创建主题，不需要预先创建主题，零运维成本。

4）把传输量降到最低以提高传输效率。

5）把网络的低带宽、高延迟和不稳定等因素考虑在内。

6）支持连续的会话保持和控制（即心跳协议）。

7）理解客户端计算能力可能很低。

8）提供 QoS 管理。

9）不规定传输数据的类型与格式，使应用层业务数据保持灵活性。

2. MQTT 协议的主要特性

1）开放消息协议，简单且容易实现。

2）使用发布/订阅消息模式，提供一对多的消息发布，解除应用程序耦合。

3）对负载（即协议携带的应用数据）内容屏蔽的消息进行传输。

4）基于 TCP/IP 网络连接，提供有序、无损的双向连接。

5）主流的 MQTT 是基于 TCP 连接进行数据推送的，但是同样有基于 UDP 的版本，被称为 MQTT-SN。由于这两种版本基于不同的连接方式，优缺点自然也各有不同。

6）有 QoS 支持，能保证可靠传输。QoS 有三种消息发布级别。

① QoS0："至多一次"，消息发布完全依赖底层 TCP/IP 网络，会发生消息丢失或重复发布的情况。这一级别可用于发布环境传感器数据，丢失一次数据对读记录没有影响，因为不久后还会有第二次发布。这一级别主要用于普通应用程序的消息推送，如果智能设备在消息推送时未联网，没有收到推送的消息，那再次联网也不会收到。

② QoS1："至少一次"，确保消息到达，但可能会发生消息重复的情况。

③ QoS2："只有一次"，确保消息到达一次。在一些要求比较严格的计费系统中，可以使用这一级别。在计费系统中，消息重复或丢失会导致不正确的结果。这种最高质量的消息发布级别还可以用于即时通信类应用程序的消息推送，确保用户收到消息且只会收到一次。

7）MQTT 具有 1 字节固定报文头和 2 字节心跳报文，最小化传输开销和协议交换，有效减少网络流量。

8）在线状态感知：使用 Last Will（遗言机制）和 Testament（遗嘱机制）特性通知有关各方客户端异常中断的机制。Last Will 用于通知同一主题下的其他设备，发送遗言的设备已经断开了连接；Testament 的功能类似于 Last Will。

3. MQTT 协议的实现方式

实现 MQTT 协议需要通过客户端和服务器端通信来完成，在通信过程中，MQTT 协议中有三种身份：发布者、代理和订阅者。其中，消息发布者和消息订阅者都是客户端，消息代理是服务器，消息发布者同时也可以是消息订阅者。具体的 MQTT 消息发布与订阅如图 3-20 所示。

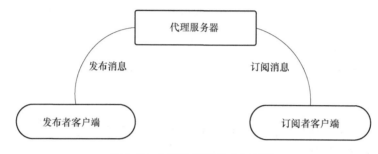

图 3-20　MQTT 消息发布与订阅

MQTT 传输的消息分为主题（Topic）和负载（Payload）两部分。

1）主题可以理解为消息类型。订阅者订阅后就会收到该主题的消息内容。

2）负载可以理解为消息内容，指订阅者具体要使用的内容。

4. MQTT 客户端

MQTT 客户端总是通过网络连接到服务器，客户端的可操作功能如下：

1）发布其他客户端可能会订阅的信息。

2）订阅其他客户端发布的消息。

3）退定或删除应用程序的消息。

4）断开与服务器的连接。

5. MQTT 服务器

MQTT 服务器即消息代理，它可以是一个应用程序或一台设备，位于消息发布者和消息订阅者之间，可操作功能如下：

1）接收来自客户端的网络连接。

2）接收客户端发布的应用信息。

3）处理来自客户端的订阅和退订请求。

4）向订阅的客户端转发应用程序消息。

3.3　边缘计算时序数据处理技术

工业领域边缘计算的数据处理技术不同于普通的大数据处理技术。当然从范畴上讲，工业领域的边缘计算数据也属于大数据的范畴，但是这里所讲的工业领域的大数据是侧重于

OT 应用的时序数据。时序数据处理技术应用于物联网、车联网和工业互联网领域的过程数据采集、过程控制中，并与过程管理建立一个数据链路，属于工业数据治理的新兴领域。从工具维度看，时序数据处理工具与传统时序数据库的差异很大，后者局限于车间级 PLC，而非企业级。

通用的工业大数据平台架构如图 3-21 所示。

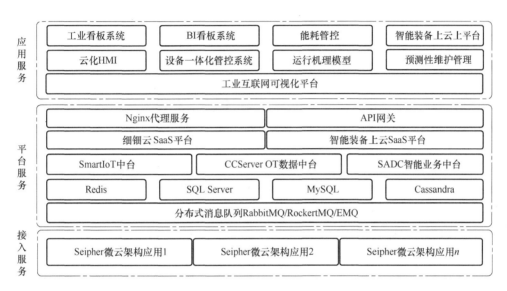

图 3-21 通用的工业大数据平台架构

SaaS—软件即服务

目前国内应用中的工业大数据平台几乎都属于通用大数据平台，使用通用大数据平台处理实时时序数据有很多不足，主要表现在以下五个方面。

1）开发效率低。因为不是使用单一的软件，而是需要集成四个以上模块（消息、接口、内存和持久化），很多模块都不是标准的 POSIX 或 SQL（结构查询语言）接口，都有自己的开发工具、开发语言和配置等，所以需要一定的学习成本。此外，由于数据会从一个模块流动到另外一个模块，数据的一致性容易受到破坏。同时，这些模块基本上都是开源软件，总会有各种漏洞，一旦被一个技术问题卡住，要耗费不少时间解决。总的来讲，企业需要搭建一支优秀的团队才能将这些模块顺利地组装起来，因此需要耗费较多的人力资源，开发效率低。

2）运行效率低。现有的这些开源软件主要用来处理互联网上的非结构化数据，但是通过物联网采集来的数据都是时序、结构化的数据。用非结构化数据处理技术处理结构化数据，无论是存储还是计算，消费的资源都要大得多。

3）运维成本高。对于每个模块如 Kafka、HBase、HDFS（Hadoop 分布式文件系统）和 Redis，都有自己的管理后台，都需要单独管理。在传统的信息系统中，数据库管理员只要学会管理 MySQL 或 ORACLE（甲骨文）即可，但现在的数据库管理员需要学会管理、配置和优化很多模块，工作量大大增加。由于模块数过多，定位一个问题就变得更为复杂。例如，用户发现有一条采集的数据丢失了，至于是 Kafka、HBase 或 Spark 丢失的，还是应用程序丢失的，无法迅速定位，往往需要花很长时间。只有将各模块的日志关联起来才能找到原因，而且模块越多，系统整体的稳定性就越差。

4）产品推出慢、利润低。由于源软件研发效率低、运维成本高，导致将产品推向市场的时间变长，让企业丧失商机。而且这些开源软件一直在演化，要同步使用最新的版本也需要耗费一定的人力。除互联网头部公司外，中小型公司在通用大数据平台上花费的人力资源成本一般都远超专业公司的产品或服务费用。

5）对于小数据量场景，私有化部署太重。在物联网、车联网场景中，因为涉及生产经营数据的安全问题，很多应用还是采取私有化部署。而每个私有化部署处理的数据量有很大的区别，联网设备从几百台到数千万台不等。对于数据量小的场景，通用的大数据解决方案就显得过于臃肿，投入与产出不成正比。因此，有的平台提供商有两套方案，一套针对大数据场景，使用通用大数据平台，另一套针对小数据场景，使用 MySQL 或其他数据库，但这样会导致研发、维护成本变高。

3.3.1 时序数据处理系统的功能与特点

与通用的大数据处理工具相比，时序数据处理系统具备以下功能与特点。

1）必须是高效的分布式系统。工业互联网产生的数据量巨大。例如，全国有 5 亿多台智能电表，每台智能电表每隔 15min 采集一次数据，全国的智能电表一天就会产生 480 多亿条记录。这么大的数据量，任何一台服务器都无法单独处理，因此时序数据处理系统必须是水平扩展的分布式系统。为降低成本，一个节点的处理性能必须是高效的，需要支持数据的快速写入和快速查询功能。

2）必须是实时的处理系统。对于互联网大数据的应用场景，大家所熟悉的都是用户画像、推荐系统和舆情分析等，这些场景并不需要数据计算具有实时性，批处理即可。但是在工业互联网大数据的应用场景中，需要基于采集的数据做实时预警、决策，延时要控制在秒级以内。若没有实时计算，则其商业价值会大打折扣。

3）需要运营商级别的高可靠性服务。工业互联网系统对接的往往是生产、经营系统，若数据处理系统宕机，则会直接导致停产，无法为终端消费者正常提供服务。因此，时序数据处理系统必须具有高可靠性，支持数据实时备份、异地容灾、软硬件在线升级和在线 IDC（互联网数据中心）机房迁移，否则服务一定有被中断的可能。

4）需要高效的缓存功能。绝大部分场景都需要快速获取设备当前状态或其他信息，用于报警、大屏展示等。时序数据处理系统需要提供高效机制，让用户可以获取全部设备或符合过滤条件的部分设备的最新状态。

5）需要实时流式计算。各种实时预警或预测已经不再是简单地基于某一个阈值进行，而是需要通过将一个或多个设备产生的数据流进行实时聚合计算（并且不是基于一个时间点，而是基于一个时间窗口进行计算）。不仅如此，计算的需求也相当复杂，因场景而异，应允许用户自定义函数进行计算。

6）需要支持数据订阅。时序数据处理系统与通用大数据平台比较一致的地方是，同一组数据往往有很多应用都需要，因此时序数据处理系统应提供订阅功能：只要有新的数据更新，就应该实时提醒应用。而且这个订阅功能也应该是个性化的，允许应用设置过滤条件，如只订阅某个物理量的 5min 平均值。

7）需要将实时数据和历史数据的处理合二为一。实时数据被存储在缓存里，历史数据被存储在持久化存储介质里，而且可能根据时长的不同被存储在不同的存储介质里。时序数据处理系统应该隐藏背后的存储介质，给用户和应用呈现同一个接口和界面。无论是访问新采集的数据还是十年前的历史数据，除输入的时间参数不同外，其余都应该相同。

8）需要保证数据能持续、稳定地写入。对于物联网系统，数据流量往往是平稳的，因此数据写入所需要的资源往往可以估算。其中变化的是查询、分析，特别是即时查询有可能耗费很多的系统资源，它是不可控的。因此，时序数据处理系统必须分配足够的资源以确保数据能够写入系统而不会丢失。准确地说，时序数据处理系统必须是一个写优先系统。

9）需要支持灵活的多维度数据分析。对于联网设备产生的数据，需要进行各种维度的统计分析，如根据设备所处的地域进行分析，根据设备的型号、供应商进行分析，以及根据设备所使用的人员进行分析等。这些维度的分析无法事先设计好，而是在实际运营过程中，根据业务发展需求而定。因此，工业互联网大数据平台需要一个灵活的机制来增加某个维度的分析。

10）需要支持数据降频、插值和特殊函数计算等操作。原始数据的采样频率可能较高，但在进行具体分析时，往往不需要对原始数据进行分析，而是需要对数据进行降频。时序数据处理系统需要提供高效的数据降频操作。不同设备采集数据的时间点是很难一致的，因此分析一个特定时间点的值，往往需要利用插值解决，系统需要提供线性插值、设置固定值等多种插值策略。

11）需要支持即时分析和查询。为提高数据分析师的工作效率，时序数据处理系统应该提供命令行工具或允许用户通过其他工具执行 SQL 查询，而不是必须通过 API。此外，查询分析结果要能很方便地被导出，以及被制作成各种图表。

12）需要提供灵活的数据管理策略。一个大的系统采集的数据种类繁多，而且除采集的原始数据外，还有大量的衍生数据。这些数据各自有不同的特点，有的采样频率高，有的要求保留时间长，有的需要保存多个副本以保证更高的安全性，有的需要能快速访问。因此，工业互联网大数据平台必须提供多种数据管理策略，让用户可以根据数据特点进行选择和配置，而且各种策略要能并存。

13）必须是开放的。时序数据处理系统需要支持业界流行的标准，提供各种语言开发接口，包括 C/C++、Java、Go、Python 和 RESTful 等，也需要支持 Spark、R 和 MATLAB 等，方便集成各种机器学习、人工智能算法或其他应用，让大数据处理平台能够不断扩展，而不是成为一个数据孤岛。

14）需要支持异构环境。大数据平台的搭建是一个长期工作，每个批次采购的服务器和存储设备都不一样，时序数据处理系统必须支持各种档次、各种不同配置的服务器和存储设备并存。

15）需要支持云边协同。时序数据处理系统要有一套灵活的机制将边缘计算节点的数据上传到云端，根据具体需要，可以将原始数据、加工计算后的数据，或仅仅符合过滤条件的数据同步到云端，并且同步可以随时取消，同步策略可以随时修改。

16）需要单一的后台管理系统。单一的后台管理系统便于查看系统的运行状态和管理集群、用户及各种系统资源等，而且能让系统与第三方 IT 运维监测平台无缝集成，便于统一管理和维护。

17）便于私有化部署。很多企业出于对安全及各种因素的考虑，希望时序数据处理系统采用私有化部署。但传统的企业往往没有很强的 IT 运维团队，因此在时序数据处理系统的安装、部署上需要做到简单、快捷且可维护性强。

3.3.2 时序数据的采集

时序数据的采集一般都通过传感器自动进行，包括光电、热敏、气体、力敏、磁敏、声敏、湿度和电量等不同类别的工业传感器。就某一个具体的物理量而言，数据采集是很容易的；但就整个系统而言，数据采集相当复杂，具体表现在以下三个方面。

1）工业数据的协议不标准。在现实场景中，往往会出现 Modbus、OPC、CAN、Control-Net、Profibus 和 MQTT 等各种类型的工业协议，而且各个自动化设备生产和集成商还会自己开发各种私有的工业协议，导致在进行工业协议的互连互通时难度极大。很多开发人员在工业现场实施综合自动化等项目时，遇到的最大问题就是面对众多的工业协议，无法有效地进行解析和采集数据。

2）通信方式不统一。由于历史原因，采集的数据往往会通过局域网、Bluetooth、Wi-Fi、2.5G、3G 和 4G 等各种传输方式传送到服务器中，导致各种通信方式并行存在，连接管理变得复杂。

3）安全性考虑不足。传统的工业系统都运行在局域网中，安全问题不是考虑的重点。若需要通过云端（特别是公有云）调度工业行业中核心的生产数据，又没有充分考虑安全问题，则很有可能造成难以弥补的损失。

根据上述原因，企业在实际采集数据时，往往配有工业互联网网关盒子，该盒子支持各种物理接口、通信协议和工业标准协议，将不同协议进行转换，对数据进行安全加密，统一以 MQTT 协议或其他协议发往云端。

3.3.3 常用的时序数据处理工具

1. 以 PI 为代表的实时数据库

从 20 世纪 80 年代起，涌现一批实时数据库（时序数据库的一种），专门用于处理工业自动控制或流程制造行业的实时数据。其中美国 OSIsoft 公司的 PI（Plant Information，工厂信息）实时数据库最为典型，它提供了成套的工具，包括实时写入、实时计算、存储、分析、可视化和报警等系列功能。GE（美国通用电气公司）、西门子和 Honeywell 都有类似产品，国内有庚顿、朗坤、麦杰、力控等产品。这些产品在一定程度上满足了工业数据处理的需求，但在测点数量暴涨、数据采样频率不断提高的大数据时代，传统的实时数据库暴露出以下问题：

1）没有水平扩展能力，数据量增加，只能依靠硬件的纵向扩展来解决。

2）技术架构老旧，很多还运行于 Windows 系统中。

3）数据分析能力偏弱，不支持现在流行的各种数据分析接口。

4）不支持云端部署，更不支持 SaaS。

在传统的实时监控场景中，由于对各种工业协议的支持比较完善，实时数据库还占有较牢固的市场地位，但是在工业大数据处理方面，因为上述四个原因，几乎没有任何大数据平台采用传统的实时数据库。

2. InfluxDB

InfluxDB 是美国 InfluxData 公司开发的产品，提供了数据存储、查询、分析和流式计算等系列功能。其单机版本采用 MIT 许可证［由麻省理工学院（MIT）发布］，开源且免费（用 GO 语言开发），但其集群版本收费。目前，该款产品在全球时序数据库榜单上排名第一。在 IT 运维监测领域，该产品由于能与多个数据采集工具和可视化工具无缝对接，能够方便用户快速搭建监测系统，因此占有相当大的市场份额。但在工业大数据领域，其优势不够明显，用户量还不大。

InfluxDB 存储采用 Key-Value 数据库和 LSM（日志结构合并）技术，支持多列数据写入，而且是 Schemaless 模式，无须预先定义数据表结构。同时，每条记录可以带有一组标签，便于数据流之间的聚合计算。对于小数据量，其性能表现不错；但对于历史数据查询，其性能欠佳，而且消耗的系统资源过多。相对其他 NoSQL 数据库产品而言，InfluxDB 的数据压缩做得很好，能节省不少存储空间。

同时，InfluxDB 是一个独立的软件，不仅是一个数据库，还有流式计算、报警等功能，不依赖第三方，因此其安装、部署和维护也相对简单。

3. OpenTSDB

OpenTSDB（开放时间序列数据库）是一个 Apache 开源软件，是在 HBase 的基础上开发的，底层存储是 HBase，但其依据时序数据的特点做了一些优化。它最大的好处就是建立在 Hadoop 体系上，各种工具链成熟，但这也是它最大的缺点，因为 Hadoop 不是为时序数据打造的，性能很一般，而且需要依赖很多组件，安装和部署也很复杂。

OpenTSDB 采用 Schemaless 模式，不用预先定义数据结构，因此写入灵活，但每个时间序列只能写入一个采集量，不支持多列写入。每个序列可以被打上多个标签，以方便聚合操作。总的来讲，无论 OpenTSDB 是写入还是查询，其性能都很一般，而且系统的稳定性欠佳。但吸引人的是，它支持集群部署和水平扩展。

OpenTSDB 只是单一的时序数据库，因此，要完整地处理时序数据，还需要搭配缓存、消息队列和流式计算等系列软件，使整个架构的设计和维护变得困难。

4. TDengine

TDengine 是来自中国的开源软件，由北京涛思数据科技有限公司研发推出。它不仅是一款时序数据库，还提供缓存、消息队列、数据订阅和流式计算等系列功能，是时序数据的全栈技术解决方案。而且它不依赖任何第三方软件，安装包只有 1.5MB，使系统设计、安装、部署和维护都变得极为简单。

TDengine 充分利用了时序数据的特点，因此具有很强的优势，具体表现在以下五个方面：

1）无论是插入还是查询，性能都高出许多。

2）因为性能超强，其所需要的计算资源不及其他软件的1/5。

3）采用列式存储，对不同数据类型采取不同的压缩算法，所需要的存储资源不及其他软件的 1/10。

4）无须分库、分表，无实时数据与历史数据之分，管理成本为零。

5）采用标准 SQL 语法，应用可以通过标准的 JDBC（Java 数据库连接）、ODBC（开放数据库连接）接口插入或查询数据，学习成本几乎为零。

5. TimeScale

TimeScale 是一家美国公司开发的开源产品，采用的是 Apache 2.0 许可证。它是在流行的关系型数据库 PostgreSQL 基础上开发的，因此接口与 PostgreSQL 完全兼容，而且支持各种复杂的 SQL 查询。但因为底层存储没有充分利用时序数据的特点，所以其性能一般。它的社区版完全开源，不支持集群，但提供企业版和云服务版。

该软件很受 PostgreSQL 用户的欢迎，但其目前在 IT 运维监测、工业大数据处理这些领域的市场占有率还很有限。

3.4 边缘计算数据处理平台

边缘计算场景下，边缘设备时刻产生海量数据，数据的来源和类型具有多样化的特征，这些数据包括环境传感器采集的时间序列数据、摄像头采集的图片视频数据和车载 LiDAR（激光雷达）的点云数据等，大多具有时空属性。因此，构建一个针对边缘数据进行管理、分析和共享的平台十分重要。

边缘计算数据处理平台是一个分布式系统，在具体实现过程中需要将其落地到一个计算平台上，各个边缘计算平台之间如何相互协作提高效率，如何实现资源的最大利用率，给边缘计算平台、系统和接口的设计带来了挑战。例如，网络边缘的计算、存储和网络资源数量众多且在空间上分散，如何组织和统一管理这些资源，是一个需要解决的问题。在边缘计算的场景下，尤其是物联网，如传感器之类的数据源，其软件、硬件及传输协议等具有多样性，如何方便有效地从数据源中采集数据也是一个需要考虑的问题。此外，在网络边缘的计算资源并不丰富的条件下，如何高效地完成数据处理任务也是需要解决的问题。

目前，由于针对的问题不同，各边缘计算平台的设计多种多样，但也有共性。边缘计算平台的一般性功能结构如图 3-22 所示。

在该功能结构中，资源管理的功能是用于管理网络边缘的计算、网络和存储资源。设备接入和数据采集分别用于接入设备和从设备中获取数据。安全管理用于保障来自设备的数据的安全。平台管理的功能是用于管理设备和监测控制边缘计算应用的运行情况。各边缘计算平台的差异可从以下五个方面进行对比和分析。

（1）设计目标 边缘计算平台的设计目标反映了其所针对解决的问题领域，并对平台的系统结构和功能设计有关键性的影响。

（2）目标用户 在现有的各种边缘计算平台中，有的平台提供给网络运营商以部署边缘云服务；有的平台则没有限制，普通用户可以自行在边缘设备上部署使用。

（3）可扩展性 为满足用户应用动态增加和删除的需求，边缘计算平台需要具有良好

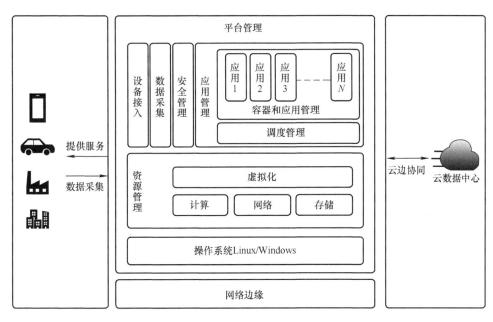

图 3-22 边缘计算平台的一般性功能结构

的可扩展性。

（4）系统特点 面向不同应用领域的边缘计算平台具有不同的特点，而这些特点能为边缘计算应用的开发和部署带来方便。

（5）应用场景 常见的应用领域包括智能交通、智能工厂和智能家居等多种场景，还有 AR/VR 应用、边缘视频处理和无人车等对响应时间敏感的应用场景。

根据边缘计算平台的设计目标和部署方式，可将目前的边缘计算平台分为三类：面向物联网端的边缘计算平台、面向边缘云服务的边缘计算平台和面向云边融合的边缘计算平台。

3.5 本章小结

本章介绍了边缘计算的通信技术、常用的工业数据采集通信协议、边缘计算的时序数据处理系统和边缘计算数据处理平台。虽然人们对于计算机网络的概念比较清晰，但是工业数据采集的复杂程度和范畴远远超出通用计算机网络的概念，涵盖了现场网络、现场总线和工业以太网等新兴技术及概念。经过近半个世纪的发展，工业通信网络具有其独特的特征和意义，但是随着技术的发展和整合，工业通信网络最终会向着工业以太网的方向进化，同时结合 TSN 和 OPC UA 的发展，最终会达到技术的硬件和软件层面的完全融合。希望通过对本章的学习，读者能够掌握工业互联网技术的网络通信方面的基本技术体系，引导具有这方面爱好的学生继续研究，因为在工业互联网方面，我们仍然缺乏原创性的技术和产品。开发具有自主知识产权的核心工业互联网体系还有很长的路要走。

本章习题

1）请罗列 3~5 种你所熟悉或者了解的工业现场总线，分析其核心特点及优缺点。

2）了解并深入地学习 Modbus 通信协议，熟悉功能码 1、3、5、6 和 10 的通信格式以及数据管理方式，并针对每个功能号列举出详细的报文示例。

3）了解并通过网络查询实现 OPC UA 服务器和客户端的开源代码，尝试编写一个 OPC UA 客户端和服务器系统，并调试成功。

4）安装并调试成功一套实时数据库系统，可以选择 TDengine 或者 InfluxDB 系统。

5）尝试用 Go 或者 C 语言实现通过 RESTFul 接口访问 TDengine，实现数据通信。

第 4 章

边缘计算开发技术

随着云游戏、VR/AR 和自动驾驶等应用的兴起，以及物联网、5G 和人工智能应用的爆炸式增长，应用场景越来越多样化，进而带来数据的多样性（如语音、文本、图片和视频等）和用户对应用的体验要求不断提高，有时一个简单的 MCU 就可以解决问题，但是有时却需要一个算力强劲、面向应用优化、弹性可扩展的异构计算平台。因此在技术开发平台的选择上，并不是高而优就是最好的，而是最合适的才是最好的。例如，计算密集型应用需要计算平台高速执行逻辑复杂的任务，数据密集型应用则需要高效、并发地完成海量数据的处理，而面向人工智能的应用则需要实时处理非结构化数据，这就使得计算架构多样化成为迫切需求。除了需要不同能力的 CPU 来满足不同场景的算力需求外，还需要 GPU（图形处理器）、NPU（神经网络处理器）、FPGA（现场可编程门阵列）、智能网卡、压缩和加解密等设备和技术来加速特定领域的算法和专用计算。此外，在各类边缘计算场景中，不同的计算任务对硬件资源的需求不同，从计算模式、并发处理的数据量和处理的数据类型等多方面考虑，仍然需要多种计算架构和加速设备的硬件支持。

边缘计算开发技术需要解决应用中的以下痛点问题。

1）边缘计算首先要解决实时、低时延的分析功能。由于物联网和工业物联网设备产生的大量数据，边缘计算呈爆炸式增长。随着 5G 网络的发展和普遍应用，新设备上线后将产生比以往任何时候都要多的数据。因此，许多企业发现使用边缘计算来执行实时、低时延的数据分析非常有效。边缘计算使本地处理数据接近数据生成源成为可能。

2）边缘端部署的应用可有效降低网络带宽。边缘计算是一种去中心化的计算框架，计算能力更接近数据生成源。边缘计算机就像处理和存储数据的微型数据中心，只将必要的数据发送到云端进行存储或后处理。例如，边缘计算解决方案部署在物联网和工业物联网设备附近，提供实时数据收集、存储和处理。这减少了所涉及的时延和物联网设备所需的互联网带宽。

3）云边协同数据处理是未来发展的重要方向。边缘计算正在迅猛发展，因为不需要将物联网设备和工业互联网设备生成的所有数据发送到集中式数据中心进行处理和存储，所以边缘计算可以轻松解决时延和带宽问题。边缘计算通过在数据源创建本地处理以及存储物联网和工业物联网设备数据，减轻了数据中心的负担。向数据中心发送更少的数据可以为部署边缘计算机的组织节省大量带宽成本。此外，在本地处理数据会显著降低时延，因为数据不需要从源设备发送到数据中心再返回。随着 5G 的普遍应用，边缘计算只会得到更普遍的应用和更快的发展。

4）边缘计算可更高阶的解决工业互联网应用中的分析能力问题。边缘计算对于企业和组织至关重要，因为通过收集、处理和分析由工业环境（如制造设施）中常见的数千个传感器和连接设备生成的数据，可以深入了解企业的运营情况，使组织能够对实时数据快速采取行动。实时对数据做出反应的能力使企业和组织能够提高生产力以及产品或服务的质量。也就是说，要从数据中提取宝贵的经验，计算必须转移到靠近数据生成源的边缘。

通过前面章节的系统学习，我们已经对边缘计算的概念有了基本了解，对边缘计算的应用也有了一定认识。从本章开始，我们将深入了解工业边缘计算相关的开发技术。这些开发技术涉及不同嵌入式应用架构、工业通信协议、工业模型、工业控制技术和脚本语言等，为边缘计算产品的开发人员提供基本的技术认知。

4.1 边缘计算硬件开发技术

4.1.1 基于 ARM 技术的工业处理器

ARM［Advanced RISC Machines，先进的 RISC（精简指令集计算机）处理器］既是一个公司的名字，也是对一类微处理器的通称，还是一种技术的名字。1991 年，ARM 公司成立于英国剑桥，主要出售芯片设计技术的授权。目前，采用 ARM 技术知识产权 IP 核的微处理器，即通常所说的 ARM 微处理器，已遍及工业控制、消费类电子产品、通信系统、网络系统和无线系统等各类产品市场，基于 ARM 技术的微处理器应用占据了 32 位 RISC 微处理器约 75% 甚至更多的市场份额，ARM 技术正在逐步渗入到人们生活的各个方面。

ARM 公司是专门从事基于 RISC 技术芯片设计开发的公司，作为知识产权供应商，它本身不直接从事芯片生产，而是转让设计许可，由合作公司生产各具特色的芯片，世界各大半导体生产商从 ARM 公司购买其设计的 ARM 核，根据各自不同的应用领域，加入适当的外围电路，从而形成自己的 ARM 微处理器芯片并进入市场。目前，全世界有几十家大型半导体公司都使用 ARM 公司的授权，这既使 ARM 技术获得更多的第三方工具、制造和软件的支持，又使整个系统成本降低，从而使产品更容易进入市场被消费者接受，更具有竞争力。

1. ARM 微处理器的应用领域

到目前为止，ARM 微处理器及技术的应用几乎已经深入到各个领域。

（1）工业控制领域 作为 32 位的 RISC 架构，基于 ARM 核的微处理器芯片不但占据了高端微处理器市场的大部分份额，同时也逐渐向低端微处理器应用领域扩展，ARM 微处理器的低功耗、高性价比，对传统的 8 位/16 位微处理器提出了挑战。

（2）无线通信领域 目前已有 85% 以上的无线通信设备采用了 ARM 技术，ARM 微处理器以其高性能和低成本的特点，在无线通信领域的地位日益得到巩固。

（3）网络应用 随着宽带技术的推广，采用 ARM 技术的 ADSL（非对称数字用户线路）芯片正逐步获得竞争优势。此外，ARM 技术在语音和视频处理上进行了优化，并获得广泛支持，也对 DSP（数字信号处理器）的应用领域提出了挑战。

（4）消费类电子产品 ARM 技术在目前流行的数字音频播放器、数字机顶盒和游戏机中得到广泛应用。

（5）成像和安全产品 现在流行的数码相机和打印机绝大部分采用了 ARM 技术，手机中的 32 位 SIM（用户识别模块）卡也采用了 ARM 技术。

除此以外，ARM 微处理器及技术还应用在许多其他领域，并会在将来取得更加广泛的应用。

2. ARM 微处理器的主要特点

ARM 微处理器的主要特点是耗电少、功能强，具有 16 位/32 位双指令集，且合作伙伴众多。其主要特点表现为：

1）体积小、功耗低、成本低和性能高。

2）支持 ARM(32 位)/Thumb(16 位)双指令集，能很好地兼容 8 位/16 位器件。

3）使用大量寄存器，指令执行速度更快。

4）大多数数据操作都在寄存器中完成。

5）寻址方式灵活简单，执行效率高。

6）指令长度固定。

3. 体系结构

传统的 CISC（Complex Instruction Set Computer，复杂指令集计算机）结构有其固有的缺点，即随着计算机技术的发展而不断引入新的复杂指令集，为支持这些新增的指令，计算机的体系结构会越来越复杂。然而，CISC 各种指令的使用频率却相差悬殊，大约有 20% 的指令会被反复使用，占整个程序代码的 80%；而其余 80% 的指令却不经常使用，只占程序代码的 20%，这种结构显然不合理。

基于以上的不合理性，1979 年美国加利福尼亚大学伯克利分校提出了 RISC 的概念，RISC 并非只是简单地减少指令，而是把着眼点放在了如何使计算机的结构更加简单、合理，从而提高运算速度上。RISC 结构优先选取使用频率最高的简单指令，避免复杂指令；将指令长度固定，指令格式和寻址方式种类减少；以控制逻辑为主，不用或少用微码控制等措施来达到上述目的。

RISC 结构具有以下特点：

1）采用固定长度的指令格式，指令规整简单，基本寻址方式有 2~3 种。

2）使用单周期指令，便于流水线操作执行。

3）大量使用寄存器，数据处理指令只对寄存器进行操作，只有加载/存储指令可以访问存储器，以提高指令的执行效率。除此以外，RISC 结构还采用了一些特别的技术，在保证高性能的前提下尽量缩小芯片的面积，并降低功耗。

4）所有指令都可根据前面的执行结果决定是否被执行，从而提高指令的执行效率。

5）可用加载/存储指令批量传输数据，以提高数据的传输效率。

6）可在一条数据处理指令中同时完成逻辑处理和移位处理。

7）在循环处理中使用地址的自动增减来提高运行效率。

4. 寄存器结构

ARM 微处理器共有 37 个寄存器，被分为若干个组（BANK），这些寄存器包括：

1）31 个通用寄存器，包括程序计数器（PC），均为 32 位寄存器。

2）6 个状态寄存器，用于标识 CPU 的工作状态和程序的运行状态，均为 32 位寄存器，但只使用了部分位。

5. 指令结构

ARM 微处理器在较新的体系结构中支持两种指令集：ARM 指令集和 Thumb 指令集。其中，ARM 指令长度为 32 位，Thumb 指令长度为 16 位。Thumb 指令集为 ARM 指令集的功能子集，但与等价的 ARM 代码相比较，可节省 30%~40% 以上的存储空间，同时具备 32 位代码的所有优点。

6. 体系结构扩充

当前 ARM 体系结构的扩充包括：

1）Thumb，为 16 位指令集，可改善代码密度。

2）DSP，DSP 应用的算术运算指令集。

3）Jazeller，允许直接执行 Java 字节码。

7. ARM 微处理器系列提供的解决方案

1）无线、消费类电子和图像应用的开放平台。

2）存储、自动化、工业和网络应用的嵌入式 RTOS。

3）智能卡和 SIM 卡的安全应用。

8. ARM 微处理器的应用选型

鉴于 ARM 微处理器的众多优点，随着国内外嵌入式应用领域的逐步发展，ARM 微处理器必然会获得广泛的重视和应用。但是，由于 ARM 微处理器有多达十几种的内核结构，几十个芯片生产厂家，以及千变万化的内部功能配置组合，给开发人员在选择方案时带来一定的困难，所以十分有必要对 ARM 微处理器做一些对比研究。

以下从应用的角度出发，对选择 ARM 微处理器时应考虑的主要问题进行简要探讨。

（1）ARM 微处理器内核的选择　从前面所介绍的内容可知，ARM 微处理器包含一系列内核结构，以适应不同的应用领域，用户如果希望使用 Windows CE 或标准 Linux 等操作系统以减少软件开发时间，就需要选择 ARM720T 以上带有 MMU（Memory Management Unit，存储管理部件）功能的 ARM 微处理器，如 ARM720T、ARM920T、ARM922T、ARM946T 和 Strong-ARM 等。ARM7TDMI 没有 MMU，不支持 Windows CE 和标准 Linux，但目前有 uCLinux 等不需要 MMU 支持的操作系统可运行于 ARM7TDMI 硬件平台之上。事实上，uCLinux 已经成功移植到多种不支持 MMU 的微处理器平台上，并在稳定性和其他方面表现上佳。

（2）系统的工作频率　系统的工作频率在很大程度上决定了 ARM 微处理器的处理能力。ARM7 系列微处理器的典型处理速度为 0.9MIPS/MHz，常见的 ARM7 系列微处理器系统主时钟频率为 20～133MHz，ARM9 系列微处理器的典型处理速度为 1.1MIPS/MHz，常见的 ARM9 系列微处理器系统主时钟频率为 100～233MHz，ARM10 系列微处理器系统主时钟频率最高可以达到 700MHz。不同芯片对时钟的处理不同，有的芯片只需要一个主时钟频率，有的芯片内部时钟控制器可以分别为 ARM 核和 USB（通用串行总线）、UART（通用异步收发器）、DSP、音频等功能部件提供不同频率的时钟。

（3）片内存储器的容量　大多数的 ARM 微处理器片内存储器的容量都不太大，需要用户在设计系统时外扩存储器，但也有部分芯片具有相对较大的片内存储空间，如美国 AT-MEL 公司的 AT91F40162 就具有高达 2MB 的片内程序存储空间，用户在设计时可考虑选用这种类型的芯片，以简化系统设计。

（4）片内外围电路的选择　除 ARM 核以外，几乎所有的 ARM 微处理器均根据各自不同的应用领域扩展了相关功能模块，并集成在芯片之中，这被称为片内外围电路，如 USB 接口、IIS（互联网信息服务）接口、LCD（液晶显示）控制器、键盘接口、RTC（实时时钟）、ADC（模数转换器）、DAC（数模转换器）和 DSP 协处理器等，设计者应分析系统的需求，尽可能采用片内外围电路完成所需功能，这样既可以简化系统设计，又可以提高系统可靠性。

4.1.2 边缘计算硬件开发技术分类

集成电路和电子计算机的发展早在 20 世纪就已经开始了，在电子计算机中，CPU 是电脑的核心配件，其功能主要是解释计算机指令和处理计算机软件中的数据。CPU 主要包括两个部分，即控制器和运算器，还包括高速缓冲存储器及实现它们之间联系的数据、控制总线。

处理器架构设计的迭代更新和集成电路工艺的不断提升促使 CPU 不断发展完善，从专用于数学计算到广泛应用于通用计算，从 4 位到 8 位、16 位和 32 位处理器，最后到 64 位处理器，从各厂商互不兼容到不同指令集架构规范的出现。CPU 自诞生以来一直在飞速发展，逐渐发展出来三个分支，一个是 DSP，另外两个是 MCU 和 MPU。

MCU 和 MPU 是各具特色的两个分支，它们互相区别，但又互相融合、互相促进。MCU 以其控制功能的不断完善为发展标志，MPU 则以其运算性能和速度为特征飞速发展。

MCU 相对 MPU 具有更强的实时性和更低的功耗。虽然 MPU 也有低功耗模式，但不会像 MCU 那么低。

至于如何选择 MCU 和 MPU，需要从性能要求、体积重量要求和预算成本等多方面综合考虑。一般地，MCU 更适用于低成本、低功耗要求的场合，MPU 更适用于高性能要求的场合。目前的 MCU 和 MPU 的界限在逐渐模糊，MCU 的主频也在不断提高，外设不断增加。在远程控制、消费电子或对实时要求高的场合中，使用 MCU 多一些；在有大量计算、高速互联或对图形交互要求高的场合中，使用 MPU 多一些。根据要求也可以配合使用 MCU 和 MPU，现在很多芯片是同时具有 MCU 和 MPU 的多核，更方便设计者使用。本章主要集中介绍基于 MCU 的嵌入式开发基础。

4.1.3 基于 MCU 的 ARM 嵌入式架构开发体系

MCU 和 MPU 是两种截然不同的开发体系。MCU 集合了 Flash、RAM 和一些外围器件，当然也可以外扩；MPU 的 Flash 和 RAM 则需要设计者自行搭建，其电路设计相对 MCU 较为复杂。MCU 一般使用片内 Flash 来存储和执行程序代码，MPU 则将代码存储在片外 Flash 中，上电后将代码搬运至 RAM 中运行，因此 MCU 的启动速度更快。MCU 虽然也可以将代码运行在 RAM 中，但是内部 RAM 容量小，使用外部扩展 RAM 的速度相对内部 RAM 较慢。MPU 的主频相对较高，外接的内存也一般是 DDR3、DDR4 等。MCU 集成了片上外围器件；MPU 不带外围器件（如存储器阵列），是高度集成的通用结构处理器，相当于去除了集成外设的 MCU。

DSP 运算能力强，擅长很多的重复数据运算，而 MCU 则适用于不同信息源的多种数据的处理诊断和运算，MCU 侧重于控制，速度并不如 DSP 快。MCU 区别于 DSP 的最大特点在于它的通用性，反映在指令集和寻址模式中。DSP 与 MCU 的结合是 DSC，它终将取代这两种芯片。

进入万物互联时代，MCU 成为各种物联网应用的控制核心，因其具有高性能、低功耗、可编程和灵活性的特点，在消费电子、医疗、工业控制、汽车电子和通信等领域得到广泛应用。按照位数划分，MCU 可分为 4 位、8 位、16 位、32 位和 64 位，现在 32 位 MCU 已经成为主流，正逐渐替代过去由 8/16 位 MCU 主导的应用和市场。若按照 ISA（指令集体系结构）来划分，MCU 的类型有 8051、ARM、MIPS、RISC-V 和 POWER 等。基于 Cortex-M 系列内核 IP 的 MCU 已经成为 32 位 MCU 市场的主流，在新兴的物联网领域，最近几年开源的 RISC-V 也开始流行起来。

1. 基于 Cortex-M3 内核的嵌入式系统应用

Cortex-M3 内核是一个面向低成本、小引脚数目及低功耗应用，并且具有极高的运算能力和中断响应能力的处理器内核，问世于 2006 年，第一个将其推向市场的是美国 Luminary Micro 半导体公司的 LM3S 系列 ARM。

Cortex-M3 内核采用了纯 Thumb-2 指令的执行方式，使这个具有 32 位高性能的 ARM 内核能够实现 8 位和 16 位处理器级数的代码存储密度，非常适用于那些只需几 KB 存储器的 MCU 市场。在增强代码密度的同时，Cortex-M3 内核是 ARM 所设计的内核中最小的一个，其核心的门数只有 33K，包含必要外设之后的门数也只有 60K，这使得它的封装更为小型，成本更加低廉。在实现这些的同时，它还提供了性能优异的中断能力，通过其独特的寄存器管理并以硬件处理各种异常和中断的方式，最大程度地提高了中断响应和中断切换的速度。

与相近价位的 ARM7 内核相比，Cortex-M3 内核采用了先进的 ARMv7 架构，具有带分支预测功能的三级流水线，以 NMI（不可屏蔽中断）的方式取代了 FIQ/IRQ（快速中断请求/中断请求）中断处理方式，其中断延迟最长只需 12 个周期（ARM7 为 24～42 个周期），带睡眠模式，8 段存储器保护单元，同时具有 1.25MIPS/MHz 的性能（ARM7 为 0.9MIPS/MHz），而且其功耗仅为 0.19MW/MHz（ARM7 为 0.28MW/MHz），目前最便宜的基于 Cortex-M3 内核的 ARM 单片机售价为 1 美元，由此可见 Cortex-M3 系列是冲击低成本市场的利器，而且性能比 8 位单片机更高。

（1）STM32F103 系列 Cortex-M3 芯片　STMicroelectronics（意法半导体）集团于 1987 年 6 月成立，由意大利的 SGS 微电子公司和法国 Thomson 半导体公司合并而成。1998 年 5 月，SGS-Thomson Microelectronics 将公司名称改为意法半导体有限公司，意法半导体是世界最大的半导体公司之一。从成立之初至今，意法半导体的增长速度超过了半导体工业的整体增长速度。自 1999 年起，意法半导体始终是世界十大半导体公司之一。据最新的工业统计数据，意法半导体是全球第五大半导体厂商，在很多市场中居世界领先水平。例如，意法半导体是世界第一大专用模拟芯片和电源转换芯片制造商、世界第一大工业半导体和机顶盒芯片供应商，而且在分立器件、手机相机模块和车用集成电路领域居世界前列。

STM32 是基于 Cortex-M3 内核的 32 位 MCU，具有杰出的功耗控制及众多的外设，最重要的是其具有较高的性价比。STM32 官方在国内的宣传也做得非常不错，而且针对 8 位机市场推出了 STM8。

STM32F1 系列属于中低端 32 位 MCU，该系列芯片由意法半导体公司出品，其内核是 Cortex-M3。该系列芯片按片内 Flash 大小可分为三大类：小容量（16KB、32KB）、中容量（64KB、128KB）和大容量（256KB、384KB 和 512KB）芯片。芯片集成了定时器、CAN、ADC、SPI（串行外设接口）、I²C（集成电路总线）、USB 和 UART 等多种功能器件。

STM32F103xC、STM32F103xD 和 STM32F103xE 增强型产品使用高性能的 Cortex-M3 32 位的 RISC 内核，工作频率为 72MHz，内置高速存储器［高达 512KB 的 Flash 和 64KB 的

SRAM（静态随机存储器）]、丰富的增强 I/O 口和连接到两条 APB（先进外设总线）的外设。STM32F1 系列以上三种型号的器件都包含三个 12 位 ADC、四个通用 16 位定时器和两个 PWM（脉宽调制）定时器，还包含标准和先进的通信接口：两个 I²C、三个 SPI、两个 I²S（集成电路内置音频总线）、一个 SDIO（安全数字输入输出）、五个 USART（通用同步/异步收发器）、一个 USB 和一个 CAN。

STM32F103xC、STM32F103xD 和 STM32F103xE 增强型产品工作于 −40 ~ 105℃ 的温度范围，供电电压为 2 ~ 3.6V，一系列的省电模式保证了低功耗应用的要求。

完整的 STM32F103xC、STM32F103xD 和 STM32F103xE 增强型产品包括从 64 引脚至 144 引脚五种不同的封装形式；根据不同的封装形式，器件中的外设配置不尽相同。

（2）STM32F103 系列芯片的基本功能

1）内核。

① 32 位 Cortex-M3。

② 最高 72MHz 的工作频率，在存储器的 0 等待周期访问时可达 1.25DMIPS/MHz。

③ 单周期乘法和硬件除法。

2）存储器。

① 从 32KB 到 512KB 的 Flash 程序存储器（STM32F103xxxx 中的第二个 x 表示 Flash 容量，"4" = 16KB、"6" = 32KB、"8" = 64KB、B = 128KB、C = 256KB、D = 384KB、E = 512KB）。

② 最大 64KB 的 SRAM。

3）电源管理。

① 2 ~ 3.6V 供电和 I/O 引脚。

② POR/PDR（上电复位/断电复位）、PVD（可编程电压监测器）。

③ 4 ~ 16MHz 晶体振荡器。

④ 内嵌经出厂调制的 8MHz 的 RC 振荡器。

⑤ 内嵌带校准的 40kHz 的 RC 振荡器。

⑥ 产生 CPU 时钟的 PLL（锁相环路）。

⑦ 带校准的 32kHz 的 RC 振荡器。

4）低功耗。

① 睡眠、停机和待机模式。

② VBAT（电池电压）为 RTC 和后备寄存器供电。

5）ADC。

① 两个 12 位 ADC，1μs 转换时间，多达 16 个输入通道。

② 转换范围：0 ~ 3.6V。

③ 双采样和保持功能。

④ 温度传感器。

6）DMA（直接存储器访问）。

① 两个 DMA 控制器，共 12 个 DMA 通道：DMA1 有七个通道，DMA2 有五个通道。

② 支持的外设：定时器、ADC、SPI、USB、I²C 和 UART。

③ 多达 112 个快速 I/O 口（仅 Z 系列有超过 100 个引脚）。

④ 26/37/51/80/112 个 I/O 口，所有 I/O 口都可以映射到 16 个外部中断；几乎所有端口可容忍 5V 信号。

7）调试模式。

① SWD（串行线调试）和 JTAG（联合测试行为组织）接口。

② 多达八个定时器。

③ 三个 16 位定时器，每个定时器有多达四个用于输入捕获/输出比较/PWM 或脉冲计数的通道和增量编码器输入。

④ 一个 16 位带死区控制和紧急刹车、用于电动机控制的 PWM 高级控制定时器。

⑤ 两个看门狗定时器（独立的和窗口型的）。

⑥ 系统时间定时器：24 位自减型计数器。

8）多达九个通信接口。

① 两个 I^{2}C 接口，支持 SMBus/PMBus（系统管理总线/电源管理总线）。

② 五个 USART 接口（支持 ISO 7816 接口、LIN（本地互联网）、IrDA（红外接口）和调制解调控制）。

③ 两个 SPI（18Mbit/s）。

④ CAN 接口（2.0B 主动）。

⑤ USB 2.0 全速接口。

9）计算单元。

CRC 计算单元，96 位的芯片唯一代码。

10）应用。

STM32F103R8T6 是意法半导体旗下一款常用的增强型系列 MCU，适用于电力电子系统、电动机驱动、应用控制、医疗、手持设备、个人计算机游戏外设、GPS 平台、PLC、变频器、扫描仪、打印机、警报系统、视频对讲、暖气通风和空调系统。

（3）STM32 的开发环境　目前最常用的开发环境有 Keil MDK 和 IAR EWARM 两个，也有基于开源的 IDE（集成开发环境），但是不常用，建议使用前两种 IDE。

1）Keil MDK。Keil MDK 也称为 MDK-ARM、Realview MDK、I-MDK 和 KeiL μVision 等。目前 Keil MDK 由三家国内代理商提供技术支持和相关服务。

MDK-ARM 为 Cortex-M、Cortex-R4、ARM7 和 ARM9 处理器设备提供了一个完整的开发环境。它专为 MCU 应用设计，不仅易学、易用，而且功能强大，能够满足大多数苛刻的嵌入式应用。

MDK-ARM 有四个可用版本，分别是 MDK-Lite（免费版 MDK）、MDK-Basic（基础版 MDK）、MDK-Standard（标准版 MDK）和 MDK-Professional（专业版 MDK）。所有版本均能提供一个完善的 C/C++ 开发环境，其中 MDK-Professional 还包含大量的中间库。

目前最新的 Keil μVision 的版本号为 5.1，在 Keil 官网可以下载，但需要注意的是免费版只有 5KB 的编译容量，建议大家使用正版软件。

2）IAR EWARM。IAR EWARM 的全称是 IAR Embedded Workbench for ARM，它是 IAR Systems 公司为 ARM 微处理器开发的 IDE。与其他 ARM 开发环境相比，IAR EWARM 具有入门容易、使用方便和代码紧凑等特点。

IAR Systems 公司目前推出的最新版本是 IAR EWARM v9.50。

IAR EWARM 中包含一个全软件的模拟程序，用户不需要任何硬件支持就可以模拟各种 ARM 内核、外部设备甚至中断的软件运行环境，还可以了解和评估 IAR EWARM 的功能和使用方法。

（4）STM32 的 GPIO 口 STM32 的 GPIO（General Purpose I/O，通用输入/输出）资源非常丰富，包括 26/37/51/80/112 个多功能双向 5V 兼容快速 I/O 口，而且所有 I/O 口都可以映射到 16 个外部中断。学习 STM32 应该从最基本的 GPIO 开始，首先了解 STM32 GPIO 口的基本情况。

每个 GPIO 口都有以下七组寄存器：

1）两个 32 位配置寄存器（GPIOx_CRL、GPIOx_CRH）。

2）两个 32 位数据寄存器（GPIOx_IDR、GPIOx_ODR）。

3）一个 32 位置位/复位寄存器（GPIOx_BSRR）。

4）一个 16 位复位寄存器（GPIOx_BRR）。

5）一个 32 位锁定寄存器（GPIOx_LCKR）。

每个 GPIO 口可以自由编程，然而 GPIO 口寄存器必须按 32 位被访问（不允许半字或字节访问）。GPIOx_BSRR 和 GPIOx_BRR 寄存器允许对任意 GPIO 寄存器进行读/更改的独立访问，这样在读和更改访问之间产生 IRQ 时不会发生危险。常用的 GPIO 寄存器只有四个：GPIOx_CRL、GPIOx_CRH、GPIOx_IDR、GPIOx_ODR。GPIOx_CRL 和 GPIOx_CRH 控制着每个 GPIO 口的模式和输出速率。

根据数据手册中列出的每个 GPIO 口的特定硬件特征，GPIO 口的每个位可以由软件分别配置成多种模式，具体的 GPIO 口结构如图 4-1 所示。

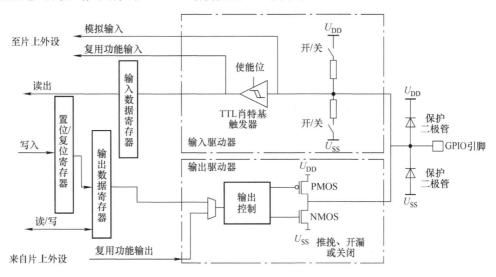

图 4-1　GPIO 口结构

TTL—晶体管-晶体管逻辑　PMOS—P 沟道 MOS 管（金属氧化物半导体场效应晶体管）　NMOS—N 沟道 MOS 管

（5）GPIO 的模式 一般来说 GPIO 有以下八种配置方式，其中输入类型有四种，输出类型有两种，复用输出类型有两种。

1）输入类型。

① 浮空输入（GPIO_Mode_IN_FLOATING）：可以做 KEY（密钥）识别。

② 上拉输入（GPIO_Mode_IPU）：GPIO 内部上拉电阻输入。

③ 下拉输入（GPIO_Mode_IPD）：GPIO 内部下拉电阻输入。

④ 模拟输入（GPIO_Mode_AIN）：应用 ADC 输入，或者在低功耗模式下省电。

2）输出类型。

① 开漏输出（GPIO_Mode_OUT_OD）：输出为 0 则接地，输出为 1 则悬空，需要外接上拉电阻才能实现高电平输出。当输出为 1 时，GPIO 口由上拉电阻拉高电平，但由于是开漏输出模式，GPIO 口可以被外部电路改变为低电平或不变。

② 推挽输出（GPIO_Mode_OUT_PP）：输出为 0 则接地，输出为 1 则接 VCC，读输入值未知。

3）复用输出类型。

① 复用功能的推挽输出（GPIO_Mode_AF_PP）：片内外设功能。

② 复用功能的开漏输出（GPIO_Mode_AF_OD）：片内外设功能。

（6）推挽输出和开漏输出　下面重点介绍一下推挽输出电路和开漏输出电路的工作原理，这也是广大电路爱好者比较迷茫的地方所在。

1）推挽输出电路。推挽输出电路的原理图如图 4-2 所示。

推挽输出电路可以输出高低电平，连接数字器件。推挽结构一般是指两个晶体管分别受两个互补信号的控制，总是一个晶体管导通，另一个晶体管截止。高低电平由集成电路的电源设定。

推挽输出电路由参数相同的 PNP 晶体管和 NPN 晶体管或两个 MOS 管组成，以推挽结构存在于电路中，分别负责正负半周的波形放大任务。当电路工作时，两个对称的功率开关管每次只有一个导通，所以导通损耗小、效率高。输出端既可以向负载输出电流，也可以从负载抽取电流。推挽输出电路既提高了电路的负载能力，又提高了开关速度。

2）开漏输出电路。开漏输出电路的原理图如图 4-3 所示。当左端的输入为 0 时，前面的晶体管 VT2 截止，即相当于集电极与发射极之间断开，所以 5V 电源通过 1kΩ 电阻加到右边的晶体管 VT1 上，VT1 导通相当于一个开关闭合；当左端的输入为 1 时，VT2 导通，而 VT1 截止，相当于开关断开。

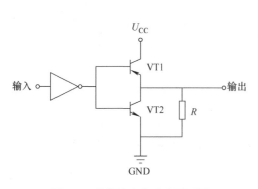

图 4-2　推挽输出电路的原理图

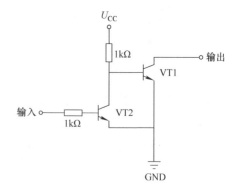

图 4-3　开漏输出电路的原理图

漏极开路输出与集电极开路输出十分类似，将图 4-3 中的晶体管换成场效应晶体管即可，这样集电极就变成了漏极，集电极开路输出就变成了漏极开路输出，原理分析相同。

开漏输出电路的输出端相当于晶体管的集电极，要得到高电平状态就需要上拉电阻。开漏输出电路适合作为电流型驱动，其吸收电流的能力相对较强（一般在 20mA 以内）。

开漏输出电路有以下四个特点：

① 利用外部电路的驱动能力，减少集成电路内部的驱动。当集成电路内部 MOS 管导通时，驱动电流是从外部的 U_{CC} 流经上拉电阻和 MOS 管，最后到 GND。集成电路内部仅需很小的栅极驱动电流。

② 一般来说，开漏输出电路用来连接不同电平的器件，用于匹配电平，因为当集成电路的引脚不连接外部上拉电阻时，集成电路只能输出低电平，如果需要同时具备输出高电平的功能，则集成电路的引脚需要接上拉电阻，此时通过改变上拉电源的电压，便可以改变输出电平。例如，加上上拉电阻就可以提供 TTL 和 CMOS（互补金属氧化物半导体）电平输出等。上拉电阻的阻值决定了逻辑电平转换沿的速度，阻值越大，速度越低，功耗越小，所以上拉电阻的选择要兼顾功耗和速度。

③ 漏极开路输出提供了灵活的输出方式，但是也有其弱点，就是带来上升沿的延时。因为上升沿是通过外接上拉电阻对负载充电，所以当上拉电阻选择小时延时就小，但功耗大；反之则延时大，功耗小。所以若对延时有要求，则建议用下降沿输出。

④ 可以将多个集成电路的引脚连接到一条线上，通过一只上拉电阻，在不增加任何器件的情况下，形成与逻辑关系。这也是 I^2C、SMBus 等总线判断总线占用状态的原理。

本章中对 STM32 作了基本介绍，主要因为 STM32 在过去嵌入式应用中的市场占有率非常大。但目前已经有国产的芯片可以替代 STM32，而且性能和指标都有所提升。

2. 基于 Cortex-M4 内核的嵌入式系统应用

Cortex-M4 内核是首款基于 ARMv.7 架构的高级嵌入式处理器内核，其应用目标主要为产量巨大的高级嵌入式应用方案，如硬盘、喷墨式打印机及汽车安全系统等。

Cortex-M4 内核在成本与功耗上为开发者们带来了关键性的突破，在与其他处理器相近的芯片面积上提供了更为优越的性能。Cortex-M4 内核为整合器件的可配置功能提供了真正的支持，通过这种功能，开发者可让处理器更加完美的符合应用方案的具体要求。

Cortex-M4 内核采用了 90nm 生产工艺，最高运行频率可达 400MHz，该内核整体设计的侧重点在于效率和可配置性。

Cortex-M4 内核拥有复杂完善的流水线架构，该架构基于低耗费的超量（双行）八段流水线，同时带有高级分支预测功能，从而实现了超过 1.6MIPS/MHz 的运算速度。该处理器内核全面遵循 ARMv7 架构，同时还包含了更高代码密度的 Thumb-2 技术、硬件划分指令、经过优化的一级高速缓存和 TCM（紧密耦合存储器）、存储器保护单元、动态分支预测、64 位的 AXI（高级可拓展接口）主机端口、AXI 从机端口和 VIC（向量中断控制器）端口等多种创新的技术，具有强大的功能。

（1）STM32F429/39 系列 Cortex-M4 芯片　STM32F429/39 系列采用最新的 180MHz Cortex-M4 内核，可取代当前基于 MCU 和中低端独立 DSP 的双片解决方案，或者将两者整合成一个基于标准内核的数字信号控制器。MCU 与 DSP 的整合还可以提高能效，让用户使用支持 STM32 的强大的研发生态系统。STM32F4 产品内置意法半导体的 ART（自适应实时）加速技术，进一步增强了 Cortex-M4 内核的处理性能。ART 加速器实现了 Flash 执行零等待，工业标准测试取得了 225DMIPS 和 606 CoreMark 的优异成绩。

STM32F429/39 系列为开发人员提供了最大 2MB 的 Flash 或 1MB 的双区 Flash，每种 Flash 内置 256KB RAM，从而使嵌入式系统能够使用先进平台，如 Microsoft . NET、Java 或 μClinux，而嵌入式系统开发人员过去只能使用结构化编程语言，如 C 语言。这一概念使开发人员能够开发功能更丰富的应用软件，以更快的速度和更高的效率提供更好的用户体验。内置双区 Flash 的 MCU 可实现读写同步操作，有助于保护存储器内容，例如，当一个应用程序正常运行时，可同时安全地安装应用或下载更新。

此外，该系列产品还增加了外部高速 SDRAM（同步动态随机存储器）模块接口，从而为用户提供了一个经济的外部 SRAM 选择，这个最新的外存接口还有一个 84MHz 32 位宽的数据总线。

内部增强型显示控制器可将应用连至标准的 TFT-LCD（薄膜晶体管液晶显示器），同时对于基于 MCU 的应用系统，有助于降低成本、缩小外观尺寸和提高实时性能。内部 TFT-LCD 控制器内置意法半导体的 Chrom-ART Accelerator，这是一个能够加快图形处理速度的硬件模块，相较于 Cortex-M4 内核上运行的软件，它能够将像素格式转换速率和传输速率提高一倍。开发人员还可运用 MCU 典型的片上特性，如嵌入式复位功能和稳压功能及丰富的外设接口和片上集成的存储器。STM32F429/39 系列不存在高功耗、外部存储器元器件和操作系统的非决定性问题，这些问题在基于 MCU 的系统设计中是十分典型的。

通过提供先进的 I2S TDM（时分多路复用）数字音频接口，STM32F429/39 系列可支持多路音频设计，而早期的 MCU 通常仅支持双通道 I2S 标准。

即使核心性能进一步提高，STM32F429/39 系列的停止模式电流的典型值仍然降至 100μA，约为现有 STM32F2 和 STM32F4 MCU 的三分之一，这受益于意法半导体先进的 90nm 制程和新设计方法，为目前寻找运行模式性能优异而停止模式功耗低的用户提供了解决方案。

STM32F429/39 系列是意法半导体 STM32 的高端产品，STM32 产品阵容强大，从基于 32 位 Cortex-M0 内核的入门级的 STM32F0 系列，到基于 Cortex-M3 内核的超低功耗、主流及高性能的 STM32L1、STM32F1 和 STM32F2 系列，再到基于 Cortex-M4 内核的 STM32F3 和内置 DSP 功能、FPU（浮点处理单元）的 F4 混合信号高性能 MCU，全系产品均受益于意法半导体的低功耗制程。

（2）STM32F429 芯片的基本参数

1）内核：采用 Crotex-M4 内核。

2）主频：最高主频 180MHz。

3）FPU：单精度浮点处理单元。

4）SRAM：256KB（112KB + 64KB + 16KB + 64KB）。

5）GPIO 最高翻转速度：90MHz。

6）串口：最多有八个 UART 串口。

7）I^2C：可以提供三个 I^2C 接口。

8）ADC：三个 12 位的独立 ADC，可以提供 24 个输入通道。ADC 最大采样频率可达 2.4MSps，3 路交替采样可达 7.2MSps。

9）DMA：16 个 DMA 通道，每个 DMA 通道有 4 × 32 位 FIFO（先入先出队列）。

10）SPI：最高可到 45MHz。

11）TIM（定时器）：TIM2 和 TIM5 有 32 位上下计数功能。

12）I^{2}S：两个 I^{2}S 接口，支持全双工，放音和录音可以同时进行。

4.1.4　基于 MPU 的 Linux 平台开发体系

MPU 简单理解就是微机中的 CPU。简单来说，MPU 作为"大脑"，负责设备的信息处理，而 MCU 主要用来控制设备的运动。以两者共同控制的下游扫地机器人为例，MPU 主要负责将运动指令传达给 MCU，由 MCU 控制电动机运动。本节重点研究 MPU。MPU 的本质就是 CPU，在实际运用时会根据应用要求在芯片外配置 RAM、ROM 和外部接口等外设，在智能设备中起着运算、处理和调用其他功能件的作用，可以说是智能设备的"大脑"。MCU 和 MPU 的主要区别见表 4-1。

表 4-1　MCU 和 MPU 的主要区别

	MCU	MPU
应用领域	汽车电子（33%，含自动驾驶系统、中控系统）、工控医疗（25%，含工业自动化和医疗设备）、计算机网络（23%，含计算与存储）、消费电子（11%，含智能家居、物联网）、其他（8%）	计算机 CPU（50%，含个人计算机、服务器和平板计算机）、手机应用处理器（30%）、嵌入式 MPU（20%，含智能家居、物联网）
运行系统	仅能运行 RTOS	可运行完整操作系统，如 Linux、Android 和 Windows
主要功能	根据外界信号执行控制功能	执行处理和运算功能
设计结构	RAM、ROM 和计时器等集成在 MCU 内部	RAM、ROM 和计时器等在 MPU 外部
运算性能	通常在 300MHz 以下	通常在 300MHz 以上

从半导体产业链来看，MPU 在上中下游产业中的状况如下：

1）上游产业链主要有台积电、中芯国际、华润微电子等，封测厂主要有通富微电、华天科技、长电科技等，内核授权商主要有 ARM 和 MIPS 等。

2）中游产业链指 MPU 厂商，按照技术层次和应用领域的不同，MPU 又可以分为以下三大类。

第一类为计算机 CPU，其市场规模占 MPU 应用领域的 50%，是主要的应用领域。计算机 CPU 主要包括个人计算机、服务器和平板电脑等产品中的 CPU，代表公司有英特尔和 AMD。

第二类为手机应用处理器，其市场规模占 MPU 应用领域的 30%，代表公司主要有高通、联发科、苹果和海思等。

第三类为嵌入式 MPU，其市场规模占 MPU 应用领域的 20%。近年来，嵌入式 MPU 的市场份额快速提升，近五年年复合增速为 10.76%。嵌入式 MPU 主要应用于智能家居、物联网设备等，代表公司主要有全志科技、瑞芯微、北京君正和晶晨半导体等。

3）下游产业链根据应用终端分类，包括个人计算机、服务器、平板电脑、智能手机及消费电子、物联网等，代表公司主要有联想、惠普、苹果和石头科技等。

基于对以上应用分类的分析可以看出，基于 MPU 的微处理器系统在边缘计算系统应用中也可以发挥重要的作用。下面将对基于全志 T507 的边缘计算开发平台、基于瑞芯微 RK3588 的边缘计算平台系统和基于华为 Atlas 平台的边缘计算平台进行介绍，方便大家在以后的工作中使用这三种型号的 MPU 进行边缘计算方面的应用。

1. 基于全志 T507 的边缘计算开发平台

T5 系列是一个高性能四核 Cortex-A53 处理器，符合汽车 AEC‐Q100 测试要求，适用于新一代汽车市场。T507 集成四核 Cortex-A53、G31 MP2 GPU、多路视频输出接口 ［RGB（三原色）/2×LVDS(低电压差动信号)/HDMI(高清多媒体接口)/CVBS(复合视频广插信号)］和多路视频输入接口 ［MIPI-CSI(移动产业处理器接口-相机串行接口)/BT656/BT1120］。该芯片支持 4K@60fps H.265 解码、4K@25fps H.264 解码、DI（数字输入）和 3D（三维）降噪，自动调色系统和梯形校正模块可以提供流畅的用户体验和专业的视觉效果。T507 系统结构如图 4-4 所示。

（1）目标应用

1）嵌入式车载娱乐系统。

2）嵌入式数字集群。

3）嵌入式高清全景影像。

4）抬头显示及其他。

5）智能座舱产品。

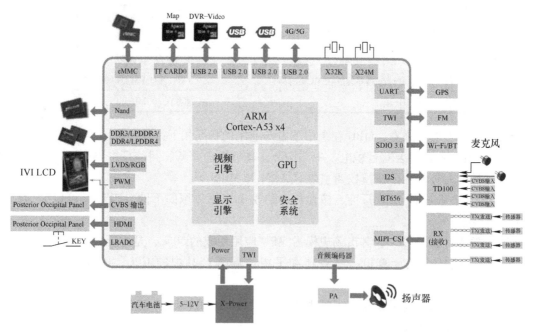

图 4-4　T507 系统结构

（2）通用核心板基本硬件指标　目前推出通用核心板的厂家比较多，一般情况下都具有以下的通用硬件指标，可以根据实际应用需求选择合适的核心板和 IO 进行设计。T507 通用核心板硬件指标参数及其描述见表 4-2。

表 4-2　T507 通用核心板硬件指标参数及其描述

指标参数	描　　述
尺寸	45mm×45mm×3.0mm（长×宽×高）
CPU	全志 T507 四核主频 1.5GHz
GPU	Mali-400 G31 MP2 GPU
内存	LPDDR4，标配 2GB（1GB/4GB 批量可选）
存储器	eMMC（嵌入式多媒体卡），标配 8GB（16GB/32GB/64GB 批量可选）
电源管理	AXP853T 支持待机，按键开关机
工作电压	输入电压 5V，最大功率小于 2W（不接任何外设）
支持系统	Android（安卓）/Linux + QT
运行温度	-25~75℃，工业级
寿命	连续运行寿命 5 年以上

（3）通用核心板常用接口　　T507 具有丰富的外设资源支持网络、串口、HDMI、LVDS 和 CAN 等，不同厂家的核心板都把这些资源引入到外部引脚，根据应用的需求进行外设设计。T507 通用核心板接口定义见表 4-3。

表 4-3　T507 通用核心板接口定义

接口	定　　义
USB	四路独立，其中一路为 OTG
UART	六路 TTL 3.3V 电平，其中一路为 Debug（程序调试）
GPIO	98 路 GPIO（有复用功能）
PWM	六路 PWM 3.3V 电平（有复用功能）
LVDS	一路 LVDS，最大支持 1080P（1920×1080）60fps
RGB	一路 RGB 888 输出，最大支持 1080P（1920×1080）60fps
HDMI	一路 HDMI 输出，支持 4K 60fps
CVBS	一路 CVBS 输出
语音输出	一路左右声道输出，底板外挂 5W 功放
CAN 总线	一路 CAN 2.0 总线
SDIO	两路 SDIO 接口，一路接 TF 卡，另一路接 Wi-Fi
ADC	两路 ADC 接口
I^2C	五路 I^2C 接口
SPI	一路 SPI
以太网	两路以太网，包括 GMAC（千兆媒体访问控制器）和 EMAC（以太网介质访问控制模块）PHY 接口
输出电源	1.8V/3.3V 多路电源输出
系统升级	支持本地 USB 升级

2. 基于瑞芯微 RK3588 的边缘计算平台系统

RK3588 采用八核 ARM 架构，在整数运算、浮点运算、内存、整体性能、功耗及核心面积等方面都进行了重大改进，先进的 8nm 制程工艺、Big.Little 大小核架构及 L3 缓存的加入都极大地提升了大数据处理能力。RK3588 定位为国产阵营高端芯片，它是对原有 RK3399 超大幅度的升级，可以无缝替代 RK3399 在云终端、一体机、个人计算机和服务器中的位置。

RK3588 的主频高达 2.4GHz，集成了 ARM Mali-G610 MP4 四核 GPU，内置人工智能加速器 NPU，可提供 6 TOPS 算力。作为新一代瑞芯微旗舰级处理器，RK3588 在性能上做了全面升级，通过实测，相较于上一代旗舰 RK3399 处理器，其 CPU 处理能力提升了 3.5 倍，GPU 性能提升超过 6 倍，再加上 6 TOPS 超高算力的 NPU，这些升级为复杂场景离线人工智能计算多路视频流分析提供了可能。

（1）目标应用

1）智能座舱。

2）智慧大屏。

3）VR/AR。

4）边缘计算。

5）IPC（进程间通信）。

6）NVR（网络视频录像机）。

7）高端平板计算机。

8）ARM PC

RK3588 系统架构如图 4-5 所示。

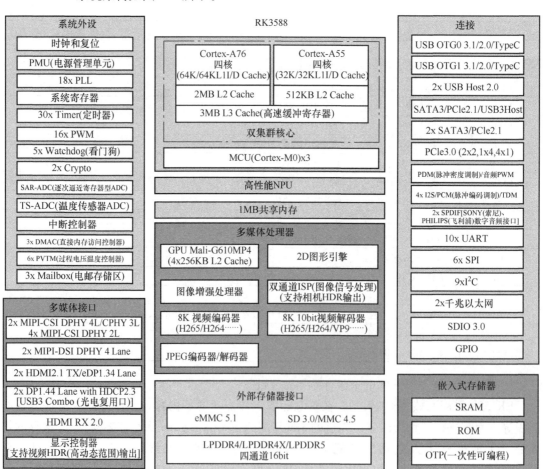

图 4-5 RK3588 系统架构

　　RK3588 支持主流的深度学习框架，性能强劲，可为各类人工智能应用场景带来更强大的性能表现。

　　（2）通用核心板基本硬件指标　　RK3588 通用核心板基本硬件指标参数及其描述见表4-4。

表 4-4　RK3588 通用核心板基本硬件指标参数及其描述

指标参数	描　　述
连接方式	板对板连接器
CPU	RK3588 八核 A76 + A55
NPU	6TOPS
GPU	Mali-G610 MP4
内存	LPDDR4X，选配 4GB/8GB/16GB
存储器	eMMC 5.1，标配 8GB，选配 32GB/64GB/128GB
电源管理	RK806-1
工作电压	3.4 ~ 5.5V（5A 以上）
支持系统	Android12/ubuntu18.04/Linux5.10 + QT5.15/Debian 11
工作温度	− 10 ~ 60℃
寿命	连续运行寿命 5 年以上

　　（3）通用核心板常用接口　　RK3588 通用核心板接口定义见表4-5。

表 4-5　RK3588 通用核心板接口定义

接口	定　　义
DMI（直接媒体接口）	两路 HDMI 高清输出，最高支持 4K 显示
eDP（嵌入式显示端口）	两路 4 Lane eDP，最高 1080P
DP（显示端口）	两路 4 Lane DP，最高 4K
MIPI-DSI（移动产业处理器接口-显示器串行接口）	两路 MIPI-DSI，最高支持 2K
MIPI-CSI	六路 MIPI-CSI 输入
I^2S	三路 I^2S，两路 8 通道，一路 2 通道
PCIe（外围设备快速互连）	一路 PCIe 3.0 x4，三路 PCIE 2.0 x1
SATA（串行高级技术附件）	三路 SATA 3.0
USB 2.0	三路独立 USB 2.0，其中一路为 OTG
USB 3.0	两路 USB 3.0 接口（与 DP 共用）
以太网	两路 RGMII（精简千兆媒体独立接口）以太网
UART	十路串口
SPI	五路 SPI
I^2C	七路 I^2C
PWM	15 路 PWM
SDIO	两路 SDIO 接口，一路为 TF 卡，另一路可接 SDIO Wi-Fi
ADC	四路 ADC 输入接口
CAN	两路 CAN 总线
GPIO	可复用 GPIO 引脚数高达 120 个
升级	支持 USB/TF 卡本地升级

3. 基于华为 Atlas 平台的边缘计算平台

Atlas 200 是一款基于华为昇腾 AI 处理器的高性能、低功耗 AI 加速模块，外形尺寸只有半张信用卡的大小，最高配置的耗电量仅为 9.5W，典型功耗为 5.5W，支持 16 通道实时高清视频分析，可以部署在摄像头、无人机和机器人等设备上。

（1）Atlas 200 系统架构 Atlas 200 系统架构如图 4-6 所示。

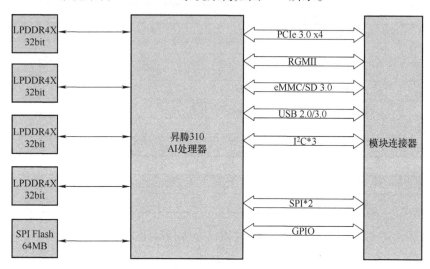

图 4-6 Atlas 200 系统架构

（2）通用核心板基本硬件指标 Atlas 200 硬件指标参数见表 4-6。

表 4-6 Atlas 200 硬件指标参数及其描述

指标参数	描 述
产品	Atlas 200 AI 加速模块（型号：3000）
人工智能芯片	昇腾 310 AI 处理器
人工智能算力	22TOPS INT8 16TOPS INT8 8TOPS INT8
内存规格	LPDDR4X，8GB/4GB，总带宽 51.2GB/s
编解码能力	支持 H.264/H.265 解码器硬件解码，20 路 1080P 25fps，YUV420 支持 H.264/H.265 解码器硬件解码，16 路 1080P 30fps，YUV420 支持 H.264/H.265 解码器硬件解码，2 路 4K 60fps，YUV420 支持 H.264/H.265 解码器硬件解码，1 路 1080P 30fps，YUV420 JPEG 解码能力 1080P 256fps，编码能力 1080P 64fps，最大分辨率为 8192×4320 PNG（可移植网络图形）解码能力 1080P 24fps，最大分辨率为 4096×2160
接口	PCIe×4 Gen3.0 ×1 USB 2.0/3.0 ×1 RGMII
串行总线	UART/I2C/SPI

（续）

指标参数	描　　述
接口规格	144 引脚板对板连接器
典型功耗	4 GB：5.5W/8 GB：8W
结构尺寸	52.6mm×38.5mm×8.5mm
重量	30g
工作环境温度	−25～80℃（−13～176°F）

（3）MindStudio 开发平台　　MindStudio 是一套基于华为昇腾 AI 处理器开发的 AI 全栈开发工具平台，集成了工程管理、编译器、仿真器及命令行开发工具包，提供网络模型移植、应用开发、推理运行及自定义算子开发等功能。MindStudio 能够进行工程管理、编译、调试、运行和性能分析等全流程开发，支持仿真环境和真实芯片运行，提高开发效率。MindStudio 的开发功能如下：

1）针对算子开发，MindStudio 提供了全套的算子开发、调优能力。通过 MindStudio 提供的工具链也可以进行第三方算子开发，降低了算子开发的门槛，并提高了算子开发和调试、调优的效率，有效提升了产品竞争力。

2）针对网络模型的开发，MindStudio 集成了离线模型转换工具、模型量化工具、模型精度比对工具、模型运行性能分析工具和日志分析工具，提升了网络模型移植、分析和优化的效率。

3）针对计算引擎开发，MindStudio 预置了典型的分类网络、检测网络等计算引擎代码，降低了开发者的技术门槛，加快了开发者对 AI 算法引擎的编写和移植效率。

4）针对应用开发，MindStudio 集成了各种工具，如分析器和编译器等，为开发者提供了图形化的 IDE。

MindStudio 功能架构如图 4-7 所示。目前 MindStudio 包含的工具链有模型转换工具、模型训练工具、自定义算子开发工具、应用开发工具、工程管理工具、编译工具、流程编排工具、精度比对工具、日志管理工具、性能分析工具和设备管理工具等多种工具。

（4）Atlas 200 AI 加速模块的应用模式　　Atlas 200 AI 加速模块根据外部硬件设计的不同，可分为三种应用模式，分别是主处理器模式、协处理器模式和 PCIe 从设备模式。

1）主处理器模式。Atlas 200 AI 加速模块内部有八个 Cortex-A55 核，并提供常见的 I^2C、USB、SPI 和 RGMII 等外设接口，可以作为嵌入式系统 CPU 使用。

用户将操作系统烧录在 eMMC Flash 或 SD 卡中，经过简单的配置，可以让 Atlas 200 AI 加速模块中的 ARM CPU 运行用户指定的 AI 业务软件。

一般在这种应用模式下，Atlas 200 AI 加速模块外挂设备比较简单，如接入网络摄像头、I^2C 传感器和 SPI 显示器等。Atlas 200 AI 加速模块主处理器模式具体如图 4-8 所示。

2）协处理器模式。Atlas 200 AI 加速模块的协处理器模式与主处理器模式十分类似，ARM CPU 仍然可以运行用户的 AI 业务软件。两者的区别在于 Atlas 200 AI 加速模块作为协处理器时，系统中还存在一个主控 CPU，Atlas 200 AI 加速模块的外设接入、上电、休眠和唤醒等操作由主控 CPU 控制，用户的 AI 业务软件对外接口也通过主控 CPU 上的软件转发。主控 CPU 可以通过 GPIO 引脚控制 Atlas 200 AI 加速模块进入深度休眠，在必要的时候可快

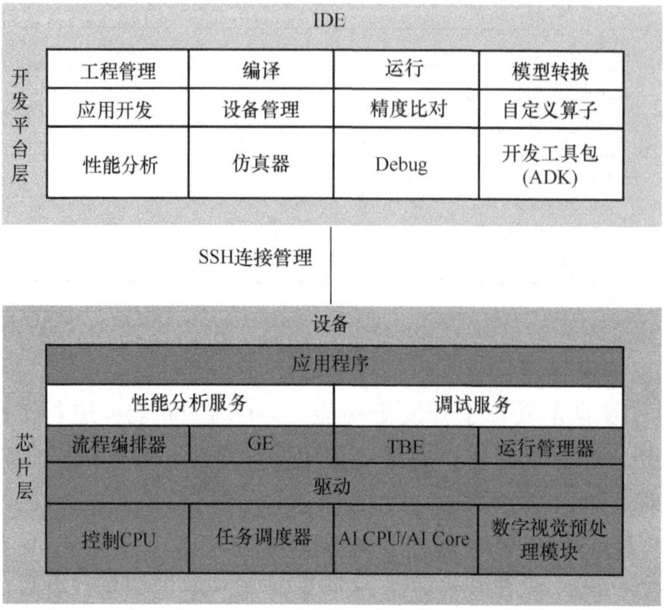

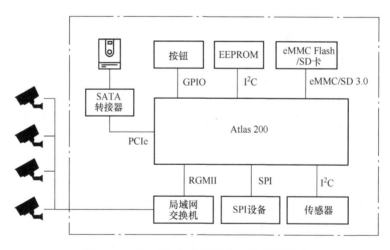

图 4-7　MindStudio 功能架构

SSH—安全外壳　TBE—张量加速引擎

图 4-8　Atlas 200 AI 加速模块主处理器模式

EEPROM—电擦除可编程只读存储器

速唤醒 Atlas 200 AI 加速模块进行 AI 业务处理，以节约能耗。Atlas 200 AI 加速模块协处理器模式具体如图 4-9 所示。

3）PCIe 从设备。当 Atlas 200 AI 加速模块作为 PCIe 从设备接入 CPU 系统时，用户的 AI 业务程序运行在 Host（主机）系统中，通过 PCIe 通道与 Atlas 200 AI 加速模块交互，将 AI 任务卸载到昇腾 310 芯片中运行。Atlas 200 AI 加速模块 PCIe 从设备模式具体如图 4-10 所示。

这种应用模式需要注意 CPU 选型，应考虑 CPU 与 Atlas 200 AI 加速模块的兼容。

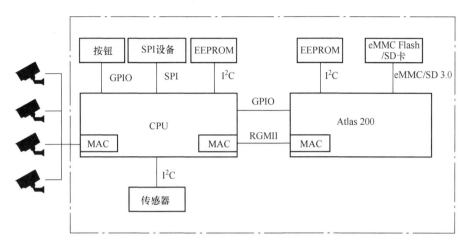

图 4-9 Atlas 200 AI 加速模块协处理器模式

MAC—介质访问控制

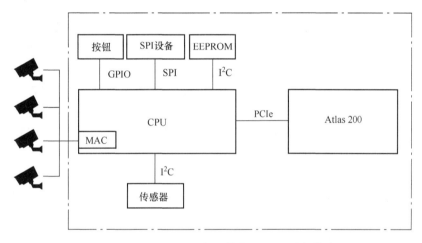

图 4-10 Atlas 200 AI 加速模块 PCIe 从设备模式

Atlas 200 AI 加速模块的兼容性要求如下：

① 支持 PCIe MSI-X（扩展消息告知中断）中断，至少可分配 116 个 MSI-X 中断。

② BAR（基地寄存器）空间大小要求：驱动版本为 1.3. x. x 和 1.73. x. x. x 及以上时要求三个 BAR，大小分别为 128KB、16MB 和 64MB；驱动版本为 1.32. x. x 时要求三个 BAR，大小分别为 128KB、4MB 和 8MB。

4. 基于 MPU 的应用设计

以上列举了国内三个头部厂商提供的开发平台，包括基于全志、瑞芯微和华为 Atlas 平台的三种硬件体系。设计边缘计算的硬件并不需要从每一个芯片开始设计，已经有众多的外围厂家封装好了核心板，开发人员只需要利用核心板做二次设计，做好符合设计目标的产品就可以。在设计过程中，外围接口电路的设计需要遵循以下规范：

1）电源芯片选择功率要适当，尽可能为正常用电功率的 2.5 倍，电源线要尽可能短，线宽要尽量宽。

2）设计预留足够的 I/O 接口、通信接口（网络、RS-232/485 和 USB）和存储接口（SD 卡）

3）布线应避免出现钝角、斜角，选用 45°角或者圆角走线，通常常规走线线宽规定为 ≥ 4mil（$1mil = 25.4 \times 10^{-6} m$），常规走线线距要求为 ≥ 4.5mil；高频率信号尽量短，线尽量避免打 VIA，不允许跨激光切割面；当两焊点间隔不大（如贴片式元器件相邻的焊层）时，焊点间不可立即相接；一整块 PCB（印制电路板）的走线、开洞要匀称，防止出现显著亲疏不匀的状况；当 PCB 表层信号有大面积空缺地区时，应加等分线使表面金属线基本遍布均衡；键入、输出信号尽量避免相邻平行面走线，最好在线间加地线，防止反馈耦合。

4.1.5 基于 FPGA 的开发体系

FPGA（Field Programmable Gate Array，现场可编程门阵列）是数字电路的物理实现方式之一。与数字电路的另一种重要实现方式 ASIC（Application Specific Integrated Circuit，专用集成电路）芯片相比，FPGA 的一个重要特点是其可编程特性，即用户可以通过程序指定 FPGA 实现某一特定数字电路。

FPGA 一般比 ASIC 的速度要慢，无法完成更复杂的设计，并且会消耗更多的电能。但是 FPGA 具有很多优点，如可以快速成品，而且其内部逻辑可以被设计者反复修改，从而改正程序中的错误。此外，使用 FPGA 进行调试的成本较低。厂商也可能会提供便宜、但是可编程能力有限的 FPGA 产品。因为有的芯片可编程能力较差，所以这些设计的开发在普通的 FPGA 上完成，然后将设计转移到一个类似于 ASIC 的芯片上。在一些技术更新比较快的行业，FPGA 几乎是电子系统中的必要部件，因为在大批量供货前，产品必须迅速抢占市场，这时 FPGA 方便灵活的优势就显得很重要。

1. FPGA 硬件内部结构

1）可编程 IOB（Input Output Block，输入输出单元）。

2）CLB（Configurable Logic Block，可配置逻辑块）。

3）嵌入式 BRAM（Block RAM，块 RAM）。

4）互连线资源。

5）底层内嵌功能单元。

6）内嵌专用模块。

2. FPGA 开发流程

1）设计规划。

2）设计输入（原理图/程序代码）。

3）功能仿真（综合前仿真）。

4）综合。

5）仿真验证（综合后仿真）。

6）实现（翻译、映射、布局布线）。

7）时序仿真（后仿真）。

8）生成 Bit 文件。

9）FPGA 配置。

3. 数字信号和模拟信号的定义

数字信号是指取值离散、幅值表示被限制在有限个数值之内的信号。模拟信号是指在时域上数学形式为连续函数的信号，模拟信号可以取得连续值。

4. 常用数据类型

（1）变量

1）reg 型：寄存器数据类型。reg 型常用来表示 always 模块内的指定信号，常代表触发器。always 模块内被赋值的每一个信号都必须定义成 reg 型。reg 型变量具有状态保持功能，在新的赋值语句执行前，reg 型变量一直保持原来的值。

2）wire 型：通常表示一种电气连接，即逻辑门和模块之间的连线。wire 型常用来表示以 assign 为关键字指定的组合逻辑信号。Verilog HDL 程序模块中输入、输出信号类型默认自动定义为 wire 型。wire 型可以用作任何方程式的输入，也可以用作 assign 语句或实例元件的输出。

（2）常量

1）整数：包括二进制（B），八进制（O），十进制（D）和十六进制（H）。

2）x 和 z 值：x 表示不定值，z 表示高阻态。

3）参数（parameter）型：在 Verilog HDL 中，通过用 parameter 定义一个标识符来代表一个常量，这个常量被称为符号常量，即标识符形式的常量。其说明格式如下。

parameter 参数名 1 = 表达式，参数名 2 = 表达式，……，参数名 n = 表达式；

parameter 参数名 1 = 表达式，参数名 2 = 表达式，……，参数名 n = 表达式；

5. IP 核的使用

打开 IP 核的窗口，单击 Flow Navigator 中的 IP Catalog。下面以乘法器 Multiplier 核为例，说明 IP 核的使用。

1）搜索选择 Math Functions（数学函数）下的 Multiplier，双击打开。

2）单击左上角 Documentation，可以打开该 IP 核的使用手册查询，在当前页面对 IP 核进行配置。

3）调用 IP 核。

① 选择 IP Sources（IP 源），展开并选择 mult_gen_0/instantiation template/mult_gen_0. veo，可以打开实例化模块文件。

② 在框图中画原理图，可以在框图页面空白处添加 IP，直接导出，然后手动连线即可。也可以用例化语句，直接将实例化模块文件复制过去再更改一下即可。

6. Verilog HDL 语言概况

Verilog HDL 是一种硬件描述语言，可以实现从行为级（包括算法级、系统级等）、寄存器传输级（RTL）、门级到开关级的多种抽象设计层级的数字系统建模，能在多种抽象设计层次上描述数字电路。

模块是 Verilog HDL 语言的基本描述单位，用于描述某个设计的功能或结构，以及与其他模块通信的外部接口。Verilog HDL 语言是为了大规模数字系统集成化设计而采用的硬件描述语言，模块和互连是 Verilog HDL 语言的两个核心要素。一个模块由两部分组成，一部分描述端口，另一部分描述逻辑功能。模块的代码格式如下。

```
module 模块名(端口);
```

端口列表及定义；

  assign 描述电路器件的内部逻辑功能或电路结构；

endmodule

具体实例化如下。

```verilog
module clk_div(clk_100MHz,clk_200Hz,clk_10Hz,clk_1Hz);
    input clk_100MHz;
    output clk_200Hz,clk_10Hz,clk_1Hz;
    reg[17:0]cnt_200Hz;
    reg[8:0]cnt_10Hz;
    reg[9:0]cnt_1Hz;
    reg clk_1KHz_reg;
    reg clk_200Hz_reg;
    reg clk_10Hz_reg;
    reg clk_1Hz_reg;
    initial
        begin
            cnt_10Hz=0;
            cnt_1Hz=0;
            clk_200Hz_reg=0;
            clk_10Hz_reg=0;
            clk_1Hz_reg=0;
        end
    always@ (posedge clk_100MHz)
        begin
            if(cnt_200Hz==18'h3D08F)
                begin
                    clk_200Hz_reg<=~clk_200Hz_reg;
                    cnt_200Hz<=0;
                end
            else
                cnt_200Hz<=cnt_200Hz+1;
        end
    always@ (posedge clk_200Hz)
        begin
            if(cnt_10Hz==4'h9)
                begin
                    clk_10Hz_reg<=~clk_10Hz_reg;
                    cnt_10Hz<=0;
                end
            else
                cnt_10Hz<=cnt_10Hz+1;
        end
    always@ (posedge clk_200Hz)
```

```
    begin
        if(cnt_1Hz = = 7'h63)
            begin
                clk_1Hz_reg < = ~clk_1Hz_reg;
                cnt_1Hz < =0;
            end
        else
            cnt_1Hz < = cnt_1Hz +1;
    end
assign clk_200Hz = clk_200Hz_reg;
assign clk_10Hz = clk_10Hz_reg;
assign clk_1Hz = clk_1Hz_reg;
endmodule
```

（1）模块端口定义　模块端口定义的代码格式如下。

```
module 模块名(端口名1,端口名2,端口名3,……);
```

（2）I/O 端口说明　I/O 端口说明是指模块的输入、输出说明，代码格式如下。

1）输入：

```
input[信号位宽 -1:0]端口名;
```

例如：

```
input wire[3:0] s;
input wire clk_10;
input sw;
```

2）输出：

```
output[信号位宽 -1:0]端口名;
```

例如：

```
output reg clk_10;
```

输入/输出：

```
inout[信号位宽 -1:0]端口名;
```

（3）内部信号　内部信号是指模块内部用到的、与端口有关的 wire 型和 reg 型变量的声明，例如：

```
reg[7:0] out;//定义 out 为寄存器型
```

（4）逻辑功能描述　模块中最重要的部分就是逻辑功能描述部分，有三种方法可以在模块中描述要实现的逻辑功能。

1）使用 assign 声明语句。只需要写一个 assign，后面再添加一个方程式即可，例如：

```
assign a = b&c;//描述了一个有两个输入的与门
```

2）使用实例元件。Verilog HDL 中提供了一些基本的逻辑门模块，如与门（and）、或门（or）和非门（not）等。使用实例元件就像在电路原理图输入方式下调用元件库中的元件一样，直接输入元件的名字和相连的引脚即可。代码格式如下：

```
门类型关键字 <实例名> (<端口列表>);
```

例如：

```
and u1(c,a,b);
```

3）使用 always 块。代码格式如下：

```
always@ (posedge clk)
begin
    q = a&b;
end
```

使用 assign 语句是描述组合逻辑最常用的方法之一。always 块语句既可描述组合逻辑，也可描述时序逻辑。"always@（<敏感信号列表>）"中的敏感信号列表表示的是敏感信号或表达式，当敏感信号或表达式发生改变时，执行 always 语句。

4.2 边缘计算脚本技术

4.2.1 脚本的基本概念

脚本（Script）是使用一种描述性语言，依据一定格式编写的可执行文件。脚本是一种具有去重复性、多样性、简洁性、规范性和共同性的工具。脚本能够将复杂、重复的工作进行简单化，有序地执行一段固定程序或命令。

1. 脚本与程序的区别

从技术角度来讲，脚本是被解释的，程序是被编译的。

脚本语言（JS、VBA 和 Python）用于控制另一个应用程序，JS 控制 Web 浏览器，VBA 控制 Office 应用程序，需要宿主应用程序才能执行。Python 可以执行任何其他计算机语言编写和编译的程序，无须重复开发，即可添加功能。

程序语言（C++、C#）独立于其他应用程序而执行。

以前的解释器和编译器需要二选一。如今，很多语言既使用编译器，也使用解释器。Python 解释器将程序语句转换为字节码语句，保存为 pyc 文件，Python 虚拟机（即解释器）将 pyc 文件里面的字节码转换为计算机使用的机器语言（字节码是虚拟机执行的机器语言）。

2. 脚本的特点

脚本本身不编译为机器码，而是依托于寄主（虚拟机、脚本解释器等），真正起执行作用的是寄主。脚本命令寄主按照脚本的需求来执行操作（脚本不能独立）。脚本还具有以下三个特点：

1）脚本语法比较简单，比较容易掌握。

2）脚本与应用程序密切相关，所以包括相对应用程序自身的功能。

3）脚本一般不具备通用性，所能处理的问题范围有限。

3. 脚本与边缘计算的关系

边缘计算的核心业务逻辑是通过核心系统实现的，一般表达为一个程序或者一个服务。但是如果出于对应用灵活性的需求，需要现场工程师对业务进行一定范围的调整或者应用时，可以通过脚本系统构建灵活的接入和处理，甚至完成计算、通信和共享等功能。因此，脚本在提高边缘计算的应用灵活性方面具有十分广泛的应用。下面将介绍 VBScript、JavaScript、Python 和 Lua 脚本，应用这些脚本语言，可以有效扩展边缘设备和系统的功能，从而使边缘设备具备更加强大的处理能力。

4.2.2 VBScript

VBScript 是 Visual Basic Script（Visual Basic 脚本）的简称，有时也被缩写为 VBS。它是微软环境下轻量级的解释型语言，它使用 COM 组件、WMI（Windows 管理规范）、WSH（Windows 脚本宿主）和 ADSI（活动目录服务窗口）访问系统中的元素，对系统进行管理。同时它又是 ASP（活动服务器页面）默认的编程语言，配合 ASP 内创建对象和 ADO（ActiveX 数据对象），用户很快就能掌握访问数据库的 ASP 开发技术。

1. VBScript 的函数

（1）Date/Time（日期/时间）相关函数　具体的 Date/Time 相关函数见表 4-7。

表 4-7　Date/Time 相关函数

函数	描述
CDate	把有效的日期和时间表达式转换为日期类型
Date	返回当前的系统日期
DateAdd	返回已添加指定时间间隔的日期
DateDiff	返回两个日期之间的时间间隔数
DatePart	返回给定日期的指定部分
DateSerial	返回指定年、月、日的日期
DateValue	返回日期
Day	返回代表一月中一天的数字（介于并包括 1~31 之间）
FormatDateTime	返回格式化为日期或时间的表达式
Hour	返回代表小时的数字（介于并包括 0~23 之间）
IsDate	返回指示计算表达式能否转换为日期的 Boolean（布尔）值
Minute	返回代表分钟的数字（介于并包括 0~59 之间）
Month	返回代表月份的数字（介于并包括 1~12 之间）
MonthName	返回指定月份的名称
Now	返回当前的系统日期和时间
Second	返回代表秒的数字（介于并包括 0~59 之间）
Time	返回当前的系统时间
Timer	返回自 12:00 AM（上）以来的秒数
TimeSerial	返回特定小时、分钟和秒的时间
TimeValue	返回时间
Weekday	返回代表一周天数的数字（介于并包括 1~7 之间）
WeekdayName	返回一周中指定一天的星期名
Year	返回代表年份的数字

（2）Conversion（转换）相关函数　具体的 Conversion 相关函数见表 4-8。

表 4-8　Conversion 相关函数

函数	描　述
Asc	把字符串中的首字母转换为 ANSI 字符代码
CBool	把表达式转换为布尔类型
CByte	把表达式转换为字节类型
CCur	把表达式转换为 Currency（货币）类型
CDate	把有效的日期和时间表达式转换为日期类型
CDbl	把表达式转换为 Double（双精度）类型
Chr	把指定的 ANSI 字符代码转换为字符
CInt	把表达式转换为 Integer（整数）类型
CLng	把表达式转换为 Long（长整型）类型
CSng	把表达式转换为 Single（单精度）类型
CStr	把表达式转换为 String（字符串）类型
Hex	返回指定数字的十六进制值
Oct	返回指定数字的八进制值

（3）Format（格式化）相关函数　具体的 Format 相关函数见表 4-9。

表 4-9　Format 相关函数

函数	描　述
FormatCurrency	返回作为货币值进行格式化的表达式
FormatDateTime	返回作为日期或时间进行格式化的表达式
FormatNumber	返回作为数字进行格式化的表达式
FormatPercent	返回作为百分数进行格式化的表达式

（4）数学相关函数　具体的数学相关函数见表 4-10。

表 4-10　数学相关函数

函数	描　述
Abs	返回指定数字的绝对值
Atn	返回指定数字的反正切值
Cos	返回指定数字（角度）的余弦值
Exp	返回 e（自然对数的底）的幂次方
Hex	返回指定数字的十六进制值
Int	返回指定数字的整数部分
Fix	返回指定数字的整数部分
Log	返回指定数字的自然对数
Oct	返回指定数字的八进制值
Rnd	返回小于 1 但大于或等于 0 的一个随机数
Sgn	返回可指示指定数字的符号的一个整数
Sin	返回指定数字（角度）的正弦值
Sqr	返回指定数字的二次方根
Tan	返回指定数字（角度）的正切值

（5）String 相关函数　具体的 String 相关函数见表 4-11。

表 4-11　String 相关函数

函数	描　　述
InStr	从字符串的第一个字符开始搜索，返回字符串在另一字符串中首次出现的位置
InStrRev	从字符串的最末字符开始搜索，返回字符串在另一字符串中首次出现的位置
LCase	把指定字符串转换为小写
Left	从字符串的左侧返回指定数量的字符
Len	返回字符串中的字符数量
LTrim	删除字符串左侧的空格
RTrim	删除字符串右侧的空格
Trim	删除字符串左侧和右侧的空格
Mid	从字符串中返回指定数量的字符
Replace	使用另一个字符串替换字符串指定部分的指定次数
Right	从字符串的右侧返回指定数量的字符
Space	返回由指定数量的空格组成的字符串
StrComp	比较两个字符串，返回代表比较结果的一个值
String	返回包含指定长度的重复字符的字符串
StrReverse	反转字符串
UCase	把指定的字符串转换为大写

（6）其他函数　其他函数见表 4-12。

表 4-12　其他函数

函数	描　　述
CreateObject	创建指定类型的对象
Eval	计算表达式，并返回结果
GetLocale	返回当前的 Locale ID（区域性标识符）
GetObject	返回对文件中 Automation（自动化）对象的引用
GetRef	允许将 VBScript 子程序连接到页面上的一个 DHTML（动态超文本标记语言）事件
InputBox	显示对话框，用户可以单击按钮，或在其中输入文本并单击按钮，然后返回内容
IsEmpty	返回一个布尔值，指示指定的变量是否已被初始化
IsNull	返回一个布尔值，指示指定的表达式是否包含 Null（无效数据）
IsNumeric	返回一个布尔值，指示指定的表达式是否可作为数字进行计算
IsObject	返回一个布尔值，指示指定的表达式是否是一个 Automation 对象
LoadPicture	返回一个图片对象（仅用于 32 位平台）
MsgBox	显示消息框，等待用户单击按钮，并返回一值指示用户单击了哪个按钮
RGB	返回一个表示 RGB 颜色值的数字
Round	对数字进行四舍五入
ScriptEngine	返回使用中的脚本语言

（续）

函数	描　　述
ScriptEngineBuildVersion	返回使用中的脚本引擎的内部版本号
ScriptEngineMajorVersion	返回使用中的脚本引擎的主版本号
ScriptEngineMinorVersion	返回使用中的脚本引擎的次版本号
SetLocale	设置 Locale ID，并返回之前的 Locale ID
TypeName	返回指定变量的子类型
VarType	返回指示变量子类型的值

2. VBScript 的数据类型

VBScript 只有一种数据类型 Variant。Variant 是一种特殊的数据类型，根据使用方式的不同，它可以包含不同类别的信息。因为 Variant 是 VBScript 中唯一的数据类型，所以它也是 VBScript 中所有函数返回值的数据类型。

（1）Variant　最简单的 Variant 可以包含数字或字符串信息。Variant 用于数字上下文中时被当作数字处理，用于字符串上下文中时被当作字符串处理。也就是说，若使用看起来像是数字的数据，则 VBScript 会假定其为数字并以适用于数字的方式处理。与此类似，若使用的数据只可能是字符串，则 VBScript 将按字符串处理。也可以将数字包含在引号中使其成为字符串。

（2）子类型　除简单数字或字符串以外，Variant 可以进一步区分数值信息的特定含义，如使用数值信息表示日期或时间。当此类数据与其他日期或时间数据一起使用时，结果也总是表示为日期或时间。从布尔值到浮点数，数值信息多种多样。Variant 包含的数值信息类型称为子类型。大多数情况下，可将所需的数据放进 Variant 中，而 Variant 也会按照最适用于这些数据的方式进行操作。

（3）类型描述

1）Empty：未初始化的 Variant。对于数值变量，值为 0；对于字符串变量，值为零长度字符串（""）。

2）Null：不包含任何有效数据的 Variant。

3）Boolean：True（真）或 False（假）。

4）Byte：0 ~ 255 之间的整数。

5）Integer：－32768 ~ 32767 之间的整数。

6）Currency：－922337203685477. 5808 ~ 922337203685477. 5807。

7）Long：－2147483648 ~ 2147483647 之间的整数。

8）Single：单精度浮点数，负数范围为 -3.402823×10^{38} ~ $-1.401298 \times 10^{-45}$，正数范围为 1.401298×10^{-45} ~ 3.402823×10^{38}。

9）Double：双精度浮点数，负数范围为 $-1.79769313486232 \times 10^{308}$ ~ $-4.94065645841247 \times 10^{-324}$，正数范围为 $4.94065645841247 \times 10^{-324}$ ~ $1.79769313486232 \times 10^{308}$。

10）Date（Time）：表示日期的数字，日期范围从 100 年 1 月 1 日到 9999 年 12 月 31 日。

11）String：变长字符串，最大长度可以达到 20 亿个字符。

12）Object：对象。

3. VBScript 的应用实例

在基于 Windows 系统的应用中，使用 VBScript 通过脚本实现业务逻辑的应用非常多，在以前的 iFIX 和众多的组态软件系统当中，VBScript 一直充当主要的实现业务逻辑工具。虽然现在可选择的路径非常多，但是在基于 Windows 系统的应用中，这种脚本工具还具有相当的实用性。

VBScript 可以解决以下问题：

1）数学计算问题。

2）基于应用事件驱动的业务逻辑问题。

3）基于定时事件驱动的业务逻辑问题。

4）基于 Windows 内核的众多应用接入，如 Office、COM 等。

4.2.3 JavaScript

JavaScript 最初由 Netscape（网景）通信公司的 Brendan Eich（布兰登·艾奇）设计，并将其命名为 LiveScript，后来 Netscape 通信公司在与 Sun 公司合作之后将其改名为 JavaScript。JavaScript 是受 Java 启发而开始设计，其设计目的之一就是"看上去像 Java"，因此两者在语法上有相似之处，JavaScript 的一些名称和命名规范也源自 Java，但 JavaScript 的主要设计原则源自 Self 和 Scheme。JavaScript 与 Java 名称上的近似，是当时 Netscape 通信公司为了营销考虑与 Sun 公司达成协议的结果。同时期微软也推出了 JScript 来"迎战"JavaScript 的脚本语言。

在两种语言共存的时代，程序员需要写两套程序。这时 ECMA（欧洲计算机制造协会）根据 JavaScript 制定了 ECMA-262 标准，称为 ECMA-Script。

JavaScript 是一种属于网络的高级脚本语言，已经被广泛用于 Web（万维网）应用开发，常用来为网页添加各式各样的动态功能，为用户提供更流畅、美观的浏览效果。

JavaScript 脚本一般通过嵌入在 HTML 中来实现自身的功能，是一种解释性脚本语言（代码不进行预编译）。它主要用于向 HTML 页面添加交互行为，可以直接嵌入 HTML 页面，但写成单独的 js 文件有利于结构和行为的分离。

JavaScript 具有跨平台特性，在绝大多数浏览器的支持下，可以在多种平台（如 Windows、Linux、Mac、Android 和 iOS 等）下运行。

JavaScript 脚本语言同其他语言一样，有由它自身的基本数据类型、表达式、算术运算符和程序构成的基本程序框架。JavaScript 提供了四种基本数据类型和两种特殊数据类型，用于处理数据和文字。其变量提供存放信息的地方，表达式可以完成较复杂的信息处理。

这里要区分 JSP 和 JS 两个概念，它们是两个不同的概念，JSP 表示 JavaServer Pages（隶属 Java），JS 表示 JavaScript。

1. JavaScript 的函数

（1）常用函数 具体的常用函数见表 4-13。

（2）数组函数 具体的数组函数见表 4-14。

（3）日期函数 具体的日期函数见表 4-15。

表 4-13　常用函数

函数	描　述
alert	显示一个警告对话框，包括一个 OK 按钮
confirm	显示一个确认对话框，包括 OK、Cancel 按钮
escape	将字符转换成 Unicode（统一码）
eval	计算表达式的结果
isNaN	测试是（True）否（False）不是一个数字
parseFloat	将字符串转换成符点数
parseInt	将字符串转换成整数（可指定几进制）
prompt	显示一个输入对话框，提示等待用户输入
unescape	解码由 escape 函数编码的字符

表 4-14　数组函数

函数	描　述
join	转换并将数组中的所有元素连接为一个字符串
length	返回数组的长度
reverse	将数组元素的顺序颠倒
sort	将数组元素重新排序

表 4-15　日期函数

函数	描　述
getDate	返回日期的日部分，值为 1~31
getDay	返回日期的星期部分，值为 0~6，其中 0 表示星期日，1 表示星期一，…，6 表示星期六
getHouse	返回日期的小时部分，值为 0~23
getMinutes	返回日期的分钟部分，值为 0~59
getMonth	返回日期的月部分，值为 0~11，其中 0 表示 1 月，2 表示 3 月，…，11 表示 12 月
getSeconds	返回日期的秒部分，值为 0~59
getTime	返回系统时间
getTimezoneOffset	返回此地区的时差［当地时间与 GMT（格林尼治标准时）的时差］，单位为分钟
getYear	返回日期的年部分，返回值以 1900 年为基数，如 99 表示 1999 年
parse	返回从 1970 年 1 月 1 日 0 时整算起的毫秒数（当地时间）
setDate	设定日期的日部分，值为 0~31
setHours	设定日期的小时部分，值为 0~23
setMinutes	设定日期的分钟部分，值为 0~59
setMonth	设定日期的月部分，值为 0~11，其中 0 表示 1 月，…，11 表示 12 月
setSeconds	设定日期的秒部分，值为 0~59
setTime	设定时间，值为从 1970 年 1 月 1 日 0 时整算起的毫秒数
setYear	设定日期的年部分
toGMTString	将日期转换为字符串，为 GMT
setLocaleString	将日期转换为字符串，为当地时间
UTC	返回从 1970 年 1 月 1 日 0 时整算起的毫秒数，以 GMT 计算

（4）数学函数　具体的数学函数见表4-16。

表4-16　数学函数

函数	描　　述
abs（即 Math. abs，以下同）	返回一个数字的绝对值
acos	返回一个数字的反余弦值，结果为 $0 \sim \pi$
asin	返回一个数字的反正弦值，结果为 $-\pi/2 \sim \pi/2$
atan	返回一个数字的反正切值，结果为 $-\pi/2 \sim \pi/2$
atan2	返回一个坐标的极坐标角度值
ceil	返回一个数字的最小整数值（大于或等于）
cos	返回一个数字的余弦值，结果为 $-1 \sim 1$
exp	返回自然对数（e）的乘方值
floor	返回一个数字的最大整数值（小于或等于）
log	自然对数函数，返回一个数字的自然对数值
max	返回两个数中的最大值
min	返回两个数中的最小值
pow	返回一个数字的乘方值
random	返回一个 $0 \sim 1$ 范围内的随机数值
round	返回一个数字的四舍五入值，类型是整数
sin	返回一个数字的正弦值，结果为 $-1 \sim 1$
sqrt	返回一个数字的二次方根值
tan	返回一个数字的正切值

（5）字符串函数　具体的字符串函数见表4-17。

表4-17　字符串函数

函数	描　　述
anchor	产生一个链接点（anchor）用作超级链接。anchor 函数设定链接点的名称，link 函数设定 URL（统一资源定位符）地址
big	将字体加大一号，与标签结果相同
blink	使字符串闪烁，与标签结果相同
bold	使字体加粗，与标签结果相同
charAt	返回字符串中指定的某个字符
fixed	将字体设定为固定宽度字体，与标签结果相同
fontcolor	设定字体颜色，与标签结果相同
fontsize	设定字体大小，与标签结果相同
indexOf	从左边开始查找，返回字符串中第一个查找到的下标索引（index）
italics	使字体成为斜体字，与标签结果相同
lastIndexOf	从右边开始查找，返回字符串中第一个查找到的下标索引
length	返回字符串的长度（不用带括号）

（续）

函数	描　　述
link	产生一个超级链接，相当于设定的 URL 地址
small	将字体减小一号，与标签结果相同
strike	在文本的中间加一条横线，与标签结果相同
sub	显示字符串为下标（subscript）
substring	返回字符串中指定的几个字符
sup	显示字符串为上标（superscript）
toLowerCase	将字符串转换为小写
toUpperCase	将字符串转换为大写
trim	去掉字符串的前后空格

2. JavaScript 的数据类型

JavaScript 有九种数据类型，分别为 Undefined、Null、Boolean、Number、String、Symbol（符号）、Object、Array（数组）和 Function（函数）。

1）Undefined：Undefined 类型只有一个值，即特殊值 Undefined。当使用 var 声明变量，但未对其加以初始化时，这个变量值就是 Undefined。

2）Null：Null 类型是第二个只有一个值的数据类型，其特殊值就是 Null。从逻辑角度上看，Null 是一个空的对象指针，而这也正是使用 typeof 操作符检测 Null 值，会返回 object 的原因。

3）Boolean：即布尔类型，该类型有两个值：true 和 false。需要注意的是，Boolean 类型的字面值 true 和 false 是区分大小写的。也就是说，True 和 False 及其他混合大小写形式都不是 Boolean 值，只是标识符。

4）Number：Number 类型的表示方法有两种形式，第一种为整数，第二种为浮点数。整数可以通过十进制、八进制或十六进制的字面值表示。浮点数就是该数值中必须包含一个小数点，且小数点后必须有一位数字。

5）String：String 类型用于表示由 0 或多个 16 位的 Unicode 字符组成的字符序列，即字符串。至于用单引号还是双引号，在 JavaScript 中没有差别，只需要成对出现。

6）Symbol：Symbol 类型是 ECMA-Script 第 6 版新定义的。Symbol 类型是唯一且不可修改的，Symbol 函数前不能使用 new 命令，否则会报错。这是因为 Symbol 设计的初衷就是生成一个原始类型的值，而不是对象，所以不能使用 new 命令调用。Symbol（）函数可以用一个字符串作为参数，表示对 Symbol 实例的描述，这主要是为了在控制台显示，或者转为字符串时比较容易区分。

7）Object：Object 类型即对象，是一组数据和函数（功能）的集合。可以用 new 操作符后加要创建的对象类型的名称来创建，也可以用字面量表示法创建，并在其中添加不同名（包含空字符串在内的任意字符串）的属性。

8）Array：JavaScript 数组用方括号书写，数组的项目由逗号分隔。

9）Function：ECMA-Script 中的函数是对象，与其他引用类型一样具有属性和方法。因此，函数名实际是一个指向函数对象的指针。

3. JavaScript 的应用实例

在大多基于 Web 的系统应用中，使用 JavaScript 脚本语言来实现业务逻辑和数据表达的应用非常多，在众多的可视化、数字孪生、BI 分析中，JavaScript 一直充当主要的实现业务逻辑的工具，而且可以对产生的数据进行完美的动态展示。

JavaScript 可以解决的问题如下：

1）数学计算问题。

2）边缘计算和云计算的数据展示和可视化系统。

3）将第三方的数字孪生系统动态的接入到应用中。

4）利用 AJAX（异步的 JavaScript 和 XML）技术异步采集数据并进行相应处理。

4.2.4 Python 脚本

Python 由荷兰数学和计算机科学研究学会的吉多·范罗苏姆于 20 世纪 90 年代初设计，作为 ABC 语言的替代品。Python 提供了高效的高级数据结构，还能简单有效地面向对象编程。Python 的语法、动态类型和解释型语言的本质，使它成为多数平台上写脚本和快速开发应用的编程语言，随着版本的不断更新和语言新功能的添加，Python 逐渐被用于独立大型项目的开发。

Python 解释器易于扩展，可以使用 C 或 C++语言（或者其他可以通过 C 调用的语言）扩展新的功能和数据类型。Python 也可用于可定制化软件中的扩展程序语言。Python 丰富的标准库，提供了适用于各个主要系统平台的源码或机器码。

1. Python 优点

1）简单：Python 是一种代表简单主义思想的语言。阅读一个良好的 Python 程序就感觉像在读英语一样，它使你能够专注于解决问题而不是去搞明白语言本身。

2）易学：Python 极其容易上手，因为 Python 有极其简单的说明文档。

3）易读、易维护：Python 程序风格清晰划一，强制缩进。

4）速度较快：Python 的底层是用 C 语言写的，很多标准库和第三方库也都是用 C 语言写的，运行速度非常快。

5）免费、开源：Python 是 FLOSS（自由/开放源码软件）之一。使用者可以自由地发布这个软件的拷贝、阅读它的源代码、对它做改动或把它的一部分用于新的自由软件中。FLOSS 是基于团体分享知识的概念。

6）高层语言：用 Python 语言编写程序时无须考虑如何管理程序使用的内存等底层细节。

7）可移植性：由于 Python 的开源本质，它已经被移植在许多平台上（经过改动使它能够工作在不同平台上）。这些平台包括 Linux、Windows、FreeBSD、Macintosh、Solaris、OS/2、Amiga、AROS、AS/400、BeOS、OS/390、z/OS、Palm OS、QNX、VMS、Psion、RISC OS、VxWorks、PlayStation、Sharp Zaurus、Windows CE、Pocket PC、Symbian（塞班）和 Google 基于 Linux 开发的 Android 平台。

8）解释性：一个用编译性语言如 C 或 C++语言写的程序可以将源文件（即 C 或 C++语言）转换为用户计算机使用的语言（二进制代码，即 0 和 1），这个过程通过编译器和不同的标记、选项完成。

9）可扩展性、可扩充性：如果希望一段关键代码运行得更快或者某些算法不公开，可以用 C 或 C＋＋语言编写这部分程序，然后在 Python 程序中使用它们。

10）可嵌入性：Python 可以被嵌入 C 或 C＋＋程序，从而向程序用户提供脚本功能。

11）丰富的库：Python 的标准库很庞大，它可以帮助处理各种工作，包括正则表达式、文档生成、单元测试、线程、数据库、网页浏览器、CGI（通用网关接口）、FTP、电子邮件、XML、XML-RPC（XML 远程过程调用）、HTML、WAV（波形音频文件格式）文件、密码系统、GUI（图形用户界面）、Tkinter 和其他与系统有关的操作。这被称作 Python 的"功能齐全"理念。除了标准库以外，Python 还有许多其他高质量的库，如 wxPython、Twisted 和 Python 图像库等。

12）规范的代码：Python 采用强制缩进的方式使代码具有较好的可读性。

2. Python 缺点

1）单行语句和命令行输出问题：很多时候 Python 程序不能连写成一行，如 import sys；for i in sys. path：print i。而 Perl 和 Awk 就无此限制，可以较为方便的在 Shell 下完成简单程序，不需要像 Python 一样，必须将程序写入一个 py 文件。

2）给初学者带来困惑：Python 独特的语法可能不应该被称为局限，但是它用缩进来区分语句关系的方式还是给很多初学者带来了困惑，即便是很有经验的 Python 程序员，也可能陷入陷阱当中。

3）运行速度慢：与 C 和 C＋＋语言相比，Python 的运行速度较慢。Python 开发人员应尽量避免不成熟或者不重要的优化。一些针对非重要部位的加快运行速度的补丁通常不会被合并到 Python 内，所以很多人认为 Python 很慢。但是根据二八定律，大多数程序对速度要求不高。在某些对运行速度要求很高的情况，Python 开发人员倾向于使用 JIT（即时编译）技术，或者用使用 C 或 C＋＋语言改写这部分程序。可用的 JIT 技术是 PyPy。

3. Python 的数据类型

Python 采用动态类型系统。在进行编译时，Python 不会检查对象是否拥有被调用的方法或者属性，而是直接运行，在运行时才进行检查。所以操作对象时可能会出现异常。不过，即使 Python 采用动态类型系统，它也是强类型的。Python 禁止没有明确定义的操作，如数字加字符串。

与其他面向对象语言一样，Python 允许程序员定义类型，构造一个对象只需要像函数一样调用类型即可。例如，对于前面定义的 Fish 类型使用 Fish（）。类型本身也是特殊类型 type 的对象（type 类型本身也是 type 对象），这种特殊的设计允许程序员对类型进行反射编程。

Python 内置丰富的数据类型。与 Java、C＋＋相比，这些数据类型可以有效减少代码的长度。Python 内置数据类型（适用于 Python 3. x）具体见表 4-18。

表 4-18　**Python 内置数据类型**

数据类型	描述	例子	备注
str（string，字符串）	一个由字符组成的不可更改的有序串行	""" Spanning multiple lines"""	在 Python 3. x 里，字符串由 Unicode 字符组成

（续）

数据类型	描述	例子	备注
bytes	一个由字节组成的不可更改的有序串行	b'Some ASCII' b" Some ASCII"	在 Python 2. x 里，字节为字符串的一种
list（列表）	可以包含多种类型可改变的有序串行	[4. 0,'string',True]	无
tuple（元组）	可以包含多种类型不可改变的有序串行	(4. 0,'string',True)	无
set、frozenset	与数学中集合的概念类似。元素是无序的，且每个元素都是唯一的	{4. 0,'string',True} frozenset([4. 0,'string',True])	无
dict（字典）	一个可改变的由键值对组成的无序串行	{'key1':1. 0,3:False}	无
int	精度不限的整数	42	无
float	浮点数，精度与系统相关	3. 1415927	无
complex	复数	3 + 2. 7j	无
bool	逻辑值，只有两个值：True（真）、False（假）	True False	无
builtin_ function_ or_ method	自带的函数，不可更改且不可增加	print input	无
type（类型）	显示某个值的类型，用 type（x）获得	type(1) - > int type('1') - > str	无
range	按顺序排列的数	range(10) ……list(range(10)) - >[0,1,2,3,4,5,6,7,8,9]	在 Python 2. x 中，range 为 builtin_function_or_method，获得的数为列表

4. Python 的常用函数

（1）数学运算类函数　具体的数学运算类函数见表4-19。

表4-19　数学运算类函数

函数	描述
abs(x)	求绝对值 1）参数可以是整型，也可以是复数 2）若参数是复数，则返回复数的模
complex([real[,imag]])	创建一个复数
divmod(a,b)	分别取商和余数，整型、浮点型都可以
float([x])	将一个字符串或数字转换为浮点数。如果无参数将返回0.0
int([x[,base]])	将一个字符转换为整数，base 表示进制
long([x[,base]])	将一个字符转换为长整型

（续）

函数	描 述
pow(x,y[,z])	返回 x 的 y 次幂
range([start],stop[,step])	产生一个序列，默认从 0 开始
round(x[,n])	四舍五入
sum(iterable[,start])	对集合求和
oct(x)	将一个数字转化为八进制
hex(x)	将整数 x 转换为十六进制字符串
chr(i)	返回整数 i 对应的 ASCII 字符
bin(x)	将整数 x 转换为二进制字符串
bool([x])	将 x 转换为布尔类型

（2）集合类操作函数　具体的集合类操作函数见表 4-20。

表 4-20　集合类操作函数

函数	描 述
basestring()	字符串和 Unicode 的超类 不能直接调用，可以用作 isinstanee 判断
format(value[,format_spec])	格式化输出字符串 格式化的参数顺序从 0 开始，如 "I am {0}, I like {1}"
uni chr(i)	返回给定整数类型的 unicode
enumerate(sequence[,start = 0])	返回一个可枚举的对象，该对象的 next() 方法将返回一个元组
iter(o[,sentinel])	生成一个对象的迭代器，第二个参数表示分隔符
max(iterable[,args...][key])	返回集合中的最大值
min(iterable[,args...][key])	返回集合中的最小值
dict()	创建数据字典
list([iterable])	将一个集合类转换为另外一个集合类
set()	set 对象实例化
froze nset([iterable])	产生一个不可变的 set
str([object])	转换为字符串
sorted(iterable[,cmp[,key[,reverse]]])	队集合排序
tuple([iterable])	生成一个元组
xrange([start],stop[,step])	xrange() 函数与 range() 类似，但 xrnage() 并不创建列表，而是返回一个 xrange 对象，它的行为与列表相似，但是只在需要时才计算列表值，当列表很大时，这个特性能可以节省内存

（3）逻辑判断函数　具体的逻辑判断函数见表 4-21。

表 4-21 逻辑判断函数

函数	描 述
all(iterable)	1）集合中元素都为真时为真 2）特别地，若为空串则返回 True
any(iterable)	1）集合中元素有一个为真时为真 2）特别地，若为空串则返回 False
cmp(x,y)	若 x < y，则返回负数；若 x = y，则返回 0；若 x > y，则返回正数

（4）反射相关函数 具体的反射相关函数见表 4-22。

表 4-22 反射相关函数

函数	描 述
callable(object)	检查对象是否可调用 1）类可以被调用 2）实例不可以被调用，除非类中声明了 call 方法
classmethod()	注解，用来说明这个方式是个类方法 ① 类方法既可被类调用，也可以被实例调用 ② 类方法类似于 Java 中的 static（静态）方法 ③ 类方法中不需要有 self 参数
compile(source,filename, mode[,flags[,dont_inherit]])	将 source 编译为代码或者 AST（抽象语法树）对象。代码对象能够通过 exec（）语句执行或者利用 eval（）进行求值 1）参数 source：字符串或者 AST 对象 2）参数 filename：代码文件名称，若不是从文件读取代码，则传递一些可辨认的值 3）参数 mode：指定编译代码的种类，可以指定为 exec、eval、single 4）参数 flags 和 dont inherit：这两个参数暂不介绍
dir([object])	1）不带参数时，返回当前范围内的变量、方法和定义的类型列表 2）带参数时，返回参数的属性、方法列表 3）如果参数包含方法_dir_()，该方法将被调用 4）如果参数不包含_dir_()，该方法将最大限度地收集参数信息
delattr(object,name)	删除对象名为 name 的属性
eval(expression [,globals [,locals]])	计算表达式的值
execfile(filename [,globals [,locals]])	用法类似于 exec（），不同的是 execfile（）的参数 filename 为文件名，而 exec（）的参数为字符串
filter(function,iterable)	构造一个序列，等价于［item for item in iterable if function（item）］ 1）参数 function：返回值为 True 或 False 的函数，可以为 None 2）参数 iterable：序列或可迭代对象
getattr(object,name[,defalut])	获取一个类的属性
globals()	返回一个描述当前全局符号表的字典

（续）

函数	描　　述
hasattr（object，name）	判断对象是否包含名为 name 的特性
hash（object）	若对象为哈希（Hash）表类型，则返回对象的哈希值
id（object）	返回对象的唯一标识
isinstance（object，classinfo）	判断对象是否是 classinfo 的实例
issubclass（class，classinfo）	判断类是否是 classinfo 的子类
len（s）	返回集合长度
locals（）	返回当前的变量列表
map（function，iterable，...）	遍历每个元素，执行函数操作
memoryview（obj）	返回一个内存镜像类型的对象
next（iterator［，default］）	类似于 iterator. next（）
object（）	基类
property（［fget［，fset ［，fdel［，doc］］］］）	属性访问的包装类，设置后可以通过 c. x = value 等访问 Setter（访问器）和 Getter（修改器）
reduce（function，iterable ［，initializer］）	累积操作。reduce（）接受一个函数和一个可迭代对象作为参数，并返回一个单个的累积结果
reload（module）	重新加载模块
setattr（object，name，value）	设置属性值
repr（object）	将一个对象变换为可打印的格式
slice（）	从数组或字符串中返回选定的元素或字符串
staticmethod	注解，用于声明静态方法
super（type［，object-or-type］）	引用父类
type（object）	返回对象的类型
vars（［object］）	返回对象的变量。若无参数，则与 dict（）方法类似
bytearray（［source［，encoding ［，errors］］］）	返回一个字节数组 1）若 source 为整数，则返回一个长度为 source 的初始化数组 2）若 source 为字符串，则按照指定的编码（encoding）将字符串转换为字节序列 3）若 source 为可迭代类型，则元素必须为［0，255］中的整数 4）若 source 为与缓冲器（buffer）接口一致的对象，则此对象也可以被用于初始化 bytearray（）
zip（［iterable，...］）	内建函数。接受一系列可迭代对象作为参数，将对象中对应的元素打包成一个元组，返回这些元组组成的列表

（5）IO 操作函数　具体的 IO 操作函数见表 4-23。

表 4-23 IO 操作函数

函数	描述
file(filename [, mode [, bufsize]])	file 类型的构造函数，作用为打开一个文件，当文件不存在且模式（mode）为写或追加时，文件将被创建。添加"b"到参数 mode 中，将对文件以二进制形式对文件进行操作；添加"＋"到参数 mode 中，将允许对文件同时进行读写操作 1）参数 filename：文件名称 2）参数 mode：r（读）、w（写）、a（追加） 3）参数 bufsize：若为 0，则表示不进行缓冲；若为 1，则表示进行缓冲；若为一个大于 1 的数，则表示缓冲区的大小
input([prompt])	获取用户输入
open(name [, mode[, buffering]])	打开文件，创建一个 file 对象
print	打印函数
raw input([prompt])	设置输入，输入都是作为字符串处理。推荐使用 raw input（），因为该函数将不会捕获用户的错误输入

5. Python 的标准库

Python 拥有一个强大的标准库。Python 语言的核心只包含数字、字符串、列表、字典和文件等常见类型和函数，而 Python 标准库提供了系统管理、网络通信、文本处理、数据库接口、图形系统和 XML 处理等额外的功能。Python 标准库命名接口清晰、文档良好，很容易学习和使用。

Python 社区提供了大量的第三方模块，使用方式与标准库类似。它们的功能无所不包，覆盖科学计算、Web 开发、数据库接口和图形系统多个领域，并且大多成熟而稳定。第三方模块可以使用 Python 或 C 语言编写。SWIG、SIP 常用于将 C 语言编写的程序库转化为 Python 模块。Boost 库包含了一组 Boost. Python 库，使得用 Python 或 C＋＋语言编写的程序能互相调用。借助于标准库的大量工具，而且能够使用低级语言如 C 语言和可以作为其他库接口的 C＋＋，Python 已成为一种强大的应用于其他语言与工具之间的胶水语言。

Python 标准库的主要功能如下：

1）文本处理：包含文本格式化、正则表达式匹配、文本差异计算与合并、Unicode 支持和二进制数据处理等功能。

2）文件处理：包含文件操作、临时文件创建、文件压缩与归档和配置文件操作等功能。

3）操作系统功能：包含线程与进程支持、IO 复用、日期与时间处理、调用系统函数和写日记（Logging）等功能。

4）网络通信：包含网络套接字、SSL 加密通信和异步网络通信等功能，其中网络协议支持 HTTP、FTP、SMTP（简单邮件传送协议）、POP（邮局协议）、IMAP（互联网消息访问协议）、NNTP（网络新闻传送协议）和 XML-RPC 等多种网络协议，并提供了编写网络服务器的框架。

5）W3C（万维网联盟）格式支持：包含 HTML、SGML（标准通用标记语言）和 XML 的处理。

6）其他功能：包括国际化支持、数学运算、哈希和 Tkinter 等。

6. Python 的应用实践

1）做日常任务。如下载视频、MP3、自动化操作 Excel 以及自动发邮件。

2）做网站开发。许多大型网站如 YouTube、Instagram 和国内的豆瓣等，就是用 Python 开发的。很多大公司如 Google、Yahoo（雅虎）等，甚至 NASA（美国国家航空航天局）都大量使用 Python 进行网站开发。

3）做网络游戏的后台。很多在线游戏的后台都是用 Python 开发的。

4）系统网络运维。Linux 运维工程师必须掌握 Python 语言。Python 可以满足 Linux 运维工程师的工作需求，并提升其工作效率，还可以用于独立开发一个完整的自动化系统。

5）3D 游戏开发。Python 也可以用来做游戏开发，因为它有很好的 3D 渲染库和游戏开发框架，目前有很多使用 Python 开发的游戏，如迪士尼卡通城、黑暗之刃等。

6）人工智能。人工智能是一门极富挑战性的科学，从事这项工作的人必须同时懂得计算机、心理学和哲学。人工智能是内容十分广泛的科学，它由不同的领域如机器学习、计算机视觉等组成，人工智能研究的一个主要目标是使机器能够胜任一些通常只有人类才能完成的复杂工作。Python 语言对于人工智能来说是最好的语言。目前好多人都开始学习人工智能和 Python。

7）网络爬虫。爬虫属于运营比较多的一个场景，如 Google 的爬虫早期就是用 Python 写的，其中有一个库叫 Requests，这是一个模拟 HTTP 请求的库。爬取后的数据分析与计算是 Python 最为擅长的领域，使用 Python 非常容易整合。目前基于 Python 比较流行的网络爬虫框架是功能非常强大的 Scrapy。

8）数据分析。大数据的时代来临，数据可以说明一切问题的原因，Python 语言成为数据分析师的第一首选。一般用爬虫得到大量的数据后，需要处理数据用于分析。Python 中关于数据分析的库是非常丰富的，方便做出各种图形分析图。例如，可视化库 Seaborn 能够对一两行数据进行绘图，而利用 Pandas、NumPy 和 SciPy 则可以简单地对大量数据进行筛选、回归等计算。在后续复杂计算中，对接机器学习相关算法、提供 Web 访问接口以及实现远程调用接口，都非常简单。

4.2.5 Lua 脚本

Lua 是一种轻量小巧的脚本语言，它用标准 C 语言编写并以源代码形式开放，其设计目的是为了嵌入应用程序中，从而为应用程序提供灵活的扩展和定制功能。

Lua 由里约热内卢天主教大学的一个研究小组于 1993 年开发，该小组成员有 Roberto Ierusalimschy、Waldemar Celes 和 Luiz Henrique de Figueiredo。

1. Lua 的特性

1）轻量级：Lua 编译后仅一百余 KB，便于嵌入别的程序中。

2）可扩展：Lua 提供了非常易于使用的扩展接口和机制，这些功能由宿主语言（通常是 C 或 C++语言）提供，Lua 可以将它们当作内置功能使用。同时，Lua 支持面向过程（Procedure-Oriented）编程和函数式编程（Functional Programming）。

3）自动内存管理：Lua 只提供一种通用类型的表，可以用它实现数组、哈希表、集合和对象。

4）语言内置模式匹配：闭包；函数也可以看作一个值；提供多线程（协同进程，并非操作系统所支持的线程）支持；通过闭包和表可以很方便地支持面向对象编程所需要的一些关键机制。

2. Lua 的函数

（1）常用函数　具体的常用函数见表4-24。

表4-24　常用函数

函数	描　　　述
assert（value）	检查一个值是否为非 nil，若不是，则显示对话框以及输出错误调试信息
collectgarbage（）	垃圾收集器
date（format，time）	返回当前用户机器上的时间
error（"error message"，level）	发生错误时，输出一条定义的错误信息，并使用 pcall（）捕捉错误
gcinfo（）	返回使用中插件内存的占用量（单位为 KB）和当前垃圾收集器的使用量（单位为 KB）
getfenv（function or integer）	返回此表已获取函数的堆栈结构或堆栈等级
getmetatable（obj，metatable）	获取当前的元表或用户数据对象
loadstring（"Lua code"）	分析字符串中的 Lua 代码块并将结果作为一个函数返回
next（table，index）	遍历表的元素
pcall（func，arg1，arg2，…）	受保护调用。执行函数内容，同时捕获所有的异常和错误
select（index，list）	返回选择此列表中的商品数值或此件物品在列表中的索引值
setfenv（function or integer，table）	设置此表已获取函数的堆栈结构或堆栈等级
setmetatable（obj，metatable）	设置当前表的元表或用户数据对象
time（table）	存储时间序列数据
type（var）	判断当前变量的类型，为数字、字符串、表、函数或用户数据
unpack（table）	解压一个表，返回当前表中的所有值
xpcall（func，err）	返回一个布尔值，指示成功执行的函数和调用失败的错误信息，另外运行函数或错误的返回值

（2）数学函数　具体的数学函数见表4-25。

表4-25　数学函数

函数	描　　　述
abs（value）	返回此值的绝对值
acos（value）	返回此角度值的弧余弦值
asin（value）	返回此角度值的弧正弦值
atan（value）	返回此角度值的弧正切值
atan2（y，x）	在角度中，返回 y/x 的弧正切值
ceil（value）	返回一个整数，不管小数点后面是多少，整数部分都进1
cos（degrees）	返回此角度的余弦值
deg（radians）	将弧度转换为角度
exp（value）	返回此值的指数值
floor（value）	返回此值的整数值
frexp（num）	返回当前数字中小数点后的数值和小数点后的位数

（续）

函数	描　述
ldexp(value, 倍数)	输出此值的倍数值
log(value)	返回此值的自然对数
log10(value)	返回以10为底数的值
max(value[, values...])	查找最大值
min(value[, values...])	查找最小值
mod(value, modulus)	返回此值的余数
rad(degrees)	将角度转换为弧度
random([[lower,] upper])	返回一个随机数字（可选界限为整数值）
randomseed(seed)	为伪随机数字生成器设定种子
sin(degrees)	返回此角度的正弦值
sqrt(value)	返回此值的二次方根值（例如100的二次方根为10）
tan(degrees)	返回此角度的正切值

（3）字符串库函数　具体的字符串库函数见表4-26。

表4-26　字符串库函数

函数	描　述
format(formatstring[, value[,...]])	格式化字符串
gsub(string, pattern, replacement[, limitCount])	全局替换
byte(string[, index])	将字符串转换为整数（可以指定某个字符）
char(asciiCode[,...])	将整数转换为相对应的字符
find(string, pattern[, initpos[, plain]])	在一个指定的目标字符串中搜索指定的内容（第三个参数为索引），返回其具体位置
len(string)	返回当前字符串的字符数
lower(string)	将字符串的字母转换为小写格式
match(string, pattern[, initpos])	与字符串查找函数 strfind() 不同的是，macth() 返回的是具体值，而 strfind() 返回的是此值的位置
rep(seed, count)	返回一个字符串种子副本的个数
sub(string, index[, endIndex])	返回字符串指定位置的值
upper(string)	将字符串的字母转为大写格式
tonumber(arg[, base])	若参数能转为数字则返回一个数值。可以指定转换的类型，默认为十进制整数
tostring(arg)	将参数转换为字符串
trim(string)	去除字符串前后空格
split(delimiter, string)	分割字符串
join(delimiter, string, string[,...])	根据定界符将字符串连接起来

（4）表函数　具体的表函数见表4-27。

表4-27 表函数

函数	描述
foreach(table,function)	表中每个元素执行的函数
foreachi(table,function)	表中每个元素执行的函数，按顺序访问［不推荐，可以使用 ipairs（）代替］
getn(table)	当作为一个链表时，返回当前表的大小 此函数已经废弃，可以直接用"#（table）"代替"table. getn（table）"
ipairs(table)	返回一个迭代型整数遍历表
pairs(table)	返回一个迭代遍历表
sort(table[,comp])	对一个数组进行排序，还可以指定一个可选的次序函数
insert(table[,pos],value)	将一个元素插入指定的位置（默认在表的最后）
remove(table[,pos])	删除指定位置的元素（默认为表中最后一个元素）
bit. bnot(a)	返回一个 a 的补充
bit. band(w1,...)	返回 w 的位与
bit. bor(w1,...)	返回 w 的位或
bit. bxor(w1,...)	返回 w 的位异或
bit. lshift(a,b)	返回 a 向左偏移到 b 位
bit. rshift(a,b)	返回 a 向右偏移到 b 位
bit. arshift(a,b)	返回 a 算术偏移到 b 位
bit. mod(a,b)	返回 a 除以 b 的整数余数

3. Lua 的数据类型

Lua 是动态类型语言，变量不需要类型定义，只需要赋值。值可以存储在变量中，作为参数传递或结果返回。

Lua 的八个基本数据类型分别为 nil、boolean、number、string、function、userdata、thread（线路）和 table，具体见表4-28。

表4-28 Lua 的八个基本数据类型

数据类型	描述
nil	这个最简单，只有值 nil 属于该类，表示一个无效值（在条件表达式中相当于 false）
boolean	包含两个值：false 和 true
number	表示双精度类型的实浮点数
string	字符串用一对双引号或单引号表示
function	由 C 语言或 Lua 编写的函数
userdata	表示任意存储在变量中的 C 语言数据结构
thread	表示执行的独立线路，用于执行协同程序
table	Lua 中的表其实是一个关联数组（Associative Arrays），数组的索引可以是数字、字符串或表类型。在 Lua 里，表的创建通过构造表达式完成，最简单构造表达式是 ¦¦，用来创建一个空表

4. Lua 的应用实践

Lua 的解释器是预编译性质的，明显比其他脚本语言快许多（速度是 JavaScript、Perl 等的几倍到十倍），所以 Lua 脚本语言在性能上的劣势相对较小。

Lua 常用的应用场景如下：

1）做网络游戏的后台：很多在线游戏的后台都是用 Lua 开发的。

2）系统网络运维：Linux 运维工程师必须掌握 Lua 语言，Lua 可以满足 Linux 运维工程师的工作需求，并提升其工作效率，还可以用于独立开发一个完整的自动化系统。

3）3D 游戏开发脚本：Lua 因具有简单明了、功能强大等特点，常被作为游戏后台的脚本语言。

4）科学与数字计算系统和边缘计算网关应用等。

5）独立应用脚本。

6）Web 应用脚本。

7）扩展和数据库插件：如 MySQL Proxy 和 MySQL WorkBench。

8）安全系统：如入侵检测系统。

4.3 基于 Linux 系统的核心开发技术

基于 Linux 系统的核心开发技术包括以下十种，本节介绍前六种。

1）I/O 优化：零拷贝技术。

2）I/O 优化：多路复用技术。

3）线程池技术。

4）无锁编程技术。

5）进程间通信技术。

6）RPC 和序列化技术。

7）数据库索引技术。

8）缓存技术：布隆过滤器。

9）全文搜索技术。

10）负载均衡技术。

4.3.1 零拷贝技术

主线程进入一个循环，等待连接；来一个连接就启动一个工作线程进行处理；工作线程中，等待对方请求，然后从磁盘读文件、往套接口发数据。这段工作线程，从磁盘读文件，再通过网络发送数据，数据从磁盘到网络需要拷贝四次，其中需要 CPU 亲自搬运两次。通用 I/O 操作流程具体如图 4-11 所示。

在图 4-11 所示的过程中发生了四次拷贝操作：磁盘（I/O 设备）→读缓冲区（内核）→用户缓冲区（应用程序）→套接字缓冲区（内核）→网络（I/O 设备）。

零拷贝技术解放了 CPU，文件数据直接从内核发送出去，无须再拷贝到应用程序，造成资源浪费。零拷贝 I/O 操作流程具体如图 4-12 所示。

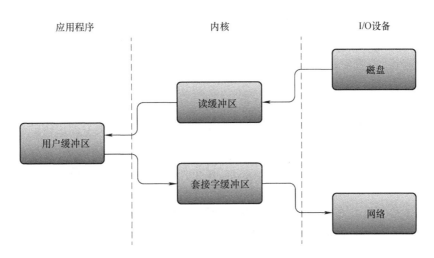

图 4-11　通用 I/O 操作流程

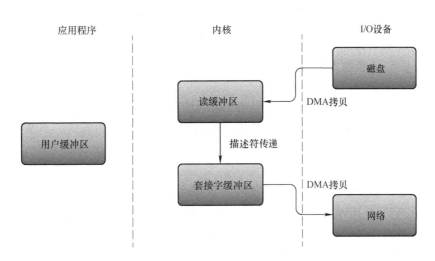

图 4-12　零拷贝 I/O 操作流程

零拷贝技术代码如下。

```
ssize_t sendfile(
    int out_fd,
    int in_fd,
    off_t * offset,
    size_t count
);
```

其中，参数 in_fd 是待读出内容的文件描述符；参数 out_fd 是待写入内容的文件描述符；参数 offset 指定从读入文件流的哪个位置开始读，若 offset 为空，则使用读入文件流默认的起始位置；参数 count 指定文件描述符 in_fd 和 out_fd 之间传输的字节数。

零拷贝 I/O 操作的具体步骤为：

1）系统调用 sendfile( ) 函数通过 DMA 把磁盘中的数据拷贝到内核的读缓冲区，然后数据被内核直接拷贝到另外一个与套接字相关的套接字缓冲区。这里没有用户态和核心态之间的切换，而是在内核中直接完成了从一个缓冲区到另一个缓冲区的拷贝。

2）DMA 把数据从内核的缓冲区直接拷贝给网络，不需要将数据从用户态切换到核心态，因为数据就在内核中。

4.3.2 多路复用技术

多路复用技术是为了防止进程或线程阻塞在某个 I/O 系统调用中而出现的技术。

1. 同步、异步和阻塞、非阻塞

在介绍多路复用技术前，先讲解下同步、异步和阻塞、非阻塞的概念。

（1）POSIX 对同步和异步 I/O 操作的定义

1）同步 I/O 操作：导致请求进程阻塞，直到 I/O 操作完成。

2）异步 I/O 操作：不导致请求进程阻塞。

（2）同步和异步的定义

1）同步：当执行系统调用 read（）函数时，用户需要等待内核完成从内核缓冲区到用户缓冲区的数据拷贝。

2）异步：当执行异步 I/O 操作如 aio_read（）函数时，数据的读取由内核完成，用户不需要等待，只需要接收内核完成操作的通知。

（3）阻塞和非阻塞

1）阻塞：由于系统调用 read（）函数，导致线程一直等待数据返回。

2）非阻塞：系统调用 read（）函数后立即返回一个状态，即返回一个系统调用状态，在数据到达内核缓冲区之前，进程都是非阻塞的。

2. 多路复用技术

多路复用是一种同步 I/O 模型，它实现了一个线程可以监视多个文件句柄。

select（）函数是操作系统提供的系统调用函数，用来等待文件描述符（普通文件、终端、伪终端、管道、FIFO、套接字及其他类型的字符型）状态的改变，是一个轮循函数，循环询问文件节点，可设置超时时间，超时时间到了就跳过代码继续往下执行。

使用 select（）函数可以把一个文件描述符的数组发给操作系统，让操作系统遍历，确定哪个文件描述符可以读写，再告知用户处理。

3. select( )函数的调用

调用 select（）函数，拥塞等待文件描述符事件的到来，调用代码如下。

```
int select(int maxfdp,
fd_set * readfds,
fd_set * writefds,
fd_set * exceptset,
struct timeval * timeout);
```

参数说明如下。

1）maxfdp：被监听的文件描述符的最大值。它比所有文件描述符集合中的最大值大 1，因为文件描述符是从 0 开始计数的。

2）readfds、writefds、exceptset：分别指向可读、可写和异常事件对应的文件描述符集合。

3）timeout：用于设置 select（）函数的超时时间，即告诉内核 select（）函数等待多长时间之后放弃等待。timeout ＝＝ Null 表示等待无限长的时间，timeout ＝＝0 表示 select（）函数立即返回。

4）timeval 结构体定义如下。

```
struct timeval
{
    long tv_sec;    /* 秒 * /
    long tv_usec;   /* 微秒 * /
};
```

4. select( ) 函数的使用示例

服务器端示例代码如下。

```
//***********************************************************
#include < stdio. h >
#include < stdlib. h >
#include < errno. h >
#include < string. h >
#include < sys/types. h >
#include < netinet/in. h >
#include < sys/socket. h >
#include < sys/wait. h >
#include < unistd. h >
#include < arpa/inet. h >
#include < sys/time. h >
#include < sys/types. h >
#define MAXBUF 1024
#define LISTEN_NUM 2
int main(int argc, char * * argv)
{
    int default_port = 8000;
    int optch = 0;
    while ((optch = getopt(argc, argv, "s:p:")) ! = -1)
    {
        switch (optch)
        {
        case 'p':
            default_port = atoi(optarg);
            printf("port: % s \n", optarg);
            break;
        case '? ':
            printf("Unknown option: % c \n", (char)optopt);
            break;
        default:
```

```
            break;
        }
    }
    int sockfd, new_fd;
    socklen_t len;
    struct sockaddr_in my_addr, their_addr;
    char buf[MAXBUF + 1];
    fd_set rfds;                // select()函数
    struct timeval tv;          //超时时间
    int retval, maxfd = -1; // select()函数返回值,select()函数监听句柄的最大数量

    if ((sockfd = socket(PF_INET, SOCK_STREAM, 0)) == -1)
    {
        perror("socket");
        exit(EXIT_FAILURE);
    }

    bzero(&my_addr, sizeof(my_addr));
    my_addr.sin_family = PF_INET;
    my_addr.sin_port = htons(default_port);
    my_addr.sin_addr.s_addr = INADDR_ANY;
    if(bind(sockfd, (struct sockaddr * )&my_addr, sizeof(struct sockaddr)) == -1)
    {
        perror("bind");
        exit(EXIT_FAILURE);
    }
    if (listen(sockfd, LISTEN_NUM) == -1)
    {
        perror("listen");
        exit(EXIT_FAILURE);
    }
    /* 数据处理* /
    while (1)
    {
        printf("\n - - - - wait for new connect port:% d \n", default_port);
        len = sizeof(struct sockaddr);
        if((new_fd = accept(sockfd, (struct sockaddr * )&their_addr, &len)) == -1)
        {
            perror("accept");
            exit(errno);
        }
        else
            printf("server: got connection from % s, port % d, socket % d \n",
```

```
                inet_ntoa(their_addr.sin_addr), ntohs(their_addr.sin_
                port), new_fd);
while (1)
{
    FD_ZERO(&rfds);
    FD_SET(0, &rfds);
    FD_SET(new_fd, &rfds);
    maxfd = new_fd;
    tv.tv_sec = 1;
    tv.tv_usec = 0;
    retval = select(maxfd + 1, &rfds, NULL, NULL, &tv);
    if (retval = = -1)
    {
        perror("select");
        exit(EXIT_FAILURE);
    }
    else if (retval = = 0)
    {
        continue;
    }
    else
    {
        /* 标准输入* /
        if (FD_ISSET(0, &rfds))
        {
            bzero(buf, MAXBUF + 1);
            fgets(buf, MAXBUF, stdin);
            if (! strncasecmp(buf, "quit", 4))
            {
                printf("i will quit! \n");
                break;
            }
            len = send(new_fd, buf, strlen(buf) - 1, 0);
            if (len > 0)
                printf("send successful,% d byte send.. \n", len);
            else
            {
                printf("send failure!");
                break;
            }
        }
        if (FD_ISSET(new_fd, &rfds))
        {
```

```
                                bzero(buf, MAXBUF + 1);
                                len = recv(new_fd, buf, MAXBUF, 0);
                                if (len > 0)
                                    printf("recv success :'% s', % d byte recv.. \n", buf, len);
                                else
                                {
                                    if (len < 0)
                                        printf("recv failure \n");
                                    else
                                    {
                                        printf("the client close ,quit \n");
                                        break;
                                    }
                                }
                            }
                        }
                    }
                    close(new_fd);
                    printf("need othe connecdt (no - >quit)");
                    fflush(stdout);
                    bzero(buf, MAXBUF + 1);
                    fgets(buf, MAXBUF, stdin);
                    if (! strncasecmp(buf, "no", 2))
                    {
                        printf("quit! \n");
                        break;
                    }
                }
                close(sockfd);
                return 0;
            }
```

服务器端 Makefile 示例如下。

```
//************************************************************
TARGET = server
SRC = $ (wildcard * . cpp * . c)
OBJ = $ (patsubst % . cpp * . c,% . o, $ (SRC))
DEFS =
CFLAGS = -g
CC = g + +
LIBS =  -lpthread
 $ (TARGET) : $ (OBJ)
    $ (CC) $ (CFLAGS) $ (DEFS) -o $ @  $ ^ $ (LIBS)
. PHONY :
```

```
clean:
    rm -rf *.o $(TARGET)
ubuntu@ VM-16-5-ubuntu: ~/learnbase/IO复用/select $ make
g++ -g -o server select.c -lpthread
ubuntu@ VM-16-5-ubuntu: ~/learnbase/IO复用/select $ ./server
//************************************************************
```

客户端示例代码如下。

```
//************************************************************
#include <stdio.h>
#include <string.h>
#include <errno.h>
#include <sys/socket.h>
#include <resolv.h>
#include <stdlib.h>
#include <netinet/in.h>
#include <arpa/inet.h>
#include <unistd.h>
#include <sys/time.h>
#include <sys/types.h>
#define MAXBUF 1024
int main(int argc, char **argv)
{
    int sockfd, len;
    struct sockaddr_in dest;
    char buffer[MAXBUF + 1];
    fd_set rfds;
    struct timeval tv;
    int retval, maxfd = -1;

    int optch, ret = -1;
    const char* server_addr;
    int default_port = 8000;

    /* 判断是否为合法输入,必须传入一个参数:服务器 IP 地址*/
    if(argc < 3)
    {
        printf("usage:tcpcli <IPaddress>");
        return 0;
    }
    while((optch = getopt(argc, argv, "s:p:")) != -1)
    {
        switch (optch)
        {
```

```
            case 's':
                server_addr = optarg;
                break;
            case 'p':
                default_port = atoi(optarg);
                printf("port: % s \n", optarg);
                break;
            case '? ':
                printf("Unknown option: % c \n",(char)optopt);
                break;
            default:
                break;
        }
    }


    if ((sockfd = socket(AF_INET, SOCK_STREAM, 0)) < 0)
    {
        perror("Socket");
        exit(EXIT_FAILURE);
    }

    bzero(&dest, sizeof(dest));
    dest.sin_family = AF_INET;
    dest.sin_port = htons(default_port);
    if (inet_aton(server_addr, (struct in_addr * ) &dest.sin_addr.s_addr) = = 0)
    {
        perror(server_addr);
        exit(EXIT_FAILURE);
    }

    if (connect(sockfd, (struct sockaddr * ) &dest, sizeof(dest)) ! = 0)
    {
        perror("Connect ");
        exit(EXIT_FAILURE);
    }

    printf("\nget ready message chat: \n");
    while (1)
    {
        FD_ZERO(&rfds);
        FD_SET(0, &rfds);
        FD_SET(sockfd, &rfds);
```

```
    maxfd = sockfd;
    tv.tv_sec = 1;
    tv.tv_usec = 0;
    retval = select(maxfd + 1, &rfds, NULL, NULL, &tv);
    if (retval == -1)
    {
        printf("select % s", strerror(errno));
        break;
    }
else if (retval == 0)
        continue;
else
{
        if (FD_ISSET(sockfd, &rfds))
        {
            bzero(buffer, MAXBUF + 1);
            len = recv(sockfd, buffer, MAXBUF, 0);
            if (len > 0)
                printf ("recv message:'% s', % d byte recv.. \n",buffer,
                len);
            else
            {
                if (len < 0)
                    printf ("message recv failure \n");
                else
                {
                    printf("server close ,quit \n");
                break;
                }
            }
        }
        if (FD_ISSET(0, &rfds))
        {
            bzero(buffer, MAXBUF + 1);
            fgets(buffer, MAXBUF, stdin);
            if (! strncasecmp(buffer, "quit", 4))
            {
                printf("i will quit \n");
                break;
            }
            len = send(sockfd, buffer, strlen(buffer) - 1, 0);
            if (len < 0)
            {
```

```
                printf ("message send failure");
                break;
            }
            else
            printf("send success,% d byte send.. \n",len);
        }
    }
}
    close(sockfd);
    return 0;
}
```

客户端 Makefile 示例如下。

```
//************************************************************
TARGET = client
SRC = $ (wildcard * .cpp * .c)
OBJ = $ (patsubst %.cpp * .c,%.o, $ (SRC))
DEFS =
CFLAGS =-g
CC =g + +
LIBS =  -lpthread
 $ (TARGET) : $ (OBJ)
    $ (CC) $ (CFLAGS) $ (DEFS) -o $@  $^ $ (LIBS)
. PHONY :
clean:
    rm -rf * .o $ (TARGET)
ubuntu@ VM-16-5-ubuntu: ~/learnbase/IO复用/select/client $ make
g + + -g  -o client client.c-lpthread
ubuntu @ VM-16-5-ubuntu: ~/learnbase/IO 复用/select/client $ ./client-
s 0.0.0.0
```

5. poll( ) 函数的调用

poll( ) 函数是用来监控文件是否可读的一种机制，作用与 select( ) 函数一样。poll( ) 函数代码如下。

```
#include <poll. h >
int poll(struct pollfd fds[], nfds_t nfds, int timeout);
```

poll( ) 函数的参数说明如下。

1）fds 是一个 struct pollfd 结构类型的数组，列出了需要 poll( ) 函数检查的文件描述符。struct pollfd 的定义如下。

```
typedef struct pollfd
{
    int fd;           /* 需要被检测或选择的文件描述符* /
    short events;    /* 对文件描述符 fd 感兴趣的事件* /
    short revents;   /* 文件描述符 fd 上当前实际发生的事件* /
```

```
}
pollfd_t;
```

其中，events 表示想要监听的事件；revents 表示实际上发生的事件，主要包括 POLLIN、POLLOUT、POLLPRI、POLLRDHUB、POLLHUP 和 POLLERR。

2）nfds_t 为无符号整型，nfds 指定了 fds 中元素的个数。

3）timeout 决定阻塞行为，一般有以下三种情况。

① timeout 为 -1 表示一直阻塞到数组 fds 中有一个达到就绪态或捕获到一个信号为止。

② timeout 为 0 表示不会阻塞，立即返回。

③ timeout >0 时，此值为阻塞时间。

4）返回值有以下三种情况。

① 返回值 >0 时，此值为数组 fds 中准备好读、写或出错的文件描述符的总数量。

② 返回值为 0 表示数组 fds 中没有任何文件描述符准备好读、写或出错，此时 poll( ) 函数超时。

③ 返回值为 -1 表示 poll( ) 函数调用失败。

6. poll( ) 函数的使用示例

poll( ) 函数的使用示例代码如下。

```c
//***********************************************************
#include <stdio.h>
#include <poll.h>
#include <string.h>
int main()
{
    int timeout = 0;
    char buf[1024];
    struct pollfd fd_poll[1];    //设置只有一个事件

    while(1)
    {
        fd_poll[0].fd = 0;
        fd_poll[0].events = POLLIN;
        fd_poll[0].revents = 0;

        memset(buf, '\0', sizeof(buf));
        switch( poll(fd_poll, 1, -1) )
        {
            case 0:
                perror("timeout!");
                break;
            case -1:
                perror("poll");
                break;
```

```
            default:
            {
                if( fd_poll[0].revents & POLLIN )
                {
                    gets(buf);
                    printf("buf : % s \n",buf);
                }
            }
            break;
        }
    }
    return 0;
}
```

Makefile 示例如下。

```
//************************************************************
tcp_poll:tcp_poll.c
    gcc -o $@  $^
.PHONY:clean
clean:
    rm -f tcp_poll
```

7. epoll( ) 函数的调用

epoll( )函数没有对文件描述符数目的限制，它所支持的文件描述符上限是整个系统最大可以打开的文件数目。例如，在 1GB 内存的机器上，这个上限为 10 万左右。

epoll( )函数只有 epoll_create、epoll_ctl 和 epoll_wait 这三个系统调用，步骤如下：

第一步，创建一个 epoll( )句柄。

第二步，向内核添加、修改或删除要监控的文件描述符。

第三步，发起 select( )函数调用。

epoll( )函数的三个系统调用的定义如下，并分别予以介绍。

```
#include <sys/epoll.h>
int epoll_create(int size);
int epoll_ctl(int epfd, int op, int fd, struct epoll_event * event);
int epoll_wait(int epfd, struct epoll_event * events, int maxevents, int
    timeout);
```

（1）epoll_create　调用 epoll_create 方法创建一个 epoll( )句柄，使用完 epoll( )后用 close( )函数进行关闭。

（2）epoll_ctl　epoll_ctl 定义中各参数说明如下。

1）epfd：epoll_create 函数的返回值。

2）op：动作类型，由以下三个宏表示。

① EPOLL_CTL_ADD：注册新的 fd 到 epfd 中。

② EPOLL_CTL_MOD：修改已注册 fd 的监听事件。

③ EPOLL_CTL_DEL：从 epfd 中删除一个 fd。

3）fd：需要注册的监视对象文件描述符。

4）struct epoll_event 结构体定义如下。

```
/* 感兴趣的事件和被触发的事件*/
struct epoll_event
{
    uint32_t events; // epoll()监视的事件
    epoll_data_t data; // 用户数据
};
/* 保存触发事件的某个文件描述符相关的数据*/
typedef union epoll_data
{
    void * ptr;
    int fd;
    uint32_t u32;
    uint64_t u64;
}
epoll_data_t;
```

其中，events 为事件集合，包含以下事件类型。

① EPOLLIN：表示对应的文件描述符可读（包括对端套接字）。

② EPOLLOUT：表示对应的文件描述符可写。

③ EPOLLPRI：表示对应的文件描述符有紧急数据可读（这里应该表示有带外数据到来）。

④ EPOLLERR：表示对应的文件描述符发生错误。

⑤ EPOLLHUP：表示对应的文件描述符被挂断。

⑥ EPOLLET：将 epoll()设为边缘触发（Edge Triggered），这是相对于默认的水平触发（Level Triggered）而言的。

⑦ EPOLLONESHOT：只监听一次事件，监听完这次事件后，如果还需要继续监听这个套接字，需要再次添加。

示例代码如下。

```
struct epoll_event ep_ev;
int accept_sock = accept(listen_sock,(struct sockaddr*)&remote,&len);
ep_ev.events = EPOLLIN |EPOLLET;
ep_ev.data.fd = accept_sock;
epoll_ctl(epoll_fd,EPOLL_CTL_ADD,accept_sock,&ep_ev)
```

（3）epoll_wait　收集在 epoll()函数监控的事件中已经发生的事件。epoll_wait 定义中各参数说明如下。

1）epfd：epoll_create 函数的返回值。

2）events：分配好的 epoll_event 结构体数组。epoll()函数将发生的事件赋值到 events 数组中。需要注意的是，events 不可以是空指针，内核只负责把数据赋值到这个数组中，不会在用户态分配内存。

3）maxevents：maxevents 告诉内核 events 数组的大小，maxevents 的值不能大于创建

epoll_create 时的大小。

4）timeout：超时时间（单位为 ms）。若函数调用成功，则返回对应 I/O 上已准备好的文件描述符数目；若返回 0，则表示已经超时。

8. 基于 epoll( ) 函数的简易 HTTP 服务器示例

基于 epoll( ) 函数的简易 HTTP 服务器示例代码如下。

```
//************************************************************
#include <stdio.h>
#include <unistd.h>
#include <sys/types.h>
#include <sys/socket.h>
#include <netinet/in.h>
#include <arpa/inet.h>
#include <sys/epoll.h>
#include <fcntl.h>
#include <stdlib.h>
#include <string.h>

int listen_sock = -1;
int epoll_fd = -1;

/* 设置非阻塞* /
int set_noblock(int sock)
{
    int opts = fcntl(sock,F_GETFL);
    return fcntl(sock,F_SETFL,opts |O_NONBLOCK);
}

int creat_socket(int port)
{
    int sock = socket(AF_INET,SOCK_STREAM,0);
    if(sock < 0)
    {
        perror("socket");
        exit(2);
    }
    /* 调用 setsockopt 使服务器先断开时避免进入 TIME_WAIT 状态，并将其属性设定为
    SO_REUSEADDR，使其地址信息可被重用* /
    int opt = 1;
    if(setsockopt(sock,SOL_SOCKET,SO_REUSEADDR,&opt,sizeof(opt)) < 0)
    {
        perror("setsockopt");
        exit(3);
```

```
    }
    struct sockaddr_in local;

    local.sin_family = AF_INET;
    local.sin_port = htons(port);
    local.sin_addr.s_addr = INADDR_ANY; //inet_addr("0.0.0.0");

    if( bind(sock,(struct sockaddr* )&local,sizeof(local)) < 0 )
    {
        perror("bind");
        exit(4);
    }
    if(listen(sock,5) < 0)
    {
        perror("listen");
        exit(5);
    }
    printf("listen port % d.. \n",port);
    return sock;
}

int accept_socket()
{
    struct sockaddr_in remote;
    socklen_t len = sizeof(remote);

    int accept_sock = accept(listen_sock, (struct sockaddr * )&remote,
    &len);
    if (accept_sock < 0)
    {
        perror("accept");
        return -1;
    }
    printf("accept a client.. [ip]: % s, [port]: % d \n", inet_ntoa(re-
    mote.sin_addr), ntohs(remote.sin_port));
    /* 将新的事件添加到 epoll()函数集合中* /
    struct epoll_event ep_ev;
    ep_ev.events = EPOLLIN |EPOLLET; // 边沿触发，只触发一次
    ep_ev.data.fd = accept_sock;

    set_noblock(accept_sock);

    if (epoll_ctl(epoll_fd, EPOLL_CTL_ADD, accept_sock, &ep_ev) < 0)
```

```
    {
        perror("epoll_ctl");
        close(accept_sock);
        return -1;
    }
    return 0;
}

int handle_request(int socketFd)
{
    /* 申请空间并同时存放文件描述符和缓冲区地址* /
    char buf[102400];
    memset(buf, '\0', sizeof(buf));

    ssize_t _s = recv(socketFd, buf, sizeof(buf) - 1, 0);
    if (_s < 0)
    {
        perror("recv");
        return -1;
    }
    else if (_s == 0)
    {
        printf("remote close.. \n");
        /* 远端关闭，进行善后* /
        epoll_ctl(epoll_fd, EPOLL_CTL_DEL, socketFd, NULL);
        close(socketFd);
    }
    else
    {
        /* 读取成功，输出数据* /
        printf("client#%s", buf);
        fflush(stdout);

        /* 将事件改写为关心事件，进行回写* /
        struct epoll_event ep_ev;
        ep_ev.data.fd = socketFd;
        ep_ev.events = EPOLLOUT |EPOLLET;

        /* 在epoll()函数实例中更改同一个事件，触发套接字可写事件* /
        epoll_ctl(epoll_fd, EPOLL_CTL_MOD, socketFd, &ep_ev);
    }
    return 0;
}
```

```
int handle_response(int socketFd)
{
    const char * msg = "HTTP/1.1 200 OK \r \n \r \n < h1 > hi Boy < /h1 > \r \n";
    send(socketFd, msg, strlen(msg), 0);
    epoll_ctl(epoll_fd, EPOLL_CTL_DEL, socketFd, NULL);
    close(socketFd);
}
int main(int argc, char * argv[])
{
    int default_port = 8000;
    int optch = 0;
    while ((optch = getopt(argc, argv, "s:p:")) ! = -1)
    {
        switch (optch)
        {
        case 'p':
            default_port = atoi(optarg);
            printf("port: % s \n", optarg);
            break;
        case '? ':
            printf("Unknown option: % c \n", (char)optopt);
            break;
        default:
            break;
        }
    }
    listen_sock = creat_socket(default_port);

    epoll_fd = epoll_create(256);
    if(epoll_fd < 0)
    {
        perror("epoll creat");
        exit(6);
    }
    struct epoll_event ep_ev;
    ep_ev.events = EPOLLIN;            //数据的读取
    ep_ev.data.fd = listen_sock;
    /* 添加关心的事件* /
    if(epoll_ctl(epoll_fd, EPOLL_CTL_ADD, listen_sock, &ep_ev) < 0)
    {
        perror("epoll_ctl");
        exit(7);
    }
```

```
struct epoll_event ready_ev[128];      //申请空间用于存放就绪的事件
int maxnum = 128;
int timeout = -1;                       //设置超时时间,若为 -1,则永久阻塞等待
int ret = 0;
    int done = 0;
while(! done)
{
    switch(ret = epoll_wait(epoll_fd,ready_ev,maxnum,timeout))
    {
        case -1:
            perror("epoll_wait");
            break;
        case 0:
            printf("time out... \n");
            break;
        default://至少有一个事件就绪
        {
            int i = 0;
            for(;i < ret; + +i)
            {
                /* 判断是否为监听套接字,若是则接收* /
                int fd = ready_ev[i].data.fd;
                if((fd = = listen_sock) && (ready_ev[i].events & EPOL-
                LIN))
                {
                    accept_socket();
                }
                else
                {
                /* 普通 IO* /
                    if(ready_ev[i].events & EPOLLIN)
                    {
                        handle_request(fd);
                    }
                    else if(ready_ev[i].events & EPOLLOUT)
                    {
                        handle_response(fd);
                    }
                }
            }
        }
        break;
    }
```

```
    }
    close(listen_sock);
    return 0;
}
```

Makefile 示例如下。

```
//***********************************************************
TARGET = server
SRC = $(wildcard * .cpp * .c)
OBJ = $(patsubst % .cpp * .c,%.o, $(SRC))
DEFS =
CFLAGS = -g
CC = g + +
LIBS =  -lpthread
$(TARGET): $(OBJ)
    $(CC) $(CFLAGS) $(DEFS) -o $@  $^ $(LIBS)
.PHONY:
clean:
    rm -rf * .o $(TARGET)
```

4.3.3　线程池技术

线程池技术的使用在一定程度提升了服务器的并发能力，但同时多个线程之间为了数据同步，常常需要使用互斥体、信号和条件变量等手段，这些重量级的同步手段往往会导致线程在用户态与内核态之间多次切换，而系统调用、线程切换都是不小的开销。

线程池技术提到了一个公共的任务队列，各个工作线程需要从中提取任务进行处理，这里就涉及多个工作线程对这个公共队列的同步操作。

1. 使用线程池的必要性

使用线程池的必要性体现在以下三个方面。

1）如果每次只创建一个线程，当用户请求过多时，每次都需要创建一个线程，创建线程需要时间和调度开销，这样会影响缓存的局部性和整体的性能。而且无上限地创建线程还会导致 CPU 的过分调度。

2）线程池已经创建好了一定数量的线程，等待分配任务，这样就避免了处理任务时的线程创建和销毁。线程池中的线程个数确定，能够保证内核的充分利用，还能防止过分调度。

3）线程池中可用的线程数量取决于可用的并发处理器、处理器内核、内存和网络套接字等的数量。

2. 线程池的应用场景

线程池有以下三种应用场景。

1）需要大量的线程来完成任务，且要求完成任务的时间比较短的应用。例如，像 Web 服务器完成网页请求这样的任务，因为单个任务小，并且任务量巨大，导致一个热门网站的请求次数过多。但是对于长时间的任务，线程池的优势就不明显了。例如，Telnet（远程登录）连接请求不适合用线程池，因为 Telnet 的会话时间远长于线程的创建时间。

2）对性能要求苛刻的应用，如要求服务器迅速响应客户请求的应用。

3）接收大量突发性请求，但不至于使服务器因此产生大量线程的应用。在没有线程池的情况下，大量突发性客户请求将产生大量线程，虽然理论上大部分操作系统有足够的线程数目，但短时间内产生大量的线程可能使内存到达极限，导致出现错误。

3. 线程池的应用示例

线程池的应用示例代码如下。

```cpp
//************************************************************
#pragma once
#include <iostream>
#include <queue>
#include <unistd.h>
#include <pthread.h>
#define NUM 5
struct Task
{
    Task(){};
    Task(int x, int y)
    {
        _x = x;
        _y = y;
    }
    ~Task(){};
    int _x;
    int _y;
    int Add()
    {
        return _x + _y;
    }

};
class mythreadpool
{
    private:
      void ThreadLock()
      {
        pthread_mutex_lock(&_lock);
      }
      void ThreadUnlock()
      {
        pthread_mutex_unlock(&_lock);
      }
```

```
void ThreadWait()
{
    pthread_cond_wait(&_cond, &_lock);
}
void ProductorWait()
{
    pthread_cond_wait(&_pcond, &_lock);
}
void ProductorSignal()
{
    pthread_cond_signal(&_pcond);
}
void ThreadSignal()
{
    pthread_cond_signal(&_cond);
}
/* 唤醒全部线程*/
void ThreadSignalAll()
{
    pthread_cond_broadcast(&_cond);
}
bool IsEmpty()
{
    return _q.empty();
}
/* 退出线程*/
void ThreadExit()
{
    _numthread--;
    printf("%lu is exit\n",pthread_self());
    ProductorSignal();
    pthread_exit(0);
}
public:
  mythreadpool(size_t num = NUM)
  :_numthread(num)
  ,_quit(false)
  {}
  /* 成员函数由 this 指针作为参数；线程函数只能有一个参数，所以要加 static*/
  static void * handler(void * arg)
  {
    mythreadpool * p_this = (mythreadpool * )arg;
    while(1)
```

```cpp
    {
      p_this->ThreadLock();
      /* 不退出,没有数据要等待*/
      while(!(p_this->_quit)&&(p_this->IsEmpty()))
      {
        p_this->ThreadWait();
      }
    /* 退出没有数据,直接退出*/
    /* 退出有数据,还需要执行任务*/
    if(p_this->_quit&&p_this->IsEmpty())
    {
        p_this->ThreadUnlock();
        p_this->ThreadExit();
    }
    /* 执行任务*/
      Task t;
      p_this->Get(t);
      p_this->ThreadUnlock();
      int res=0;
      res = t.Add();
      std::cout<<pthread_self()<<":"<<t._x<<"+"<<t._y<<
      "="<<res<<std::endl;
    }
}
void threadinit()
{
  pthread_mutex_init(&_lock, nullptr);
  pthread_cond_init(&_cond, nullptr);
  pthread_cond_init(&_pcond, nullptr);
  pthread_t td[_numthread];
  size_t i=0;
  for(i=0; i<_numthread; i++)
  {
    pthread_create(td+i, nullptr, handler, (void*)this);
  }
  /* 线程分离*/
  for(i=0; i<_numthread; i++)
  {
    pthread_detach(td[i]);
  }
}
/* 获取任务*/
void Get(Task& out)
```

```
{
  Task * t = _q.front();
  _q.pop();
  out = * t;
}
/* 放任务* /
void Put(Task& in)
{
  ThreadLock();
  _q.push(&in);
  ThreadUnlock();
  ThreadSignal();
}
~mythreadpool()
{
  pthread_mutex_destroy(&_lock);
  pthread_cond_destroy(&_cond);
  pthread_cond_destroy(&_pcond);

}
/* 线程退出* /
void ThreadQuit()
{
  ThreadLock();
  _quit = true;
/* 唤醒全部线程退出* /
  ThreadSignalAll();
  /* 若还有线程,则继续等待* /
  while(_numthread! =0)
  {
    ProductorWait();
  }
  ThreadUnlock();
}
private:
    std::queue<Task* > _q;//任务队列
    size_t _numthread;//线程个数
    pthread_mutex_t _lock;//锁
    pthread_cond_t _cond;//消费者在此等待
    pthread_cond_t _pcond;//生产者在此等待

    bool _quit;//是否退出
};
```

```cpp
#include"mythreadpool.hpp"
int main()
{
    mythreadpool * tp = new mythreadpool();
    tp - >threadinit();
    int count = 10;
    while(1)
    {
        sleep(1);
        int x = rand()% 10 + 1;
        int y = rand()% 20 + 1;

        Task t(x,y);
        /* put 里有加锁，不需要加锁* /
        tp - >Put(t);
        std::cout < < "put Task done... " < <std::endl;
        count - -;
        if(count = =0)
        {
            break;
        }
    }
    /* 线程退出* /
    tp - >ThreadQuit();
    delete tp;


    return 0;
}
//***********************************************************
```

4.3.4 无锁编程技术

在多线程并发编程中遇到公共数据时，就需要进行线程同步。这里的同步可以分为阻塞型同步和非阻塞型同步。

阻塞型同步比较容易理解，常用的互斥体、信号和条件变量等操作系统提供的机制都属于阻塞型同步，其本质都是要加锁。

与阻塞型同步对应的非阻塞型同步就是在无锁的情况下实现同步，目前有以下三类技术方案：

1) Wait-Free（等待无关）。

2) Lock-Free（锁无关）。

3) Obstruction-Free（干扰无关）。

这三类技术方案都是通过一定的算法和技术手段来实现非阻塞型同步，其中 Lock-Free 的应用最为广泛。

Lock-Free 能够广泛应用得益于目前主流的 CPU 都提供原子级别的 Read-Modify-Write（读-改-写）原语，这就是著名的 CAS（Compare-and-Swap，比较并交换）操作。Intel x86 系列处理器使用的就是 cmpxchg（比较并交换指令）系列指令。

通过 CAS 操作实现 Lock-Free 的代码如下。

```
do
{
    …
}
while(! CAS(ptr,old_data,new_data ))
```

常见的无锁队列、无锁链表和无锁 HashMap［基于哈希表的 Map（将键映射到值的对象）接口实现］等数据结构，其无锁的核心大都来源于 CAS 操作。在日常开发中，恰当地运用无锁编程技术，可以有效地降低多线程阻塞和切换带来的额外开销，提升性能。

4.3.5 进程间通信技术

进程间通信技术包括管道、命名管道、消息队列、共享内存、信号和信号量等，下面分别进行介绍。

1. 管道

管道通常指无名管道，是 UNIX 系统 IPC 最古老的形式。

（1）管道的特点

1）半双工（即数据只能在一个方向上流动），具有固定的读端和写端。

2）只能用于具有亲缘关系的进程（即父子进程或兄弟进程）之间的通信。

3）可以看作一种特殊的文件，对于它的读写也可以使用普通的 read（）、write（）等函数。它不是普通的文件，并不属于其他任何文件系统，并且只存在于内存中。

（2）管道的原型　管道的函数原型如下。

```
#include <unistd.h >

int pipe(int fd[2]);     //返回值:若成功,则返回 0;若出错,则返回 –1
```

当一个管道建立时，它会创建两个文件描述符：fd［0］为读而打开，fd［1］为写而打开。示例代码如下。

```
//**********************************************************
#include <stdio.h >
#include <unistd.h >
#include <string.h >
#include <stdlib.h >
int main()
{
    int fd[2];
    int pid;
    char readbuf[128];
```

```
        if(pipe(fd) == -1)
        {
            printf("creat pipe fail \n");
        }
        pid = fork();
        if(pid < 0)
        {
            printf("creat child fail \n");
        }
        else if(pid > 0)
        {
            printf("this is father \n");
            sleep(3);
            close(fd[0]);
            write(fd[1],"hellow this father",strlen("hellow this father"));
            wait();
        }
        else
        {
            printf("this is child \n");
            close(fd[1]);
            read(fd[0],readbuf,128);
            printf("this is from father:% s \n",readbuf);
            exit(0);
        }
        return 0;
    }
    //************************************************************
```

2. 命名管道

命名管道（FIFO）是一种文件类型。

（1）FIFO 的特点

1）与管道不同，FIFO 可以在无关的进程之间交换数据。

2）FIFO 有路径名与之相关联，它以一种特殊设备文件的形式存在于文件系统中。

（2）FIFO 的原型 FIFO 的函数原型如下。

```
#include <sys/stat.h>
int mkfifo(const char * pathname, mode_t mode); // 返回值：若成功，则返回 0；
若出错，则返回 -1
```

其中参数 mode 与 open()函数中的参数 mode 相同。一旦创建了一个 FIFO，就可以用一般的文件 I/O 函数操作它。

创建一个 FIFO 时，是否设置非阻塞标志（O_NONBLOCK）的区别如下：

1）若默认没有指定非阻塞标志，则只读 open()要阻塞到某个其他进程为写打开此 FIFO。同理，只写 open()要阻塞到某个其他进程为读打开 FIFO。

2）若指定了非阻塞标志，则只读 open() 立即返回，只写 open() 将出错返回 -1，如果没有进程已经为读打开该 FIFO，其错误码将置为 ENXIO（表示操作不许可）。

读示例代码如下。

```
//************************************************************
#include <stdio.h>
#include <unistd.h>
#include <sys/types.h>
#include <sys/stat.h>
#include <fcntl.h>
int main()
{
    char readbuf[30] = {0};
    if(mkfifo("./file",0600) == -1)
    {
        printf("mkfifo fail\n");        //创建 FIFO
    }
    else
    {
        printf("creat fifo success\n");
    }
    int fd = open("./file",O_RDONLY); //只读打开
    printf("open file success\n");
    while(1)
    {
        int n_read = read(fd,readbuf,30);    //读取数据
        printf("read %d bytes,readbuf is %s\n",n_read,readbuf);
    }
    close(fd);
    return 0;
}
```

写示例代码如下。

```
//************************************************************
#include <stdio.h>
#include <unistd.h>
#include <sys/types.h>
#include <sys/stat.h>
#include <fcntl.h>
#include <string.h>
int main()
{
    char * str = "message";
    int fd = open("./file",O_WRONLY);  //只写打开
```

```
        printf("write open file success \n");
        while(1)
        {
            int n_write = write(fd,str,strlen(str)); //写入数据
            sleep(1);
        }
        close(fd);
        return 0;
    }
    //**********************************************************
```

3. 消息队列

消息队列是指消息的链接表，存放在内核中。一个消息队列由一个标识符（即队列 ID）来标识。

（1）消息队列的特点

1）消息队列面向记录，其中的消息具有特定格式和特定优先级。

2）消息队列独立于发送与接收进程。当进程终止时，消息队列及其内容并不会被删除。

3）消息队列可以实现消息的随机查询，消息不一定要按先进先出的顺序读取，也可以按消息的类型读取。

（2）消息队列相关 API　消息队列相关 API 的代码如下。

```
    #include <sys/types.h>
    #include <sys/ipc.h>
    #include <sys/msg.h>
    /* 创建或打开消息队列：若成功，则返回队列 ID；若出错，则返回 -1* /
    int msgget(key_t key, int msgflg);
    /* 添加消息：若成功，返回回0；若出错，则返回 -1* /
    int msgsnd(int msqid, const void * msgp, size_t msgsz, int msgflg);
    /*  读取消息：若成功，则返回消息数据的长度；若出错，则返回 -1* /
    ssize_t msgrcv(int msqid, void * msgp, size_t msgsz, long msgtyp,int msg-
    flg);
```

接收示例代码如下。

```
    //**********************************************************
    //msgget.c
    #include <stdio.h>
    #include <sys/types.h>
    #include <sys/ipc.h>
    #include <sys/msg.h>
    #include <string.h>
    struct msgbuf
    {
            long mtype;          //消息类型，此参数值必须大于 0
            char mtext[128];     //消息数据
```

```
};
int main()
{
        struct msgbuf readbuf;
        struct msgbuf sendbuf = {888,"this is from quen"};
        int msgid = msgget(0x1235, IPC_CREAT |0777);
        if(msgid == -1)
        {
            printf("IPC creat fail \n");
        }
        msgsnd(msgid,&sendbuf,strlen(sendbuf.mtext),0);
        msgrcv(msgid,&readbuf,sizeof(readbuf.mtext),988,0);
        printf("return from send:% s \n",readbuf.mtext);
        return 0;
}
```

发送示例代码如下。

```
//************************************************************
//msgsend.c
#include <stdio.h>
#include <sys/types.h>
#include <sys/ipc.h>
#include <sys/msg.h>
#include <string.h>
struct msgbuf
{
        long mtype;          //消息类型,此参数值必须大于0
        char mtext[128];    //消息数据
};
int main()
{
        struct msgbuf readbuf;
        struct msgbuf sendbuf = {888,"this is from quen"};
        int msgid = msgget(0x1235, IPC_CREAT |0777);
        if(msgid == -1)
        {
            printf("IPC creat fail \n");
        }
        msgsnd(msgid,&sendbuf,strlen(sendbuf.mtext),0);
        msgrcv(msgid,&readbuf,sizeof(readbuf.mtext),988,0);
        printf("return from send:% s \n",readbuf.mtext);
        return 0;
}
//************************************************************
```

4. 共享内存

共享内存就是允许多个进程访问同一个内存空间，是在多个进程之间共享和传递数据最高效的方式。操作系统将不同进程之间的共享内存安排为同一段物理内存，不同进程可以将共享内存连接到它们自己的地址空间中，如果某个进程修改了共享内存中的数据，那么其他进程读到的数据也将会改变。

（1）共享内存的特点

1）共享内存是最快的一种 IPC，因为进程直接对内存进行存取。

2）因为多个进程可以同时操作，所以需要进行同步。

3）信号量和共享内存通常结合在一起使用，信号量用来同步对共享内存进行访问。

（2）共享内存的相关函数　下面介绍共享内存的相关函数及其参数和返回值说明。

1）shmget( )函数：用来获取或创建共享内存。

```
int shmget(key_t key, size_t size, int shmflg);
```

参数和返回值说明如下。

① 参数 key：IPC_PRIVATE 或 ftok( )的返回值。

② 参数 size：共享内存区的大小。

③ 参数 shmflg：同 open( )函数的权限位，也可以用八进制表示。

④ 返回值：若成功，则返回共享内存的标识符；若出错，则返回 -1。

2）shmat( )函数：将共享内存连接映射到当前进程的地址空间。

```
void * shmat(int shmid, const void * shmaddr, int shmflg);
```

参数和返回值说明如下。

① 参数 shmid：共享内存标识符。

② 参数 shmaddr：映射到的地址，Null 为系统自动完成的映射。

③ 参数 shmflg：为 SHM_RDONLY 时，表示共享内存只读；默认为 0，表示共享内存可读写。

④ 返回值：若成功，则返回映射后的地址；若错出，则返回 Null。

3）shmdt( )函数：将进程里的地址映射删除。

```
int shmdt(const void * shmaddr);
```

参数和返回值说明如下。

① 参数 shmaddr：要操作的共享内存的起始地址。

② 返回值：若成功，则返回 0；若出错，则返回 -1。

4）shmctl( )函数：删除共享内存对象。

```
int shmctl(int shmid, int command, struct shmid_ds * buf);
```

参数和返回值说明如下。

① 参数 shmid：要操作的共享内存标识符。

② 参数 command：要进行的操作。command 可以取以下三个值：一是 IPC_STAT，用于获取对象属性，实现了命令 ipcs-m（查看系统中的共享内存）；二是 IPC_SET，用于设置对象属性；三是 IPC_RMID，用于删除对象，实现了命令 ipcrm-m（删除用 shm_id 标识的共享内存）。

③ 参数 buf：指定 IPC_STAT/IPC_SET 时用以保存/设置属性。

④ 返回值：若成功，则返回 0；若出错，则返回 −1。

(3) 共享内存示例

1）示例创建代码如下。

```
//*********************************************************
#include <sys/ipc.h>
#include <sys/shm.h>
#include <sys/types.h>
#include <sys/ipc.h>
#include <stdlib.h>
#include <stdio.h>
#include <string.h>

//      int shmget(key_t key, size_t size, int shmflg);
//      void * shmat(int shmid, const void * shmaddr, int shmflg);
//      shmctl(int shmid, int cmd, struct shmid_ds * buf);

int main()
{
        key_t key;

        key = ftok(".",1);
        int shmid = shmget(key,1024*4,0); //获取共享内存
        if(shmid == -1)
        {
                printf("shmget fail \n");
                perror("why");
                exit(-1);
        }
        char * shmaddr = shmat(shmid,0,0); //连接共享内存到当前进程的地址
                                            空间
        printf("shmat ok1 \n");
        printf("data:% s \n",shmaddr);
        shmdt(shmaddr);   //断开与共享内存的连接

        printf("quit \n");
        return 0;
}
```

2）示例共享代码如下。

```
//*********************************************************
#include <sys/ipc.h>
#include <sys/shm.h>
#include <sys/types.h>
```

```
#include <sys/ipc.h>
#include <stdlib.h>
#include <stdio.h>
#include <string.h>

//        int shmget(key_t key, size_t size, int shmflg);
//        void * shmat(int shmid, const void * shmaddr, int shmflg);
//        shmctl(int shmid, int cmd, struct shmid_ds * buf);

int main()
{
        key_t key;

        key = ftok(".",1);
        int shmid = shmget(key,1024 * 4,0); //获取共享内存
        if(shmid == -1)
        {
                printf("shmget fail \n");
                perror("why");
                exit(-1);
        }
        char * shmaddr = shmat(shmid,0,0); //连接共享内存到当前进程的地址空间
        printf("shmat ok1 \n");
        printf("data:% s \n",shmaddr);
        shmdt(shmaddr);    //断开与共享内存的连接
        printf("quit \n");
        return 0;
}
//************************************************************
```

5. 信号

对于 Linux 系统来说,信号相当于软中断,许多程序都需要处理信号。

(1) 信号的名称和编号 每个信号都有一个名称和编号,这些名称都以 SIG 开头,如 SIGIO、SIGCHLD 等。

信号定义在 signal. h 头文件中,信号名称都定义为正整数。可以使用 kill-l 命令查看信号的名称和编号。信号是从 1 开始编号的,不存在 0 号信号。kill 命令对于信号 0 有特殊的应用。

(2) 信号的处理 信号的处理有三种方式,分别是忽略、捕捉和默认动作。

1) 忽略信号。大多数信号可以使用这个方式来处理,但是有两种信号不能被忽略,分别是 SIGKILL 和 SIGSTOP。因为它们向内核和超级用户提供了进程终止和停止的可靠方法,如果被忽略,那么这个进程就变成了没人能管理的进程,显然是内核设计者不希望看到的场景。

2) 捕捉信号。捕捉信号就是告诉内核用户希望如何处理某一种信号,也就是写一个信

号处理函数，然后将这个函数告诉内核。当该信号产生时，由内核调用用户自定义的函数，以此来实现对某种信号的处理。

3）系统默认动作。对于每个信号，系统都对应有默认的处理动作，当该信号发生时，系统会自动执行。但对于系统来说，大部分的处理方式都比较粗暴，就是直接终止该进程。用户可以使用 man 7 signal 命令查看系统对具体信号默认动作的定义。

（3）信号的相关函数 下面介绍信号的相关函数及其参数和返回值说明。

1）信号的注册函数。

```
#include <signal.h>
typedef void (* sighandler_t)(int);
sighandler_t signal(int signum, sighandler_t handler);
```

参数说明如下。

① 参数 signum：所接收到的信号。

② 参数 sighandler_t handler：接收到信号时所执行的函数。

2）信号的发送函数。

```
#include <signal.h>
#include <sys/types.h>
int kill(pid_t pid, int sig);
```

参数和返回值说明如下。

① 参数 pid：函数传入值。pid 有以下三种取值：若为正数，则接收信号进程的进程号；若为 0，则信号发送给和 pid 进程在同一个进程组的所有进程；若为 -1，则信号发给进程表中除进程号最大的进程外的其他所有进程。

② 参数 sig：信号。

③ 返回值：若成功，则为 0；若出错，则为 -1。

（4）信号使用示例 信号使用示例代码如下。

```
//************************************************************
//signaldemo1.c
#include <signal.h>
#include <stdio.h>
void handler(int signum)
{
        printf("get signal = % d\n",signum);
        printf("never quit\n");
}
int main()
{
        signal(SIGINT,handler); //注册信号
        while(1);
        return 0;
}
//************************************************************
//signaldemo2.c
```

```
#include <signal.h>
#include <stdio.h>
int main(int argc,char ** argv)
{
        int signum;
        int pid;
        signum = atoi(argv[1]);
        pid = atoi(argv[2]);
        printf("num = % d,pid = % d \n",signum,pid);
        kill(pid,signum);
        printf("send siganl ok \n");
        while(1);
        return 0;
}
```

6. 信号量

信号量与 IPC 结构不同，它是一个计数器。信号量用于实现进程间的互斥与同步，而不用于存储进程间的通信数据。

（1）信号量的特点

1）信号量用于进程间同步，若要在进程间传递数据，则需要结合共享内存使用。

2）信号量基于操作系统的 PV（通过和释放）操作，程序对信号量的操作都是原子操作。

3）对信号量的每次 PV 操作不仅限于对信号量值加 1 或减 1，而且可以加减任意正整数。

4）支持信号量组。

（2）信号量的相关函数 下面介绍信号量的相关函数及其参数和返回值说明。

1）semget( )函数：获取或创建信号量。

```
#include <sys/sem.h>
int semget(key_t key, int num_sems, int sem_flags);
```

参数和返回值说明如下。

① 参数 key：关键值。

② 参数 unm_sems：信号量个数。

③ 参数 sem_flags：是否创建信号量。

④ 返回值：若成功，则返回信号量 ID，若出错，则返回 -1。

2）semctl( )函数：控制信号量的相关信息。

```
int semctl(int semid, int sem_num, int cmd, ...);
```

参数说明如下。

① 参数 semid：操作对象的 ID，即是信号量的索引。

② 参数 sem_num：操作第几个信号量。

③ 参数 cmd：需要执行的命令。

对于不同的命令，可能需要用到一个联合体，原型如下。

```
union semun
}
    int val:                    /*  Value for SETVAL * /
    struct semid_ds* buf;       /*  Buffer for IPC_STAT,IPC_SET * /
    unsigned short * array;     /*  Array for GETALL,SETALL * /
    struct semionfo * _buf;     /*  Buffer for IPC_INFO(Linux specific)* /
}
```

3）semop( )函数：对信号量进行操作，改变信号量的值。

```
int semop(int semid, struct sembuf semoparray[], size_t numops);
```

参数和返回值说明如下。

① 参数 semid：操作对象的 ID。

② 参数 struct sembuf semoparray［］：对信号量的操作。

③ 参数 numops：信号量个数。

④ 返回值：若成功，则返回 0；若出错，则返回 −1。

（3）信号量使用示例　信号量使用示例代码如下。

```
//****************************************************
#include <sys/types.h>
#include <sys/ipc.h>
#include <sys/sem.h>
#include <stdio.h>

// int semget(key_t key, int nsems, int semflg);
// int semctl(int semid, int semnum, int cmd, ...);

union semun
{
        int val;                    //给信号量赋值
        struct semid_ds * buf;      // IPC_STAT 和 IPC_SET 的缓冲区
        unsigned short  * array;    // GETALL 和 SETALL 的数组
        struct seminfo  * _buf;     // IPC_INFO 的缓冲区(Linux-specific)
}
/*  P(通过)操作* /
void P_operation (int id)
{
        struct sembuf set;
        set.sem_num = 0;
        set.sem_op = -1;
        set.sem_flg = SEM_UNDO;
        semop(id,&set,1);
        printf("get key success \n");
}
/*  V(释放)操作* /
```

```
void V_operation (int id)
{
        struct sembuf set;
        set.sem_num = 0;
        set.sem_op = 1;
        set.sem_flg = SEM_UNDO;
        semop(id,&set,1);
        printf("put key success \n");
}

int main()
{
        key_t key;
        int semid;
        key = ftok(".",3);
        semid = semget(key,1,IPC_CREAT |0666);  //注册信号量
        union semun initsem;
        initsem.val = 0;
        semctl(semid,0,SETVAL,initsem);   //SETVAL:将信号量的值设置为 init-
                                          sem
        int pid = fork();
        if(pid > 0)
        {
                P_operation (semid);   //拿锁
                printf("this is father \n");
        }
        else if(pid == 0)
        {
                printf("this is child \n");
                V_operation (semid); //放锁
        }
        return 0;
}
```

4.3.6 RPC 和序列化技术

1. RPC 和序列化技术简介

（1）RPC   RPC 的全称为 Remote Procedure Call（远程过程调用）。编程过程中随时都在调用函数，这些函数基本都位于本地，也就是当前进程某一个位置的代码块。但如果要调用的函数不在本地，而在网络中某个服务器上呢？这就是 RPC 的来源。

RPC 访问过程如图 4-13 所示。RPC 通过网络进行功能调用，涉及参数的打包和解包、网络的传输以及结果的打包和解包等工作，而其中对数据进行打包和解包就需要依赖序列化技术完成。

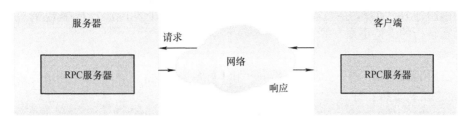

图4-13 RPC 访问过程

（2）序列化技术 简单来说，序列化就是将内存中的对象转换成可以传输和存储的数据，而这个过程的逆向操作就是反序列化。序列化和反序列化技术可以实现将内存中的对象在本地和远程计算机之间的搬运，具体可分为以下三步。

1）将本地内存对象编码成数据流。

2）通过网络传输上述数据流。

3）将收到的数据流在内存中构建成对象。

序列化技术有很多免费开源的框架，衡量一个序列化框架的指标有以下五个。

1）是否支持跨语言使用，能支持哪些语言。

2）是否只有单纯的序列化功能，是否包含 RPC 框架。

3）序列化传输性能。

4）扩展支持能力（数据对象增删字段后前后的兼容性）。

5）是否支持动态解析（动态解析是指不需要提前编译，根据拿到的数据格式定义文件立即就能解析）。

2. 序列化框架

下面是目前流行的三大序列化框架 ProtoBuf、Thrift 和 Avro 的对比。

（1）ProtoBuf

1）厂商：Google。

2）支持语言：C + +、Java 和 Python 等。

3）动态解析支持：较差，一般需要提前编译。

4）是否包含 RPC 框架：否。

5）简介：ProtoBuf 是 Google 开发的序列化框架，成熟稳定，性能强劲，很多大厂都在使用。它自身只是一个序列化框架，不包含 RPC 功能，不过可以与同是 Google 开发的 gRPC 框架配套使用，作为后端 RPC 服务开发的黄金搭档。

（2）Thrift

1）厂商：Facebook。

2）支持语言：C + +、Java、Python、PHP（页面超文本预处理器）、C#、Go 和 JavaScript 等。

3）动态解析支持：差。

4）是否包含 RPC 框架：是。

5）简介：这是一个由 Facebook 开发的 RPC 框架，本身含有二进制序列化方案，但 Thrift 本身的 RPC 和数据序列化是解耦的，用户还可以选择 XML、JSON 等自定义的数据格式。在国内同样有一批大厂在使用，性能方面和 ProtoBuf 不分伯仲。其缺点和 ProtoBuf 一样，对动态解析的支持不太友好。

（3）Avro

1）支持语言：C、C++、Java、Python 和 C#等。

2）动态解析支持：好。

3）是否包含 RPC：是。

4）简介：这是一个源于 Hadoop 生态中的序列化框架，自带 RPC 框架，也可独立使用。它相比前两个序列化框架最大的优势就是支持动态解析。

这三种框架中，Avro 的灵活性和功能最便于使用，性能也不错。

3. RPCGEN 的安装和使用

RPCGEN 是一个通过 C 语言实现的 RPC 协议工具，用于自动生成 RPC 服务器和客户端的代码，通常作为系统开发工具的一部分，不单独发布。在大多数 Linux 发行版中，RPC-GEN 可以通过包管理器进行安装。

Linux 环境下的安装命令为 sudo apt-get install rpcbind。rpcbind 包通常包含 RPCGEN 工具。安装完成后，将获得 RPCGEN 工具，可以用它来处理.x 文件，生成客户端和服务器端的代码。

下面的示例代码展示了一个名为 helloProg 的程序，包含一个名为 helloVers 的版本，其中定义了一个名为 rpc_hello 的过程。rpc_hello 过程接收一个类型为 hello_t 的参数，并返回一个类型为 hello_t 的结果。hello_t 是结构体类型，包含一个枚举类型的字段 op、一个整型字段 status 和一个字符数组字段 data。

```
//**********************************************************
#define MAXLEN 1500
#define RPC_HELLO 0x80000088
enum type {
    rpc_invalid,
    rpc_hello,
    rpc_goodbye,
    rpc_number
};
struct_hello_t
{
    enum type op;
    int status;
    char data[MAXLEN];
};
typedef struct_hello_t hello_t;

program helloProg
{
    version helloVers
    {
```

```
        hello_t rpc_hello( hello_t ) = 1;
    } = 1;
} = RPC_HELLO;
//********************************************************************
```

以上示例展示了如何使用 RPCGEN 定义 RPC 接口, 并生成相应的客户端和服务器端代码。在处理 .x 文件时, RPCGEN 将根据接口定义生成相应的 stub 程序和 skeleton 程序, 分别用于客户端和服务器端的通信。

4. RPCGEN 的使用示例

(1) 准备 .x 文件自定义的数据结构　代码如下。

```
//********************************************************************
/* msg.x: 远程消息打印协议 */
struct request
{
    int user;
    char command[32];
};
struct calendar
{
    int Year;
    char Month;
    char Day;
    char Hour;
    char Min;
    char Sec;
};
program MESSAGEPROG
{
    version PRINTMESSAGEVERS
    {
        struct calendar GETTIME(struct request* ) = 1;
    } = 1;
} = 0x20000001;
//********************************************************************
```

(2) 生成 RPC 应用文件　运行命令 rpcgen test.x 生成 test_clnt.c、test.h、test_svc.c 和 test_xdr.c 四个文件, 其中 test.h 和 test_xdr.c 是客户端和服务器共用的。test_clnt.c 是客户端代码, test_svc.c 是服务器端代码。这四个文件内容分别如下。

1) test_clnt.c 文件。

```
//********************************************************************
/*
 * Please do not edit this file.
 * It was generated using rpcgen.
 */
```

```
#include <memory.h> /*  for memset * /
#include "test.h"
/*  Default timeout can be changed using clnt_control() * /
static struct timeval TIMEOUT = { 25, 0 };
struct calendar *
gettime_1(struct request * argp, CLIENT * clnt)
{
    static struct calendar clnt_res;
    memset((char * )&clnt_res, 0, sizeof(clnt_res));
    if (clnt_call (clnt, GETTIME,
        (xdrproc_t) xdr_request, (caddr_t) argp,
        (xdrproc_t) xdr_calendar, (caddr_t) &clnt_res,
        TIMEOUT) ! = RPC_SUCCESS)
    {
        return (NULL);
    }
    return (&clnt_res);
}
//*********************************************************
```

2）test.h 文件。

```
//*********************************************************
/*
*  Please do not edit this file.
*  It was generated using rpcgen.
* /
#ifndef_MSG_H_RPCGEN
#define_MSG_H_RPCGEN
#include <rpc/rpc.h>
#ifdef_cplusplus
extern "C"
{
    #endif
    struct request
    {
        int user;
        char command[32];
    };
    typedef struct request request;
    struct calendar
    {
        int Year;
        char Month;
        char Day;
```

```
        char Hour;
        char Min;
        char Sec;
    };
    typedef struct calendar calendar;
    #define MESSAGEPROG 0x20000001
    #define PRINTMESSAGEVERS 1
    #if defined(_STDC_) ||defined(_cplusplus)
    #define GETTIME 1
    extern   struct calendar * gettime_1(struct request * , CLIENT * );
    extern   struct calendar *  gettime_1_svc(struct request * , struct
    svc_req * );
    extern int messageprog_1_freeresult (SVCXPRT * , xdrproc_t, caddr_t);
    #else /*  K&R C * /
    #define GETTIME 1
    extern   struct calendar * gettime_1();
    extern   struct calendar * gettime_1_svc();
    extern int messageprog_1_freeresult ();
    #endif /*  K&R C * /
    /*  the xdr functions * /
    #if defined(_STDC_) ||defined(_cplusplus)
    extern   bool_t xdr_request (XDR * , request* );
    extern   bool_t xdr_calendar (XDR * , calendar* );
    #else /*  K&R C * /
    extern bool_t xdr_request ();
    extern bool_t xdr_calendar ();
    #endif /*  K&R C * /
    #ifdef_cplusplus
}
#endif
#endif /*  !  _MSG_H_RPCGEN * /
//***********************************************************
```

3) test_svc. c 文件。

```
//***********************************************************
/*
 * Please do not edit this file.
 * It was generated using rpcgen.
 */
#include "test.h"
#include <stdio.h>
#include <stdlib.h>
#include <rpc/pmap_clnt.h>
#include <string.h>
```

```
#include <memory.h>
#include <sys/socket.h>
#include <netinet/in.h>
#ifndef SIG_PF
#define SIG_PF void(*)(int)
#endif
static void
messageprog_1(struct svc_req * rqstp, register SVCXPRT * transp)
{
    union
    {
        struct request gettime_1_arg;
    } argument;
    char * result;
    xdrproc_t _xdr_argument, _xdr_result;
    char * (* local)(char *, struct svc_req *);
    switch (rqstp->rq_proc)
    {
    case NULLPROC:
        (void) svc_sendreply (transp, (xdrproc_t) xdr_void, (char * )
        NULL);
        return;
    case GETTIME:
        _xdr_argument = (xdrproc_t) xdr_request;
        _xdr_result = (xdrproc_t) xdr_calendar;
        local = (char * (* )(char *, struct svc_req * )) gettime_1_svc;
        break;
    default:
        svcerr_noproc (transp);
        return;
    }
    memset ((char * )&argument, 0, sizeof (argument));
    if (! svc_getargs (transp, (xdrproc_t) _xdr_argument, (caddr_t)
    &argument))
    {
        svcerr_decode (transp);
        return;
    }
    result = (* local)((char * )&argument, rqstp);
    if (result ! = NULL && ! svc_sendreply(transp, (xdrproc_t) _xdr_re-
    sult, result))
    {
        svcerr_systemerr (transp);
```

```
    }
    if (! svc_freeargs (transp, (xdrproc_t) _xdr_argument, (caddr_t)
    &argument))
    {
        fprintf (stderr, "% s", "unable to free arguments");
        exit (1);
    }
    return;
}
int
main (int argc, char ** argv)
{
    register SVCXPRT * transp;
    pmap_unset (MESSAGEPROG, PRINTMESSAGEVERS);
    transp = svcudp_create(RPC_ANYSOCK);
    if (transp = = NULL)
    {
        fprintf (stderr, "% s", "cannot create udp service. ");
        exit(1);
    }
     if (! svc _register (transp, MESSAGEPROG, PRINTMESSAGEVERS, mes-
     sageprog_1, IPPROTO_UDP))
    {
        fprintf (stderr, "% s", "unable to register (MESSAGEPROG, PRINT-
        MESSAGEVERS, udp).");
        exit(1);
    }
    transp = svctcp_create(RPC_ANYSOCK, 0, 0);
    if (transp = = NULL)
    {
        fprintf (stderr, "% s", "cannot create tcp service. ");
        exit(1);
    }
     if (! svc _register (transp, MESSAGEPROG, PRINTMESSAGEVERS, mes-
     sageprog_1, IPPROTO_TCP))
    {
        fprintf (stderr, "% s", "unable to register (MESSAGEPROG, PRINT-
        MESSAGEVERS, tcp).");
        exit(1);
    }
    svc_run ();
    fprintf (stderr, "% s", "svc_run returned");
    exit (1);
```

```
        /* NOTREACHED * /
    }
    //*************************************************************
```

4）test_xdr.c 文件。

```
    //*************************************************************
    /*
    *  Please do not edit this file.
    *  It was generated using rpcgen.
    * /
    #include "msg.h"
    bool_t
    xdr_request (XDR * xdrs, request * objp)
    {
        register int32_t * buf;
        int i;
        if (! xdr_int (xdrs, &objp - >user))
            return FALSE;
        if (! xdr_vector (xdrs, (char * )objp - >command, 32,
            sizeof (char), (xdrproc_t) xdr_char))
            return FALSE;
        return TRUE;
    }
    bool_t
    xdr_calendar (XDR * xdrs, calendar * objp)
    {
        register int32_t * buf;

        if (! xdr_int (xdrs, &objp - >Year))
            return FALSE;
        if (! xdr_char (xdrs, &objp - >Month))
            return FALSE;
        if (! xdr_char (xdrs, &objp - >Day))
            return FALSE;
        if (! xdr_char (xdrs, &objp - >Hour))
            return FALSE;
        if (! xdr_char (xdrs, &objp - >Min))
            return FALSE;
        if (! xdr_char (xdrs, &objp - >Sec))
            return FALSE;
        return TRUE;
    }
    //*************************************************************
```

（3）客户端文件编写　代码如下。

```
//**********************************************************
#include <stdio.h>
#include "test.h"
#define RMACHINE"localhost"/* 远程机名称* /
CLIENT* handle;/* 远程过程句柄* /
/* gettime_1()是RPCGEN自动生成的函数。这里封装一下,使本代码调用的函数原型保持
不变* /
struct calendar * gettime(struct request * req)
{
    return gettime_1(req, handle);
}
int main(char * argc, char ** argv)
{
    struct request req;
    struct calendar * calendar;
    int ret;
    req.user = 2;
    sprintf(req.command, "gettime");
    /* 创建句柄* /
    handle = clnt_create(RMACHINE,MESSAGEPROG,PRINTMESSAGEVERS,"tcp");
    if (handle = = (CLIENT * )NULL)
    {
        perror("clnt_create");
        return 0;
    }
    calendar = gettime(&req);
    printf("time % d-% d-% d % d:% d:% d \n", calendar - >Year, calendar - >
    Month, calendar - >Day,
        calendar - >Hour, calendar - >Min, calendar - >Sec);
    clnt_destroy(handle);
    exit(0);
}
//**********************************************************
```

(4) 服务器端文件编写 代码如下。

```
//**********************************************************
/* 手动编写的服务器端文件代码 * /
#include <rpc/rpc.h>
#define RPC_SVC
#include "test.h"
struct calendar * gettime_1_svc(struct request * req, struct svc_req *
rqstp)
{
    static struct calendar cal;
```

```
    printf("user = % d, command = % s \n", req - > user, req - > command);
    cal. Year = 2021;
    cal. Month = 8;
    cal. Day = 13;
    cal. Hour = 19;
    cal. Min = 04;
    cal. Sec = 30;
    return &cal;
}
//**********************************************************
```

（5）编写 Makefile 代码如下。

```
//**********************************************************
    cc  msg_clnt. c msg. h client. c msg_xdr. c -o client -lnsl
    cc  msg_svc. c msg. h msg_xdr. c msg_sif. c -o server -lnsl
//**********************************************************
```

4.4 边缘计算网关技术

4.4.1 通用边缘计算网关技术

网关是一种常见的边缘计算设备，与传统的只用来搜集和转发资料的物联网网关相比，新一代边缘计算网关变得更加聪明。随着设备的增多，只让云端承担全部设备的数据传输和计算是不现实的，因此在网络边缘的设备（如边缘计算网关）开始具备运算分析能力，能对靠近传感器和其他物联网设备周围搜集的数据进行运算处理，让数据变少以后再回传云端，这样云端的压力就得到了分解。

与传统的 PLC 工业控制器不同，边缘计算网关使用更为通用的语言编程。即使没有网络，边缘计算网关也能通过和其他运算设备组成一个具有分布式计算架构的本地局域网，自行接手运算，等待网络恢复后，才将处理后的资料传回云端。如果边缘设备运算能力足够，甚至可以直接在本地处理数据，不必再送到云端继续处理。

用户可以在工厂内通过工业网关，给各种家电、工业产品、设备等"物"加上感知设备，使其能够收集数据，协调不同数据源之间的通信，分析并传递数据。之后数据将会被传到思普云工业物联网平台（接入的云平台可以是思普云或用户首选的其他任何云），通过软件的运算和优化，最终形成相应的服务。网关应用逻辑结构如图 4-14 所示。

1. 边缘计算网关的优势

1）低功耗。相比于汇总海量数据进行集中运算分析的云端服务器，边缘计算网关在最靠近设备层的现场实时处理数据，通过减少远程传输的数据量和采用高能效的运算芯片，有效减少了物联网应用的系统整体能耗。

2）架构简化。边缘计算网关集网关、路由、交换机和设备控制等多功能于一身，同时内置完备的行业协议库以便于设备对接，支持开发设备协同应用功能，大大简化了物联网通信层架构。

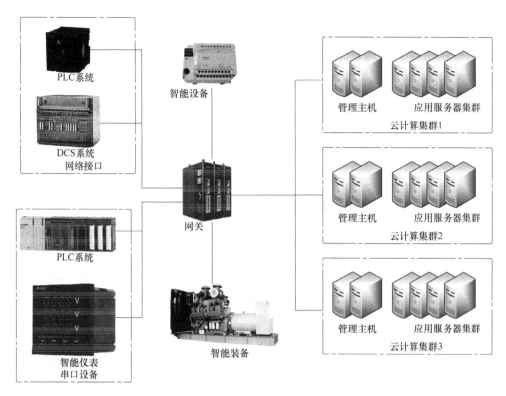

图 4-14　网关应用逻辑结构

3）小体积。边缘计算网关采用高集成度设计，让外形尺寸更小、更紧凑，从而更易安装部署，使网关终端的应用场景更多样，可应用于如智慧灯杆、输配电监测、工业监测、机组监测、智能制造和智慧零售等各类领域。

4）智能响应。搭载边缘计算功能的智能网关还拥有强大的设备联动控制能力，支持自主执行设备管理策略、多设备联动策略、事件分析策略和异常处理策略等。边缘计算网关支持二次开发，可进一步开拓机器学习与运算优化能力。

5）灵活部署。边缘计算网关同时支持千兆有线和 4G/5G 无线通信，用户可以按需选用，安装部署和使用都更加个性灵活。边缘计算网关还支持远程升级，用户可以随时按需更新固件，与项目功能应用进行深度适配，从而发挥出最大效能。

6）云边协同快速部署。云端配置信息可以一键部署到边缘计算网关，实现云边协同。

标准物模型：通过物理模型定义设备，为设备提供标准接入方式，促进云边协同，简化接入开发流程，实现无缝连接与交互，提高物联网应用效率。

7）全链路数据安全。采用多种数据加密和鉴权方式，配套完备的权限管理体系，保障数据安全。

8）远程运维。提供安全的边缘计算网关登录能力，实现网关设备远程运维。

规则引擎：便利的规则引擎配置工具，丰富的云端规则储备，提供一站式规则开发服务。通过云端配置规则，使边缘计算网关实现远程运维功能，包括监测设备状态和执行操作，提高设备管理效率。

2. 边缘计算网关的应用场景

边缘计算网关可以广泛应用于云端向网络边缘侧转移的各个场景，因此尤其适用于有大量设备连接需求的物联网场景。在以下物联网场景及更多其他场景中，边缘计算网关正在发挥至关重要的作用：

1）工业制造。将现场设备封装成边缘设备，通过工业无线和工厂数字化 SDN 将设备以扁平互连的方式连接到工业数据平台中，与大数据、深度学习等云服务对接。

2）智慧园区。一站式接入多种通信协议，用于办公网、视频流和 Wi-Fi 等多种运营商通信网，并基于智能视频分析、梯联网数据分析、路灯控制、综合安防和夜间红外巡逻等功能打造标准化的智慧园区综合业务系统。

3）智慧农业。利用传感、网络、本地计算和控制设备等调动供水、施肥和除虫等设备，集成城市供水设备、信息系统和业务流程。

4）视频分析。随着移动设备和城市摄像机的增加，使用视频达到一定目的已经成为一种合适的手段，但是云计算模式不适合处理这种视频，因为网络中大量的数据传输可能导致网络拥塞，而视频的隐私性数据很难保证。因此，边缘计算提出让云中心发布相关请求，每个边缘节点结合本地视频数据对请求进行处理，只将相关结果返回给云中心。这不仅减少了网络流量，而且在一定程度上保证了用户的隐私。例如，如果一个子节点在城市中丢失，云中心可以向每个边缘节点发送查找该子节点的请求，边缘节点结合本地数据处理请求，返回是否查找子节点。这比将所有视频上传到云中心并让云中心解决问题快得多。

5）智能家居。随着物联网的发展，普通家庭的电子设备变得更加活跃。仅将这些电子设备连接到网络无法实现智能家居的"智能"特性，还需要更好地利用这些电子设备产生的数据，才能更好地为当前的家庭服务，实现真正的智能家居。考虑到网络带宽和对数据隐私的保护，这些数据只能在本地流通和直接处理，这就需要网关作为一个边缘节点来处理家庭中生成的数据。同时，由于数据的来源（如计算机、手机、传感器和任何其他智能设备）很多，需要定制一个特殊的操作系统，以便将这些抽象的数据混合在一起，并将它们有机地统一起来。

6）智慧城市。边缘计算的初衷是使数据更接近数据源，因此边缘计算在智能城市中具有以下优势：

① 海量数据处理：人口众多的大城市总是会产生大量的数据，如果将数据交给云中心处理，会造成巨大的网络负担和严重的资源浪费。如果这些数据能够在数据源所在的局域网附近进行处理，将大大降低网络负载，进一步提高数据处理能力。

② 低延迟：在大城市中，许多服务都要求具有实时性，这就要求尽可能地提高响应速度。例如，在医疗和公共安全领域，边缘计算可以减少网络中的数据传输时间，简化网络结构；边缘节点可以对数据进行分析、诊断和决策，提高用户体验。

7）位置感知。对于一些基于位置的应用程序，边缘计算的性能由云计算决定。例如，对于导航来说，终端设备可以根据其实时位置将相关的位置信息和数据提供给边缘节点进行处理，并且边缘节点可以基于现有数据判断和做出决策。这样一来，整个过程中的网络开销会大大降低，用户请求的响应也会更快。

4.4.2　高性能边缘计算网关技术

与通用网关相比，边缘计算网关强调的是"计算"二字，它有完整的处理能力，能够对数据进行本地解析，并得出结果。通常这些解析和结果是在远程集中式服务器上实现的，如果给每个边缘网络都配备本地服务器，效果也一样。之所以出现边缘计算网关，这和整个物联网的设计思路有关。物联网希望将终端数据采集后交给集中式处理单元负责后续处理，可是在实际部署中发现，如果真的实现物物相连，以云计算厂商的计算能力可能无法处理，因为采集的数据既有高并发类型，又有时间敏感类型，或两者同时出现，甚至还有要求高运算的数据。这是在基础设施能够提供的带宽总量有限的情况下无法解决的问题，也不是简单地多铺设几条光缆就能够解决的。最能体现这个问题的场景就是无人驾驶，为了在 0.1ms内完成对危险的判断，做出安全举措，完全依赖 5G 把数据传出去，服务器计算完再返回结果，明显不可能按要求完成。所以近年来提出了在道路边就近建立高性能边缘计算网关，这样才可能确保响应速度。

高性能边缘计算可以将数据在边缘计算网关中进行初步筛选并处理，将重要的安全信息发送到监管平台并发出警告，使处理信息的效率得到提高并能够更及时地获得隐患信息。

基于高性能边缘计算的理念，边缘计算的目的不是取代云平台服务器，而是帮助云平台服务器。那么针对这个任务，更多关注会集中在当云平台的部分算力下沉时，边缘计算网关该如何配合这个场景，更确切地说，边缘计算是一套和云协作的软件协议，包括各种应用对接、本地算力分配等。

基于以上论述，高性能边缘计算网关将向着高性能的 I/O 能力和高性能的处理能力两个方向快速发展，并形成相关的技术应用趋势，高性能边缘计算将广泛应用于各行各业的智能化体系中。

1. 具有强 I/O 能力的嵌入式高性能边缘计算网关

在基于工业现场应用的场景中，高性能边缘计算网关包含了强大的 I/O 能力。除了优越的性能之外，I/O 能力是高性能边缘计算的一个主要特征，可以快速地响应和处理现场逻辑，在一定程度上替代了 PLC 或 DCS 的功能。因为在未来的应用场景下，大规模部署 PLC系统显得过于沉重，所以具有 I/O 能力的高性能网关的出现，可以完美替代专业的控制系统，实现物联网的智能控制，这些智能控制将在未来的智能化系统，如智慧城市、智能交通、智慧运维及智能家居等应用中起到重要作用。

2. 基于高性能 MPU 系统的高性能边缘计算网关

基于高性能的 MPU 系统，将完美结合新型人工智能技术，在各种应用行业中大显身手。高性能的 MPU 系统已经在人工智能识别领域取得非常不错的成绩，也将在其他应用，如信号系统分析、预测性维护、专业机器作业、专业质检及过程分析等领域中发挥重要作用。

3. 高性能边缘计算网关的应用案例

（1）基于智能分析的变速箱故障检测系统　将高性能边缘计算网关压电加速度计安装在变速箱上，获得了不同条件下的变速箱壳体振动数据，并利用时域和频域分析进行故障诊断，从时域波形中提取峰值、均方根、波峰系数、峰度、偏度、标准误差、KRMS（均方根值×峰度）和方差，并训练决策树算法。利用时域数据对傅里叶变换进行频域分析以及对VMD（变分模态分析）、EMD（经验模态分析）进行信号分解。频域被分成大小相等的段和波形下的区域，从每个段中提取代表所使用的特性。训练决策树作为一种提高效率的方法，提升了以前曾进行过在线状态监测的研究工作效率。

（2）基于人工智能的 CNC（计算机数控）机台刀具异常分析系统　基于人工智能的 CNC 机台刀具异常分析系统是利用加装在 CNC 机台上的传感器（压电传感器、功率传感器）对 CNC 加工中的振动和功率信号进行诊断分析，建立不同的运行特征，通过人工智能的方式进行断刀、崩刃和磨损等信息的异常检测，同时对刀具建立大数据系统，并通过大量的数据分析和解析，获取刀具的寿命参数，协同刀具的运行状态，建立刀具的全过程管控系统，辅助智能制造提高工作效率和产品的良品率。

（3）智能体能训练考核系统　智能体能训练考核系统由智能体能训练考核机器人和大数据平台两部分组成。其中，考核机器人是面向军事体能训练、考核和比武等场景研发的一款机器人，它实现了设备的高集成性，单台机器人即可完成包括引体向上（屈臂悬垂）、俯卧撑、仰卧起坐、30m×2 蛇形跑和 3000m 跑五项通用训练课目的智能化考评。人工智能机器人支持软件定义，还可集成其他组合科目，如双杠臂屈伸、400m 障碍等科目的考评；支持机器人语音指令功能；在训练和考核过程中，运动动态实时监控、姿态检测和动作标准检测及判断，实时语音播报和提醒，助力体能成绩精准提升。

4.5　本章小结

　　本章详细介绍了边缘计算的开发技术，包括硬件开发和软件开发，很多教材或者边缘计算的专业书籍讲述了宏观的原理，但如何实现这些硬件、软件体系，大多数人并不清楚，本章从 MCU、MPU 两种硬件开发体系出发，介绍了边缘计算硬件开发技术，最终实现一个边缘计算的完整硬件系统。实现硬件后，如何与软件对接呢？本章又通过介绍边缘计算的 Linux 开发技术（Windows 不太适合用于边缘计算场景），介绍了边缘计算有一个灵活的业务场景，那就是任何使用边缘计算硬件的人都可以通过脚本技术实现自己的业务逻辑，这就是边缘计算的魅力所在，既能实现高性能，又能实现高可用。随后本章介绍了边缘计算技术在工业网关中的应用和技术体系，帮助大家对边缘计算通过网关实现的技术路径进行了解。在未来的发展中，边缘计算注定会越来越广泛应用于我们的生活中。因此希望通过对本章的学习，激起大家对于软硬件开发技术尤其是硬件开发体系的兴趣。

本章习题

　　1）选择一款 MCU 产品，进行硬件设计，实现简单的控制功能，结合上一章介绍的 Modbus 通信协议，设计一款简单工业控制器的软硬件系统。

　　2）选择一款 MPU 开发板，实现一个 OPC UA 的客户端和服务器端系统（基于 Linux 系统）。

　　3）在 Linux 下实现具有三个数据交互子任务的线程池，实现互斥和信号量操作。

　　4）利用 RPC 技术实现一个远程调用实例。

第 **5** 章

云原生开发技术

云原生（Cloud Native）是基于分布部署和统一运管的分布式云，以容器、微服务和 De-vOps 等技术为基础建立的一套云技术应用体系。云原生应用也就是面向云而设计的应用，在使用云原生技术后，开发者无须考虑底层的技术实现，可以充分发挥云平台的弹性和分布式优势，实现快速部署、按需伸缩和不停机交付等。

云原生是一种文化，更是一种潮流，它是云计算和边缘计算的必然导向，是让云成为云化战略成功的基石。在云计算时代，云原生技术注定将对现代化应用的建设、交付与运维产生颠覆性的影响。

5.1 云原生

云原生是一个组合词。"云"表示应用程序位于云中，而不是位于传统的数据中心；"原生"表示应用程序从设计之初就考虑到云的环境，原生为云而设计，在云上以最佳姿势运行，充分利用和发挥云平台的弹性和分布式优势。

云与本地相对，传统的应用必须运行在本地服务器上，现在流行的应用都运行在云端，云包含了 IaaS（基础设施即服务）、PaaS 和 SaaS。原生就是土生土长的意思，人们在开始设计应用时就考虑到应用将来要运行在云环境里面，要充分利用云资源的优点。

云原生开发设计的概念范畴如图 5-1 所示，它是以微服务、DevOps、持续交付和容器等

图 5-1 云原生开发设计的概念范畴

技术为基础建立的一套云技术产品体系。云原生指的是一个灵活的工程团队,遵循敏捷的研发原则,使用高度自动化的研发工具,开发专门基于并部署在云基础设施上的应用,以满足快速变化的客户需求。这些应用采用自动化、可扩展且高可用的架构。这个工程团队通过高效的云计算平台的运维来提供应用服务,并且根据线上反馈对服务进行不断地改进。

微服务的概念在此不做赘述,下面介绍 DevOps、持续集成/交付和容器。

1)DevOps 就是开发和运维不再是分开的两个团队,而是一个团队。虽然已经是一个团队,但是运维方面的知识和经验还需要持续提高。

2)持续集成/交付就是在不影响用户使用服务的前提下,频繁把新功能发布给用户使用,这点很难实现。例如,以往的做法是每周发布一个版本,但每次发布后都会对不同的用户产生不同程度的影响。

3)容器的好处在于运维时不需要关心每个服务所使用的技术栈,每个服务都被无差别地封装在容器里,可以被无差别地管理和维护,现在比较流行的工具是 Docker 和 Kubernetes。综上可以发现,在实际应用中,云原生 = 微服务 + DevOps + 持续集成/交付 + 容器。

5.2 应用部署架构的发展历史

云计算系统的发展过程先后经历了传统部署时代和虚拟化部署时代,到了现在的容器部署时代,下面详细介绍各个发展过程及其优劣势。

5.2.1 传统部署时代

早期,各个组织机构在物理服务器上运行应用程序,无法为物理服务器中的应用程序定义资源边界,这会导致资源分配问题。因此传统部署时代无法实现资源隔离,可能出现以下问题。

1)如果在物理服务器上运行多个应用程序,则可能出现一个应用程序占用大部分资源的情况,从而导致其他应用程序的性能下降。

2)一个应用程序修改了另一个应用程序的文件,很有可能导致另一个应用程序崩溃。

这些问题的一种解决方案是在不同的物理服务器上运行每个应用程序,但是会由于资源利用不足而无法扩展,而且维护许多物理服务器的成本很高。

5.2.2 虚拟化部署时代

虚拟化技术允许在单个物理服务器的 CPU 上运行多个 VM。虚拟化技术允许应用程序在 VM 之间隔离,并提供一定程度的安全保证,因为一个应用程序的信息不能被另一个应用程序随意访问。

虚拟化技术能够更好地利用物理服务器上的资源,并且因为可以轻松地添加或更新应用程序而具有更好的可伸缩性和更低的硬件成本等优势。

每个 VM 都是一台完整的计算机,在虚拟化硬件之上运行所有组件,包括自己的操作系统。

虚拟化部署时代虽然实现了资源隔离,但是仍然采用传统的模式。

5.2.3 容器部署时代

容器类似于 VM，但是它们具有被放宽的隔离属性，可以在应用程序之间共享操作系统，因此容器是轻量级的。它具有自己的文件系统、CPU、内存和进程空间等。由于容器与基础架构分离，因此可以跨云和操作系统发行版本进行移植。

容器因具有许多优势而变得流行起来。下面列出的是容器的八个优势。

1）敏捷应用程序的创建和部署：与 VM 镜像相比，容器镜像提高了创建的简便性和效率。

2）持续开发、集成和部署：通过快速简单的回滚（由于镜像不可变性），支持可靠且频繁的容器镜像构建和部署。

3）关注开发与运维的分离：在构建、发布时而不是在部署时创建应用程序容器镜像，从而将应用程序与基础架构分离。

4）可观察性：不仅可以显示操作系统级别的信息和指标，还可以显示应用程序的运行状况和其他指标信号。

5）跨开发、测试和生产的环境一致性：在便携式计算机上与在云中同样运行。

6）跨云和操作系统发行版本的可移植性：可在 Ubuntu、RHEL（红帽企业版）、CoreOS、本地、Google Kubernetes Engine 及其他任何地方运行。

7）以应用程序为中心的管理：提高抽象级别，从在虚拟硬件上运行操作系统到使用逻辑资源在操作系统上运行应用程序。

8）松散耦合、分布式、弹性、解放的微服务：应用程序被分解成较小的独立部分，并且可以动态部署和管理，而不是在一台大型单机上整体运行。

VM 与容器、虚拟化技术已经成为被大家广泛认可的一种服务器资源共享方式，由于 Hypervisor 虚拟化技术仍然存在一些性能和资源使用效率方面的问题，因此出现了一种被称为容器的新型虚拟化技术来帮助解决这些问题。VM 会将虚拟硬件、内核（即操作系统）和用户空间打包在新 VM 中，新 VM 能够利用"VM 管理程序"运行在物理设备之上。容器可以看成一个装好了一组特定应用的 VM，它直接利用了宿主机的内核，抽象层比 VM 更少，更加轻量化，启动速度极快。

相比于 VM，容器拥有更高的资源使用效率，因为它并不需要为每个应用分配单独的操作系统——实例规模更小，创建和迁移速度也更快，这意味着相比于虚拟机，单个操作系统能够承载更多的容器。

云提供商十分热衷于容器，因为在相同的硬件设备当中，可以部署数量更多的容器实例。此外，容器易于迁移，但是只能迁移到具有兼容操作系统内核的其他服务器当中，这也给迁移选择带来了一定限制。

5.3 容器和微服务

容器和微服务是云原生的主要内容，本书将对容器和微服务进行简要介绍。

5.3.1　容器

容器是云原生的核心技术，分为运行时和容器编排两层。

运行时负责容器的计算、存储和网络，它掌控容器运行的整个生命周期。以 Docker 为例，其作为一个整体的系统，主要提供的功能如下：

1）制定容器镜像格式。

2）构建容器镜像（Docker build）。

3）管理容器镜像（Docker images）。

4）管理容器实例（Docker ps）。

5）运行容器（Docker run）。

6）实现容器镜像共享（Docker pull/push）。

这些功能均可由小的组件单独实现，且没有相互依赖。Docker 公司与 CoreOS 和 Google 共同创建了 OCI（Open Container Initial，tive，开放容器计划），并提供了两种规范：

1）运行时规范描述如何运行文件系统束（Filesystem Bundle）。

2）镜像规范制定镜像格式、操作等。

文件系统束定义了一种将容器编码为文件系统束的格式，即以某种方式组织的一组文件，并包含所有符合要求的运行时对其执行所有标准操作的必要数据和元数据，即 config. json 与根文件系统。

Docker、Google 等开源了用于运行容器的工具和库 RunC，作为 OCI 的一种实现参考。在此之后，各种运行时工具和库也慢慢出现，如 Rkt、Containerd 和 Cri-o 等。然而这些工具所拥有的功能却不尽相同，有的只有运行容器［RunC、LXC（Linux 容器）］，而有的除此之外还可以对镜像进行管理（Containerd、Cri-o）。

容器编排将部署、管理、弹性伸缩和容器网络管理都进行了自动化处理。需要管理成百上千 LXC 和主机的企业将从容器编排中获得极大优势。说到容器编排，自然离不开 Kubernetes，Kubernetes 是由 Google 工程师开发设计的开源容器编排工具。2015 年，Google 将 Kubernetes 项目捐献给了新成立的 CNCF（Cloud Native Computing Foundation，云原生计算基金会）。

Kubernetes 是托管需要快速扩展的云原生应用的理想平台，它允许管理者构建跨多个容器的应用程序服务，如跨集群调度容器、扩展容器和管理容器，消除了部署和扩展应用过程中的很多手动操作，无论是物理机还是虚拟机，Kubernetes 都提供了很好的平台，可以简单高效的管理这些集群。

5.3.2　微服务

微服务也被称为微服务架构，是一种架构风格。相比于单体应用，它将应用程序拆分为一组服务，并将这些服务组合起来完成整个复杂的业务功能。在微服务架构中，每个服务都自我包含，并且能实现单一的业务功能。

简单来说，微服务就是将一个系统按业务划分成多个子系统，每个子系统都是完整、可独立运行的，子系统间的交互可以通过 HTTP 协议进行通信，也可以采用消息队列来通信，如 RoocketMQ、Kafaka 等。

1. 微服务的特点

1）自主性。微服务架构中的每个组件服务都可以进行开发、部署、运营和扩展，而不影响其他服务的功能。这些服务不需要与其他服务共享任何代码或实施。各个组件之间的任何通信都通过明确定义的 API 进行。

2）专用性。每项服务都针对一组功能而设计，并专注于解决特定的问题。如果开发人员逐渐将更多代码增加到一项服务中，使这项服务变得复杂，那么可以将其拆分成多项更小的服务。

2. 微服务的优势

1）敏捷性。微服务促进若干小型独立团队形成一个组织，这些团队负责自己的服务。各团队在小型且易于理解的环境中工作，并且可以更独立、更快速地工作。这缩短了开发周期时间，团队也可以从组织的总吞吐量中显著获益。

2）灵活扩展。通过使用微服务，开发人员可以独立扩展各项服务以满足其支持的应用程序功能的需求。这使团队能够适当调整基础设施需求，准确衡量功能成本，并在服务需求激增时保持可用性。

3）轻松部署。微服务支持持续集成和持续交付，可以轻松尝试新想法，并可以在无法正常运行时回滚。由于故障成本较低，因此开发人员可以大胆试验，更轻松地更新代码，并缩短新功能的上市时间。

4）技术自由。微服务架构不遵循"一刀切"的方法。团队可以自由选择最佳工具来解决他们的具体问题。因此，构建微服务的团队可以为每项作业选择最佳工具。

5）可重复使用的代码。将软件划分为小型且明确定义的模块，让团队可以将功能用于多种目的。专为某项功能编写的服务可以用作另一项功能的构建块。这样应用程序就可以自行引导，因为开发人员可以创建新功能，而无须从头开始编写代码。

6）弹性。服务独立性增加了应用程序应对故障的弹性。在整体式架构中，一个组件出现故障，可能导致整个应用程序无法运行。通过使用微服务，应用程序可以通过降低功能处理总体服务故障，避免导致整个应用程序崩溃。

5.3.3　服务网格

随着微服务数量的增多，可能会形成上百甚至上千个相互关联的服务，通过内部或外部网络相互连接。如果要绘制出每个微服务之间的连接关系，情况就复杂了。从代码级别管理这些服务的连接关系会很麻烦，这意味着服务 A 需要了解服务 B 的网络层。为了解决这一挑战，服务网格技术应运而生。

服务网格是用于处理服务间通信的专用基础结构层。对于构成现代化的云原生应用程序的服务而言，服务网格负责可靠地交付这些拓扑结构复杂的服务请求。实际上，服务网格通常通过一系列的轻量级网络代理实现，这些网络代理与应用程序代码一起部署，而无须再关注应用程序。

5.3.4　基础设施

Gartner 将云原生基础设施划分成四大类，基础设施抽象如图 5-2 所示，分别为基础设施即服务（IaaS）、容器即服务（CaaS）、无服务容器（Serverless Containers）和函数即服务

（FaaS），它们的特征见表 5-1。

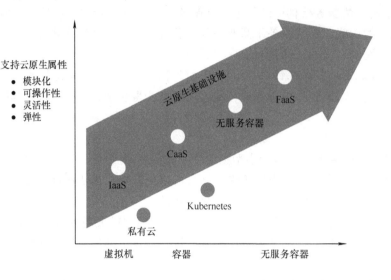

图 5-2　基础设施抽象

表 5-1　基础设施四大分类的特征

分类	IaaS	CaaS	无服务容器	FaaS
代表产品	ECS（弹性计算）	ACK（阿里云容器服务 Kubernetes 版）	ASK Serverless（阿里云容器服务无服务版）、ECI（弹性容器实例）	函数计算（Function Compute）
虚拟化技术	硬件虚拟化	操作系统虚拟化容器	MicroVM	容器或应用运行时虚拟化
应用交付	虚拟机镜像配合自动化脚本	容器镜像	容器镜像	应用代码
兼容性和灵活性	高	中	中	低
扩容单位	虚拟机	Pod	Pod	函数实例
弹性效率	分钟级	秒级	秒级	毫秒级

从表 5-1 中可以看到，这四类基础设施计算单元的粒度越来越细，也越来越多地体现云原生的以下特质：

1）模块化程度越来越高。云原生自包含应用打包方式，应用与底层物理基础设施解耦。

2）自动化运维程度越来越高。云原生具有自动化的资源调度和弹性伸缩能力，使用户将关注点逐渐聚焦到应用自身。

3）弹性效率越来越高。虚拟机可以实现分钟级扩容，容器可以实现秒级扩容，函数可以实现毫秒级扩容。

4）故障恢复能力越来越高。系统故障恢复能力的增强，大大简化了应用架构容错的复杂性。

5.3.5 声明式 API

Kubernetes 的功能都是由各种 API 对象提供，API 对象正是 Kubernetes 的接口，用户通过操作这些 API 对象来使用 Kubernetes 的功能。最常见的声明式 API 就是 Kubectl Apply命令。

使用 Kubernetes API 对象的方式一般是编写对应 API 对象的 YAML 文件交给 Kubernetes，而不是使用一些命令直接操作 API。所谓"声明式"，是指只需要提交一个定义好的 API 对象来"声明"（YAML 文件其实就是一种"声明"），表示所期望的最终状态是什么样子就可以了。如果提交的是一个个命令，去指导怎么一步步达到期望状态，这就是"命令式"。

命令式意味着 Kube-APIServer 在响应命令式请求（如 Kubectl Replace）时，一次只能处理一个写请求，否则就有产生冲突的可能。而对于声明式请求（如 Kubectl Apply），一次能处理多个写操作，并且具备融合（Merge）能力。

5.4 Kubernetes

Kubernetes 这个名字起源于古希腊，是舵手的意思，所以它的标志既像一张渔网，又像一个罗盘，Google 选择这个名字还有一个深意：既然 Docker 把自己比作一只鲸鱼驮着集装箱在大海上遨游，Google 就要用"舵手"去掌握大航海时代的话语权，捕获和指引着这条鲸鱼按照主人设定的路线去巡游。

Kubernetes 将集群中的机器划分为一个主节点（Master）和一群工作节点（Worker Node）。主节点上运行着与集群管理相关的一组进程，包括 Kube-APIServer、Kube-Controller-Manager 和 Kube-Scheduler，如图 5-3 所示。这些进程自动化实现了整个集群的资源管理、Pod 调度、弹性伸缩、安全控制、系统监控和纠错等管理功能。

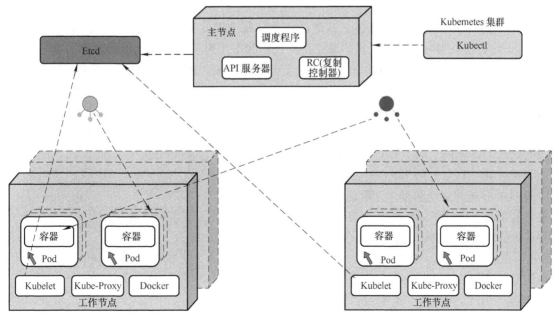

图 5-3 Kubernetes 集群结构

5.4.1 Kubernetes 主节点

主节点是指集群控制节点。每个 Kubernetes 集群里需要有一个主节点负责整个集群的管理和控制。Kubernetes 主节点提供集群的独特视角，并且拥有以下组件。

1）Kubernetes API 服务器（Kube-APIServer）提供 HTTP REST 接口的关键服务进程，是 Kubernetes 里所有资源增删改查等操作的唯一入口，也是集群控制的入口进程。API 服务器提供可以用来和集群交互的 REST 端点。

2）Kubernetes 主控制器（Kube-Controller-Manager）是 Kubernetes 里所有资源对象的自动化控制中心。

3）Kubernetes 调度程序（Kube-Scheduler）负责资源调度（Pod 调度）的进程。复制控制器（Replication Controller，RC）负责创建和复制 Pod，确保在集群中运行指定数量的 Pod 副本，以维持应用程序的健壮性和可用性。

5.4.2 工作节点

工作节点是物理或者虚拟机器。Kubernetes 工作节点通常被称为 Minion 节点（工作节点）。每个节点都运行以下 Kubernetes 关键组件。

1）Kubelet：与主节点协作，是主节点的代理，负责 Pod 对应容器的创建、启动和停止等任务。默认情况下 Kubelet 会向主节点注册自己。Kubelet 定期向主节点汇报加入集群的节点的各类信息。

2）Kube-Proxy：Kubernetes 服务使用其将链接路由到 Pod，作为外部负载均衡器使用，在一定数量的 Pod 之间均衡流量。例如，用于负载均衡 Web 流量。

3）Docker 或 Rocket：Kubernetes 使用的容器技术，用来创建容器。

5.4.3 Pod

Pod 是 Kubernetes 最重要也是最基础的概念，每个 Pod 都有一个特殊的根容器（Pause 容器），该容器与引入业务无关且不易死亡。它的状态代表了整个容器组的状态，根容器对应的镜像属于 Kubernetes 平台的一部分，除了根容器，每个 Pod 还包含一个或多个用户业务容器。Pod 其实有两种类型：普通 Pod 和静态 Pod（Static Pod）。静态 Pod 并不存放在 Kubemetes 的 Etcd 存储里，而是存放在某个具体节点上的一个具体文件中，并且只在此节点上启动运行。而普通 Pod 一旦被创建，就会被放入到 Etcd 中存储，之后会被 Kubernetes 主节点调度到某个具体的节点上并进行绑定（Binding），随后该 Pod 被对应节点上的 Kubelet 进程实例化成一组相关的 Docker 容器并启动起来。在默认情况下，当 Pod 里的某个容器停止时，Kubemetes 会自动检测到这个问题，并且重新启动这个 Pod（重启 Podel）的所有容器，如果 Pod 所在的节点宕机，则会将这个节点上的所有 Pod 重新调度到其他节点上。Pod 安排在节点上，包含一组容器和卷。Pod 结构如图 5-4 所示，同一个 Pod 里的容器共享同一个网络命名空间，可以使用本地主机（Localhost）互相通信。

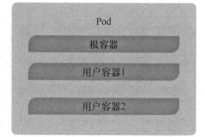

图 5-4 Pod 结构

5.4.4 Lable

Lable（标签）类似于 Docker 中的 Tag（标记），可使用 Kubernetes 专有的标签选择器（Label Selector）进行组合查询。Tag 是用来对"特殊"镜像、容器和卷组等各种资源做标记，而 Lable 是附加到各种如节点、Pod、服务器和 RC 资源对象上，且 Lable 是一对键值对。

5.4.5 复制控制器

复制控制器简称 RC，通过它可实现 Pod 副本数量的自动控制。RC 确保任意时间都有指定数量的 Pod 副本在运行。

如果为某个 Pod 创建了 RC 并且指定 3 个副本，它会创建 3 个 Pod，并且持续监控它们。如果某个 Pod 不响应，那么 RC 会替换它，保持总数为 3。如果之前不响应的 Pod 恢复了，现在就有 4 个 Pod 了，那么 RC 会将其中一个终止，保持总数为 3。如果在运行中将副本总数改为 5，RC 会立刻启动 2 个新 Pod，保证总数为 5。还可以按照这样的方式缩小 Pod，这个特性在执行滚动升级时很有用。

需要注意的是，删除 RC 不会影响该 RC 已经创建好的 Pod，在逻辑上，Pod 副本和 RC 是解耦合的。创建 RC 时，需要指定 Pod 模板（用来创建 Pod 副本的模板）和 Label（RC 需要监控的 Pod 标签）。

由 RC 衍生出的 Deployment（部署），与 RC 的相似度为 90%，目的是为了更好地解决 Pod 编排。

HPA（Horizontal Pod Autoscaler，Pod 水平自动伸缩）是 Pod 水平自动扩容智能控件。与 RC、Deployment 一样，也属于 Kubernetes 的一种资源对象。它的实现原理是通过追踪分析 RC 控制的所有目标 Pod 的负载变化情况，来确定是否针对性地调整目标 Pod 的副本数。

5.4.6 服务

微服务架构中的微服务才是真正的"新娘"，而之前的 Pod、RC 等资源对象其实都是"嫁衣"。

Kubernets 的服务和 Pod 的访问方式如图 5-5 所示，每个 Pod 都会被分配一个单独的 IP 地址，而且每个 Pod 都提供了一个独立的端口 [Pod IP + ContainerPort（容器端口）] 以被客户端访问，现在多个 Pod 副本组成了一个集群来提供服务，客户端要想访问集群，一般的做法是部署一个负载均衡器（软件或硬件），为这组 Pod 开启一个对外的服务端口如 8000 端口，

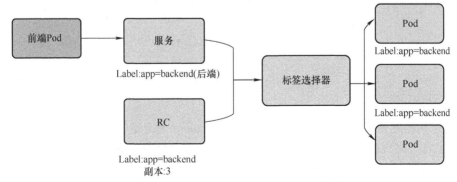

图 5-5 Kubernetes 的服务和 Pod 的访问方式

并且将这些 Pod 的端口列表加入到 8000 端口的转发列表中，客户端就可以通过负载均衡器的对外 IP 地址和服务端口来访问此服务，而客户端的请求最后会被转发到哪个 Pod，则由负载均衡器的算法决定。

Kubernetes 的服务器定义了一个服务的访问入口地址，前端 Pod 通过入口地址访问其后端的一组由 Pod 副本组成的集群实例，服务与其后端 Pod 副本集群之间通过标签选择器实现"无缝对接"。

5.4.7 Minikube

Minikube 相当于一个运行在本地的 Kubernetes 单节点，用户可以通过在里面创建 Pod 来创建对应的服务。

5.4.8 Kubernetes 的功能

Kubernetes 是解决集成部署的自动化工具，其功能如下。

（1）服务发现与负载均衡 Kubernetes 无须修改应用程序即可使用陌生的服务发现机制。Kubernetes 可以使用 DNS 名称或自己的 IP 地址公开容器，如果进入容器的流量很大，Kubernetes 可以负载均衡并分配网络流量，从而使部署稳定。

（2）存储编排 Kubernetes 可以自动挂载所选的存储系统，包括本地存储［如 GCP（谷歌云平台）或 AWS 之类公有云提供商所提供的存储］和网络存储系统［如 NFS（网络文件系统）、iSCSI（互联网小型计算机系统接口）、Gluster、Ceph、Cinder 或 Flocker］。

（3）自动化上线和回滚 Kubernetes 会分步骤地将针对应用或其配置的更改上线，同时监视应用程序的运行状况，以确保用户不会同时终止所有实例。如果出现问题，Kubernetes 会回滚所作更改。用户可以充分利用不断成长的部署方案生态系统。

（4）自动装箱 Kubernetes 可以根据资源需求和其他约束自动放置容器，同时避免影响可用性。Kubernetes 允许用户指定每个容器所需 CPU 和内存（RAM）。当容器指定了资源请求时，Kubernetes 可以做出更好的决策来管理容器的资源。

（5）密钥（Secret）和配置管理 Kubernetes 允许用户存储和管理敏感信息，如密码、OAuth（开放授权）令牌和 ssh 密钥。用户可以在不重建容器镜像的情况下部署和更新密钥和应用程序配置，也无须在堆栈配置中暴露密钥。

（6）自我修复 Kubernetes 可以重新启动失败的容器、替换容器、杀死不响应用户定义的运行状况检查的容器，并且在没有准备好服务之前不将其通告给客户端。

5.5 DevOps

5.5.1 DevOps 简介

DevOps 其实就是 Development（开发）和 Operations（运维）两个词的组合。它是一系列做法和工具，可以使 IT 和软件开发团队之间的流程实现自动化，其逻辑结构如图 5-6 所示。其中，随着敏捷软件开发日趋流行，持续集成和持续交付已经成为该领域一个理想的解决方案。在持续集成/持续交付工作流中，每次集成都通过自动化构建来验证，包括编码、发布和测试，从而帮助开发者提前发现集成错误，团队也可以快速、安全、可靠地将内部软件交付到生产环境。

图 5-6　DevOps 逻辑结构

在 DevOps 的流程下，运维人员会在项目开发期间介入开发过程，了解开发人员使用的系统架构和技术路线，从而制定合适的运维方案。而开发人员也会在运维的初期就参与到系统部署中，并提供系统部署的优化建议。

DevOps 的实施促进了开发和运维人员的沟通，增进了彼此的理解。

5.5.2　开发模式对比

开发模式对比如图 5-7 所示，对比瀑布式开发和敏捷开发，可以明显看出 DevOps 贯穿了软件全生命周期，而不仅限于开发阶段。

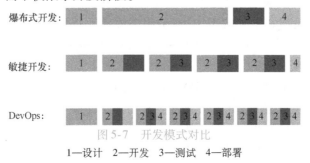

图 5-7　开发模式对比

1—设计　2—开发　3—测试　4—部署

5.5.3 DevOps 的应用价值

DevOps 的应用价值如图 5-8 所示。

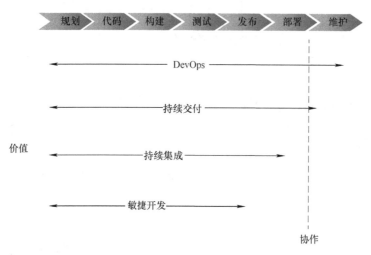

图 5-8　DevOps 的应用价值

5.5.4 DevOps 的作用

DevOps 是企业内开发、技术运营和质量保障三方面工作的融合，用于促进开发、技术运营和质保部门之间的沟通、协作与整合。

有研究显示，在那些引入了 DevOps 概念的企业中，开发与运营人员在设计、构建和测试工作时共同在内部应用上进行协作之后，可以将产品开发的效率提升 20%。然而最为重要的是如何成为一名真正的消费者用户，并像消费者用户那样来考虑引入 DevOps 的意义，无论是成为企业内部用户还是外部用户。事实上，有调查显示，68% 的受访者认为，如何提升最终用户体验一直是 DevOps 战略发展的第一驱动力；61% 的受访者认为，第二个需求是为了提升开发与运营团队之间的协作水平与效率；企业的移动与云计算转型趋势的兴起，同样也是企业引入 DevOps 的重要原因，有 52% 与 43% 的受访者分别选择了这两项。

5.5.5 开发管理工具

即便是具有高度功能化的 DevOps 团队，也需要第三方工具来管理如云计算这类的分布式环境。对于这样的环境来说，有些工具是特别有用的。

如 Flowdock 或 HipChat 这样的 DevOps 实用工具能够帮助开发团队的成员之间以及与 DevOps 人员之间保持联系。如 Asana 或 Basecamp 这类服务能够有助于跟踪开发任务以及在应用发布中的注意事项。

例如，以客户为中心的支持门户网站可让用户直接与管理层或开发团队进行需求沟通，这将有助于触发新的或改进的功能，并确保客户的需求能够得到满足。一个 DevOps 团队能够帮助建立这些服务，并让团队成员了解相关技术。

无论是纵向集成还是横向集成，DevOps 都需要通过工具链与持续集成、持续交付、反馈与优化进行端到端整合。

5.6 云原生的主要应用技术发展

5.6.1 Istio

在 Kubernetes 之后，Istio 是最受欢迎的云原生技术。它是一种服务网格，可以安全地连接一个应用程序的多个微服务。用户也可以将 Istio 视为内部和外部的负载均衡器，具有策略驱动的防火墙，支持全面的指标。开发人员和操作人员喜欢 Istio 的原因在于其具有非侵入式的部署模式。此外，几乎所有的 Kubernetes 服务都可以在无须更改代码或配置的情况下，与 Istio 进行无缝集成。

Google 在 GCP 上管理 Istio 服务。除 Google 外，IBM、Pivotal、Red Hat（红帽）、Tigera 和 Weaveworkds 也都是该项目的积极贡献者和支持者。

Istio 为 ISV（独立软件开发商）提供了向企业提供定制化解决方案和工具的绝佳机会。该项目必将成为建设云原生平台的核心项目之一。

5.6.2 Prometheus

Prometheus 是一个部署在 Kubernetes 上用于观察工作负载的云原生监控工具。它通过全面的指标和丰富的仪表板填补了云原生世界中存在的重要空白。在 Kubernetes 之后，它是唯一从 CNCF 中毕业的项目。Prometheus 通过聚合可以使用集中式仪表板显示的指标来填充 Istio 的空白。从反映 Kubernetes 集群运行状况的核心指标，到高级应用程序特定指标，Prometheus 几乎可以监控所有内容。它整合了像 Grafana 这样主流的数据可视化工具。Kubernetes 未来推出的有关扩展和监控的功能都将取决于 Prometheus，这使它成为云原生平台建设中至关重要的一个项目。

5.6.3 Helm

如果说 Kubernetes 是新型的操作系统，那么 Helm 就是应用程序安装器。基于 Debian 安装包和 Red Hat Package Manager（Red Hat 软件包管理器）设计，Helm 可以通过执行单个命令轻松地部署云原生工作负载。

Kubernetes 应用程序由各种元素组成，如部署（Deployments）、服务（Services）、入口控制器（Ingress Controllers）、持续卷（persistant volumes）等。Helm 则通过将云原生应用程序的所有元素和依赖关系聚合到被称为图表（Chart）的部署单元中，来充当统一打包工具。

由 CNCF 负责管理的 Helm 项目，目前的积极参与者主要包括 BitNami、Google、Microsoft、CodeFresh 和 Ticketmaster 等。Helm 正朝着成为真正意义上的云原生应用程序安装器的方向而努力。

5.6.4 Spinnaker

云原生技术的主要承诺之一就是快速交付软件的能力。Spinnaker 是一个最初在 Netflix（网飞）上构建的开源项目，它就实现了这一承诺。Spinnaker 是一个版本管理工具，可以加速云原生应用程序的部署。通过瞄准传统的 IaSS 环境（如亚马逊弹性计算云和运行在 Kubernetes 上的现代 CaSS 平台），Spinnaker 无缝填补了传统虚拟机和容器之间的空白，其多云功能也使其成为跨不同云平台部署应用程序的理想平台。

Spinnaker 可作为当前所有主流的云环境自托管平台。像 Armory 这样的公司目前也正在提供基于服务等级协定（SLA）的商业级和企业级 Spinnaker。

5.6.5 Kubeless

事件驱动计算正在成为现代应用程序架构不可或缺的一部分。Faas 是当前无服务计算的交付模型之一，它通过基于事件的调用来填补容器。现代应用程序会将服务打包为在同一环境中运行的容器和函数。随着 Kubernetes 成为云原生计算的首选平台，它必须与容器一起运行功能。

来自 BitNami 的开源项目 Kubeless，是云原生生态系统中最受欢迎的无服务器项目之一。它与 AWS Lambda 的兼容性和对主流语言的支持，使其成为理想的选择。所谓无服务器架构，即基于互联网的系统，其中应用开发不使用常规的服务进程。相反，它们仅依赖于第三方服务（如 AWS Lambda 服务），客户端逻辑和服务托管 RPC 的组合。

CNCF 目前尚未将无服务器项目纳入其中。到目前为止最接近这种形式的是 CloudEvent———一种以常见方式描述事件数据的标准规范。如果 Kubeless 能够成为 CNCF 中的一个项目，那将会十分有意义。

5.7 本章小结

本章详细介绍了云原生开发的技术体系和方法，阐述了 DevOps 的基本原理。在云计算领域和边缘计算领域，架构是非常重要的，它是研究边缘计算的基础，构建一个结构良好、选型合适的资源，才能使云计算和边缘计算平台更加完美，包括资源、技术、数据和服务等方面。学习本章的主要目的是为了在实践中，在边缘计算的使用和开发中对相应的技术进行贯穿，让 DevOps 更好得服务于边缘计算的应用。

本章习题

1）随着时代的进步和技术的发展，结合所学习的内容，阐述自己对于未来软件开发和边缘计算架构的理解。

2）利用虚拟机技术安装 Linux 系统，搭建一个轻量级的集群应用简单平台，并体验容器结构对于部署应用的便利性（实践）。

3）利用 Nginx 搭建一个反向代理和均衡负载应用环境（实践）。

4）利用 Kubernetes 搭建一个边缘的集群应用结构体系（实践）。

第 6 章

工业云边端协同技术

云边协同是云计算与边缘计算的互补协同，边缘计算模型的提出，为解决云计算集中式模型的不足提供了新的思路，是适应技术发展需求的产物，但不能完全取代云计算，两者是协同运作的；云和边缘的紧密协同可以更好地满足各种应用场景的需求，从而放大两者的应用价值。边缘计算产业联盟（ECC）提出云边协同包含 IaaS、PaaS 和 SaaS 的多种协同，将网络、基础设施、服务和应用程序等都视为协同的对象。端作为数据的源头和控制的执行者，同样具备协同的重要性，从理论层面厘清云边端协同的重要性是显而易见的。

6.1 云边端协同内涵

云计算与边缘计算各有所长，云计算擅长全局性、非实时和长周期的大数据处理与分析，能够在长周期维护、业务决策支撑等领域发挥优势；边缘计算更适用于局部性、实时和短周期数据的处理与分析，能更好地支撑本地业务的实时智能化决策与执行。

因此云计算与边缘计算之间不是替代关系，而是互补协同关系，云边协同将放大云计算与边缘计算的应用价值：边缘计算既靠近执行单元，又是云端所需高价值数据的采集和初步处理单元，可以更好地支撑云端应用；反之，云计算通过大数据分析优化输出的业务规则或模型可以下发到边缘侧，边缘计算基于新的业务规则或模型运行。

边缘计算不是单一的部件，也不是单一的层次，而是涉及 EC-IaaS（边缘计算 IaaS）、EC-PaaS（边缘计算 PaaS）和 EC-SaaS（边缘计算 SaaS）的端到端开放平台。因此云边协同的能力与内涵涉及 IaaS、PaaS 和 SaaS 各层面的全面协同，主要包括六种协同：资源协同、数据协同、智能协同、应用管理协同、业务管理协同和服务协同。

边端协同时，端作为数据的源头和执行的最末端，有着不同于云计算和边缘计算的功能，它有可能是一个独立的设备，只关乎设备本身的起停，还可能是一个 SCADA（监视控制与数据采集）系统，有着自成体系的控制逻辑，又或者是一个高度智能的智能装备，有着独立的控制系统和逻辑，外接智能对其进行设置和管控或做优先的调度。云边协同的总体能力与内涵如图 6-1 所示，这不是一个简单的数据采集和控制就可以管理的个体，而是一个十分复杂的系统。

EC-IaaS 与云端 IaaS 可实现对网络、虚拟化资源和安全等的资源协同，EC-PaaS 与云端 PaaS 可实现数据协同、智能协同、应用管理协同和业务管理协同，EC-SaaS 与云端 SaaS 可实现服务协同。

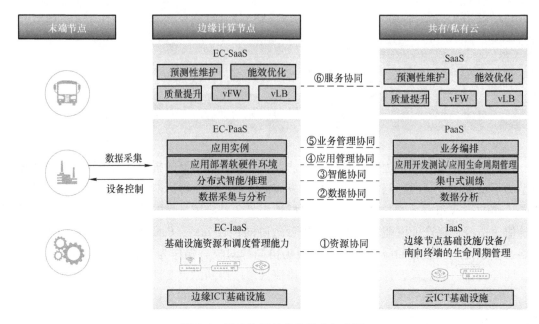

图 6-1　云边协同的总体能力与内涵
vFW—虚拟防火墙　vLB—虚拟负载均衡

6.1.1　资源协同

边缘节点提供计算、存储、网络和虚拟化等基础设施资源，考虑到各行业终端设备通信连接方式的复杂性，边缘节点网络资源要求具备丰富的接口协议，以便应用于更广泛的行业市场；云端提供资源管理能力，按需调度、部署边缘节点基础设施资源。

考虑到边缘节点的资源约束性、时效性等特征，流分析（Stream Analytics）技术得到越来越广泛的使用；云端制定边缘节点数据上传策略或模型并下发给边缘节点执行，还提供接收到的海量数据的存储、分析与价值挖掘。

以智能家居应用为例，智能家居网络子场景核心是实现海量家庭网络部署的自动化及可管、可运营，其云边协同能力与内涵主要涉及资源协同及业务管理协同。资源协同的范畴为：边缘计算家庭网关提供计算、存储、网络和虚拟化等基础设施资源，同时提供设备自身配置、监控、维护和优化等生命周期 API。那么边端除了要对子设备进行管控之外，还要协同云端应用对本地资源进行调用和管理。

6.1.2　数据协同

数据协同是指数据在边缘与云之间可控有序流动，形成完整的数据流转路径，高效、低成本地对数据进行生命周期管理与价值挖掘。

云端节点和边缘节点共同维护设备数据、边缘节点配置和应用配置等数据，包括数据存储、同步和聚合。云边协同架构的数据协同主要包括以下三个方面。

1）边缘处理、云端分析。边缘设备数据由终端设备采集后上传到边缘节点，边缘节点通过数据预处理可以过滤掉大量冗余或无效数据，筛选出与业务关联的关键数据，根据需要上传到云中心节点，可以有效减少网络带宽、存储资源和计算资源的消耗。云中心节点获取关键数据后进一步分析，通过云端部署的智能应用完成复杂业务场景需求。

2）同步备份。设备数据在边缘产生，为了使用户获得更好的响应体验，可以在边缘节点选择性部署业务应用，设备数据则在边缘节点本地进行持久化。云中心作为管控中心，维护云节点和边缘节点的状态、配置和属性等数据。为了实现云边节点统一管控，需要云边同步上述数据或者部分数据。由于边缘数据的特殊性，数据同步时一方面要考虑数据安全和用户隐私；另一方面可以将数据在边缘持久化，云端按需获取。集群部署必须要考虑网络问题。当云边网络发生抖动或者故障时，数据发送端应缓存发送数据，等网络恢复后继续发送，并且需要对接收的消息进行校验，避免发送重复的消息占用资源，可以采用 ACK 机制对消息完成同步确认。

3）数据聚合。通常在云边集群架构中，云中心节点会连接很多边缘节点，不同边缘节点可能处于不同的业务场景中。如智能交通中控系统连接大量的路口摄像头，同一个场景有多个不同角度的摄像头。云中心获取边缘数据，在云端进行聚合，可以实现跨区域、跨系统的多维时空数据融合和协同分析，最终实现综合管控。

6.1.3　智能协同

智能协同泛指人工智能应用的协同，云端开展基于人工智能的集中式模型训练，并将训练好的模型下发到边缘节点，边缘节点按照模型执行推理，实现分布式智能推理。

深度学习是实现人工智能的重要技术。深度学习的过程分为模型训练和智能推理（AI Inference）两个阶段，模型训练需要大量的训练样本，基于梯度下降法，模型优化收敛到局部最优点。深度学习的模型训练需要小时到天量级的迭代优化，需要大量的算力，因而现阶段的模型训练一般都在云端完成。模型训练好之后，就能够基于该模型与输入数据计算得到输出，完成智能推理。

相比于模型训练，智能推理的算力要求要小得多，可以在云端与边缘/终端完成。

人工智能发展的初期，由于边缘/终端设备的算力普遍有限，模型训练与智能推理大都在云端服务器上完成。

边缘节点一方面为云端人工智能模型训练提供数据输入，另一方面负责执行智能推理。

由于边缘计算的 CROSS〔Connection（连接）、Real-Time（实时）、Optimization（优化）、Smart（智能性）和 Security（安全）的缩写〕价值及其快速发展，部分厂商已经推出了可用于边缘推理（Edge Inference）的边缘人工智能芯片，如 Google 2018 年推出 Edge TPU，华为海思 2018 年推出昇腾 310 芯片。

随着智能推理从云端下沉到边缘节点，智能边缘计算也将得到快速发展。

6.1.4　应用管理协同

边缘节点提供应用部署和运行环境，并对本节点多个应用的生命周期进行管理调度；云端主要提供应用开发和测试环境，具备应用的生命周期管理能力。云边应用管理协同包括应用实例协同和运营协同。

应用实例协同是指云中心和边缘节点上平台服务调用的负载均衡和可用性保障。一个应用实例既可以部署在云中心，又可以部署在边缘节点，或者二者同时部署。若应用服务调用频繁导致负载压力较大或网络传输时延较低，如消息中间件应用服务，则可以通过同时在云边等多台物理机上部署相同的实例，实现弹性扩容和高可用架构，并且通过负载均衡提高服务负载的瓶颈，大大降低运维成本。

运营协同指的是将边缘节点服务器（包括部署在服务器上的应用和节点绑定的边缘设备）纳入云端服务器集群统一管理，包括边缘节点资源管理、边缘云集群管理、边缘应用服务编排和边缘设备管理，实现云端对边缘的集中管控。对于业务应用来说，云端对边缘开放应用镜像仓库，云端主要负责镜像仓库中所有镜像的创建、删除，以及通过云端强大的算力资源完成业务模型的推理和优化，从而更新业务镜像；边缘可以根据需要选择镜像配置应用部署到本地上。除此之外，边缘可以定制自己的业务镜像，托管到云端的私有仓库中进行训练或者在云端部署应用。

6.1.5 业务管理协同

业务管理协同是指 PaaS 层的协同。云端对业务应用统一管理，根据云边业务场景需求在边缘节点上部署应用，通过云边协同对业务应用完成升级。例如，在边缘节点上部署人脸识别应用，人脸图像信息在终端采集后，上传到边缘节点进行本地处理，包括预处理、规则匹配以及人工智能分析等；采集的人脸信息打上边缘节点等标记信息，上传到云端，在云端进行人脸识别模型的推理和优化，并将优化后的模型打包成镜像上传到镜像仓库，边缘节点可以通过拉取镜像完成本地应用的更新，实现数据闭环。云边业务协同的最终目的是最优化部署业务应用，实现计算的最佳分布。结合具体业务特点（如数据安全、时延要求等），根据用户请求分布和终端设备数据特点、边缘节点自身算力负载和存储容量，将业务处理任务按需部署到边缘节点上，并将边缘节点请求准确调度到对应的边缘节点上，提高资源利用率和服务体验，达到计算效率、用户体验和数据安全的最佳平衡。

基于 Kubernetes 和 Docker 技术，可以实现对应用镜像的定制化和标签化，提供针对不同场景的业务功能，云端可以针对不同边缘节点在创建应用时选择合适的镜像，实现边缘业务应用的定制化需求。例如，在视频监控场景下，目标检测可以直接在边缘节点进行，为边缘节点部署目标检测模型，目标追踪需要综合多角度和多区域的视频数据，需要在云端部署视频综合分析应用，实现对目标的持续追踪。

6.1.6 服务协同

服务协同是指 SaaS 层的协同。云平台服务和边缘平台服务均以 Open API 形式对集群内外部应用提供服务，并预留本身服务新功能的拓展接口，实现服务分级、业务编排等方面的协同。例如，业务应用程序部分与处理业务分开，并作为单独的应用程序沉入边缘节点；云应用通过边缘平台的开放 API 调用获取边缘应用的状态、处理结果、日志等信息，然后在云中完成进一步的处理，实现对边缘应用实例、边缘计算和存储资源等按策略调度。云边服务协同的理想状态是，一个业务应用通过集成多个平台的服务提供业务功能，这些服务根据业务需要分别部署在云中心节点和边缘节点，业务可以根据需要调用云端服务或者边缘节点服务，或者组合两者的服务。例如，一些简单业务可以直接在云中心或者边缘节点处理分析，而一些复杂的、需要综合多维数据的业务，则需要关联多个节点的服务或数据，实现立体化、多维度、跨系统的服务协同，提高系统业务应用的灵活度，增强业务应用定制化的服务编排能力。

6.2　云边端协同能力及逻辑架构

为了支撑上述云边端协同能力与内涵，需要相应的参考架构与关键技术。参考架构需要考虑以下四个因素：

1）连接能力：有线连接与无线连接，实时连接与非实时连接，各种行业连接协议等。

2）信息特征：持续性信息与间歇性信息，时效性信息与非时效性信息，结构性信息与非结构性信息等。

3）资源约束性：不同位置、不同场景的边缘计算对资源的约束性要求不同，所带来的云边协同需求与能力也不同。

4）资源、应用与业务的管理与编排：需要通过支撑云边端协同，实现资源、应用与业务的灵活调度、编排及管理。

6.2.1　云边端协同能力

根据上述考量，云边端协同的总体参考架构应该包括以下能力。

1. 端侧能力

1）基础设施能力：自成体系的数据管理工具，包括采集、控制等硬件体系；支持多种通信协议和异构系统的接入能力。

2）安全管理：边缘计算的边缘侧应用生态可能存在一些不受信任的终端及移动边缘应用开发者的非法接入问题。因此，需要在用户、边缘节点、边缘计算服务之间建立新的访问控制机制和安全通信机制，以保证数据的机密性和完整性、用户的隐私性。

2. 边缘能力

1）基础设施能力：需要包含计算、存储、网络和各类加速器（如人工智能加速器），具备虚拟化能力；同时考虑嵌入式功能对时延等方面的特殊要求；需要直接与硬件通信，而不是通过虚拟化资源进行接入。

2）边缘平台能力：需要包含数据协议模块、数据处理与分析模块。数据协议模块要求可扩展，以支撑各类复杂的行业通信协议；数据处理与分析模块需要考虑时序数据库、数据预处理、流分析、函数计算、分布式人工智能及推理等方面的能力。

3）管理与安全能力：管理包括边缘节点设备自身运行的管理，基础设施资源管理，边缘应用、业务的生命周期管理，以及边缘节点南向所连接的终端管理等；安全需要考虑多层次安全，包括芯片级、操作系统级、平台级、应用级等。

4）应用与服务能力：需要考虑两类场景，一类场景是具备部分特征的应用与服务部署在边缘侧，部分部署在云端，边缘协同云共同为客户提供一站式应用与服务，例如，实时控制类应用部署在边缘侧，非实时控制类应用部署在云端；另一类场景是同一应用与服务，部分模块与能力部署在边缘侧，部分模块与能力部署在云端，边缘协同云共同为客户提供某一整体的应用与服务。

3. 云端能力

1）平台能力：包括边缘接入、数据处理与分析、边缘管理与业务编排。数据处理与分析需要考虑时序数据库、数据整形、筛选、大数据分析、流分析、函数和人工智能集中训练与推理等方面的能力；边缘管理与业务编排需要考虑边缘节点设备、基础设施资源、南向终端、应用和业务等生命周期管理，以及各类增值应用、网络应用的业务编排。

2）边缘开发测试云：部分场景会涉及通过提供云边端协同的开发测试能力以满足生态系统发展的需求。

6.2.2 云边端实现的逻辑架构

逻辑架构侧重于边缘计算系统云、边、端各部分之间的交互和协同，包括云边协同、边端协同和云边端协同三个部分，云边端协同总逻辑架构如图 6-2 所示。

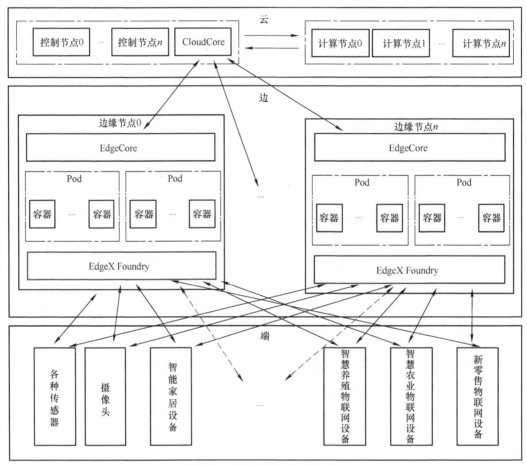

图 6-2 云边端协同总逻辑架构

1）云边协同：通过云部分 Kubernetes 的控制节点和边缘部分 KubeEdge 所运行的节点共同实现。

2）边端协同：通过边缘部分 KubeEdge 和端部分 EdgeX Foundry 共同实现。

3）云边端协同：通过云部分 Kubernetes 的控制节点、边部分 KubeEdge 和端部分 EdgeX Foundry 共同实现。

1. 云边协同

边缘计算系统中云边协同逻辑架构如图 6-3 所示。

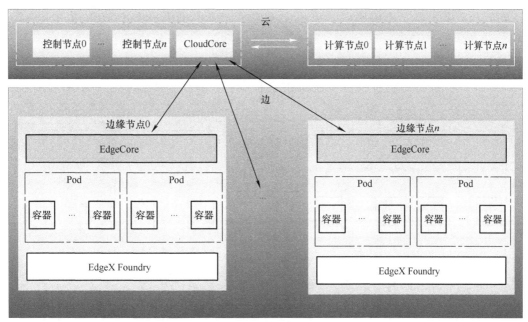

图 6-3 云边协同逻辑架构

Kubernetes 控制节点沿用云部分原有的数据模型，保持原有的控制、数据流程不变，即 KubeEdge 所运行的节点在 Kubernetes 上呈现出来的是一个普通节点。Kubernetes 可以像管理普通节点一样管理 KubeEdge 所运行的节点。

KubeEdge 之所以能够在资源受限、网络质量不可控的边缘节点上运行，是因为 KubeEdge 在 Kubernetes 控制节点的基础上通过云部分的 CloudCore 和边缘部分的 EdgeCore 实现了对 Kubernetes 云计算编排容器化应用的下沉。

云部分的 CloudCore 负责监听 Kubernetes 控制节点的指令并将事件下发到边缘部分的 EdgeCore，同时将边缘部分的 EdgeCore 上报的状态信息和事件信息提交给 Kubernetes 的控制节点；边缘部分的 EdgeCore 负责接收云部分 CloudCore 的指令和事件信息，并执行相关指令，维护边缘负载，同时将边缘部分的状态信息和事件信息上报给云部分的 CloudCore。

除此之外，EdgeCore 是在 Kubelet 组件基础上裁剪、定制而成的，即将 Kubelet 在边缘上用不到的功能进行裁剪，针对边缘部分资源受限、网络质量不佳的现状，在 Kubelet 的基础上增加了离线计算功能，使 EdgeCore 能够很好地适应边缘环境。

2. 边端协同

边缘计算系统中边端协同逻辑架构如图 6-4 所示。

KubeEdge 作为运行在边缘节点的管理程序，负责管理在边缘节点上应用的负载资源、运行状态和故障等。在一些边缘计算系统中，KubeEdge 为 EdgeX Foundry 服务提供所需的计算资源，同时负责管理 EdgeX Foundry 端服务的整个生命周期。

EdgeX Foundry 是由 KubeEdge 管理的一套物联网 SaaS 平台，该平台以微服务的形式管理多种物联网终端设备。同时，EdgeX Foundry 可以通过所管理的微服务采集、过滤、存储和挖掘多种物联网终端设备的数据，也可以通过所管理的微服务向多种物联网终端设备下发指令，从而实现对终端设备的控制。

如图 6-5 所示，KubeEdge 的端解决方案由 MQTT 代理和对接支持各种协议设备的服务组成。

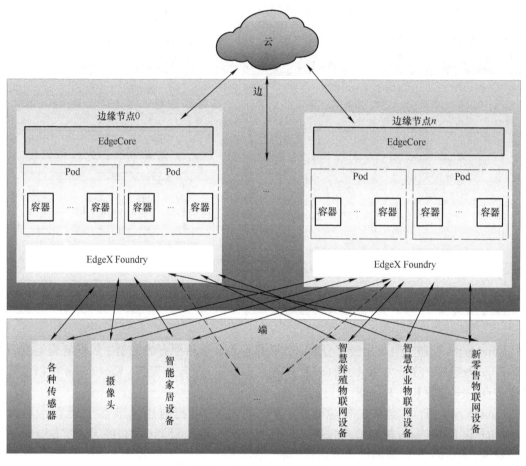

图 6-4 边端协同逻辑架构

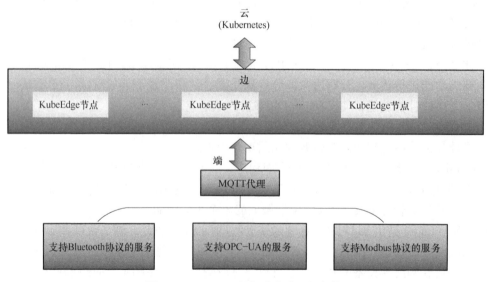

图 6-5 KubeEdge 端解决方案逻辑架构

1）MQTT 代理：作为各种物联网终端设备和 KubeEdge 节点之间的通信管道，负责接收终端设备发送的数据，并将接收到的数据发送到已经订阅 MQTT 代理的 KubeEdge 节点上。

2）对接支持各种协议设备的服务：负责与支持相应协议的设备进行交互，能够采集设备的数据并发送给 MQTT 代理，能够从 MQTT 代理接收相关指令并下发到设备。

通过上述分析可知，KubeEdge 端解决方案还比较初级。

1）KubeEdge 端解决方案支持的负载类型还比较单一，目前只能通过 MQTT 代理支持一些物联网终端设备，对视频处理和使用人工智能模型进行推理的应用负载还不支持。

2）对接支持各种协议设备的服务目前还比较少，只支持使用 Bluetooth 和 Modbus 两种协议的设备。

基于上述原因，一般的边缘计算系统的端解决方案没有使用 KubeEdge 的端解决方案，而是使用 EdgeX Foundry 这款功能相对完善的物联网 SaaS 平台。

3. 云边端协同

边缘计算系统中云边端协同的理想效果如图 6-6 所示。

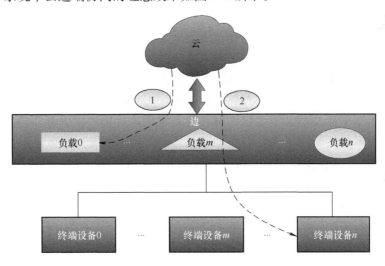

图 6-6 云边端协同的理想效果

云边协同：云作为控制平面，边缘作为计算平台。

云边端协同：在云边协同的基础上，管理终端设备的服务作为边缘上的负载。云可以通过控制边缘来影响端，从而实现云边端协同。

云边端协同是通过 Kubernetes 的控制节点、KubeEdge 和 EdgeX Foundry 共同实现的，Kubernetes 的控制节点下发指令到 KubeEdge 的边缘集群，操作 EdgeX Foundry 的服务，从而影响终端设备。目前，我们还不能通过 Kubernetes 的控制节点与终端设备直接交互。

6.3 云边端协同的核心技术

本节重点讲解云边端协同的核心应用技术怎样实现云边端协同。对于 Kubernetes 和 KuberEdge 不再详细介绍，本节主要介绍一下 Redis 以及 EMQ X 在云边端协同中的使用和配合机制。

6.3.1 EMQ X 消息管理平台

1. EMQ X 简介

EMQ X（Erlang/Enterprise/Elastic MQTT Broker 代理）是基于 Erlang/OTP 平台开发的开源物联网 MQTT 消息代理服务。

Erlang/OTP 是出色的软实时、低时延、分布式的语言平台。MQTT 是轻量的、发布/订阅模式的物联网消息协议。EMQ X 是完全开源的，并在 Apache 2.0 版下获得许可。EMQ X 同时实现了 MQTT V3.1 和 V3.1.1 协议规范，同时支持 MQTT-SN、CoAP、WebSocket、STOMP（流文本定向消息协议）和 SockJS。

EMQ X 的设计目标是承载移动终端或物联网终端海量 MQTT 连接，并实现在海量物联网设备间快速、低时延的消息路由，EMQ X 为物联网、M2M、智能硬件、移动消息和 HT-ML5 网络消息应用程序提供了一个可扩展、企业级的开源 MQTT 代理，传感器、手机、Web 浏览器和应用服务器可以通过 EMQ X 与异步发布/订阅 MQTT 消息连接。EMQ X 具有以下优点：

1）稳定承载大规模的 MQTT 客户端连接，单服务器节点支持 50 万到 100 万连接。

2）分布式节点集群，快速、低时延的消息路由，单集群支持 1000 万规模的路由。

3）消息服务器内扩展，支持定制多种认证方式、高效存储消息到后端数据库。

4）完整的物联网协议支持，MQTT、MQTT-SN、CoAP、WebSocket 或私有协议支持。

EMQ X 提供基于标准 MQTT 消息、每秒百万级的高性能、低时延、高可靠解决方案，EMQ X 的 1.0 版本已在 12 核、32G CentOS（社区企业操作系统）服务器上扩展到 130 万个并发 MQTT 连接，它可保障双向实时数据顺畅移动，灵活分发至其他企业系统，满足物联网业务中各类数据的需求。

2. EMQ X 架构特点

EMQ X 作为高并发、软实时、低时延和容错平台，通过主题树匹配和路由表查找在集群节点之间路由 MQTT 消息，其集群部署如图 6-7 所示。

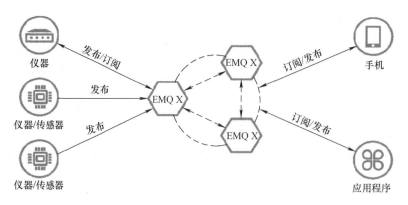

图 6-7　EMQ X 的 MQTT 集群部署

3. EMQ X 支持的协议

EMQ X 消息服务器完整支持 MQTT V3.1/V3.1.1/V5.0 版本协议规范，并扩展支持

MQTT-SN、WebSocket、CoAP、LwM2M、STOMP LoRaWAN 及私有 TCP/UDP 协议。其中，MQTT-SN、CoAP 协议已在 2.0 版本发布，LwM2M、LoRaWAN 协议在 3.0 版本中发布。

4. EMQ X 支持的部署平台

EMQ X 的每个版本都提供以下平台的软件包：

1）Linux：CentOS、Ubuntu、Debian、FreeBSD、OpenSUSE。

2）MacOS。

3）Windows。

部署时直接在官方下载链接下载 ZIP 格式的压缩包，解压后直接运行即可。

另外，EMQ X 还提供 Docker 镜像，可以在 Docker 中直接部署。

6.3.2 Redis 实时数据库

Redis（Remote Dictionary Server，远程字典服务）是一个开源的使用 ANSI C 语言编写、支持网络、可基于内存也可持久化的日志型、Key-Value（键值）数据库，并提供多种语言的 API。

Redis 是一个 Key-Value 存储系统，与 Memcached 类似，它支持存储的数据类型相对更多，包括字符串、哈希列表、集合（set）和有序集合（zset）。这些数据类型都支持 push/pop（推进/弹出），add/remove（增添/移除），取交集、并集、差集及其他更丰富的操作，而且这些操作都是原子性的。在此基础上，Redis 支持各种不同方式的排序。与 Memcached 一样，为了保证效率，数据都缓存在内存中。两者的区别是 Redis 会周期性地把更新的数据写入磁盘或者把修改操作写入追加的记录文件，并且在此基础上实现了主从同步。

Redis 是一个高性能的 Key-Value 数据库。Redis 的出现很大程度补偿了 Memcached 这类 Key-Value 存储的不足，在部分场合可以对关系数据库起到很好的补充作用。它提供了 Java、C/C++、C#、PHP、JavaScript、Perl、Objective-C、Python、Ruby 和 Erlang 等客户端，使用很方便。

Redis 支持主从同步。数据可以从主服务器向任意数量的从服务器上同步，从服务器也可以是关联其他从服务器的主服务器，这使得 Redis 可执行单层树复制。存盘可以有意或无意地对数据进行写操作。由于完全实现了发布/订阅机制，使得从数据库在任何地方同步树时，可订阅一个频道并接收主服务器完整的消息发布记录。同步对读取操作的可扩展性和数据冗余很有帮助。

Redis 的官网地址为 redis.io。其中域名后缀 io 属于国家域名，是 British Indian Ocean Territory（英属印度洋领地）的缩写。

从 2010 年 3 月 15 日起，Redis 的开发工作由 VMware 主持。从 2013 年 5 月开始，Redis 的开发由 Pivotal 赞助。

1. Redis 的优势

（1）性能极高　Redis 的读速度是 110000 次/s，写速度是 81000 次/s。

（2）丰富的数据类型　Redis 支持二进制案例的字符串、哈希、列表、集合和有序集合数据类型操作。

（3）原子性　Redis 的所有操作都是原子性的，即要么成功执行要么失败完全不执行。单个操作是原子性的，多个操作也支持事务，即原子性，通过 MULTI 和 EXEC 指令包起来。

（4）丰富的特性　Redis 还支持发布/订阅、通知、键过期等特性。

2. Redis 与其他 Key-Value 存储的区别

Redis 有着更为复杂的数据结构并且提供原子性操作，这是一个不同于其他数据库的进化路径。Redis 的数据类型都是基于基本数据结构，同时对程序员透明，无须进行额外的抽象。

Redis 运行在内存中，但是可以持久化到磁盘，所以在对不同数据集进行高速读写时需要权衡内存，因为数据量不能大于硬件内存。在内存数据库方面，相比磁盘上的同样复杂的数据结构，在内存中操作起来非常简单，这样 Redis 可以做很多内部复杂性很强的事情。同时，在磁盘格式方面，数据是以追加的方式产生，并不需要进行随机访问。

3. Redis 的数据类型

（1）字符串　字符串是 Redis 最基本的类型，可以理解成与 Memcached 一模一样的类型，一个键对应一个值。

字符串类型是二进制的、安全的，可以包含任何数据，如 JPEG 格式图片或序列化的对象。字符串类型的值最大能存储 512MB。

字符串使用实例如下：

```
redis 127.0.0.1:6379 > SET runoob "菜鸟教程"
OK
redis 127.0.0.1:6379 > GET runoob
"菜鸟教程"
```

（2）哈希　哈希是一个键值（key = > value）对集合，是一个字符串类型的字段（field）和值的映射表，特别适合用于存储对象。

哈希使用实例如下：

```
redis 127.0.0.1:6379 > DEL runoob
redis 127.0.0.1:6379 > HMSET runoob field1 "Hello" field2 "World"
"OK"
redis 127.0.0.1:6379 > HGET runoob field1
"Hello"
redis 127.0.0.1:6379 > HGET runoob field2
"World"
```

（3）列表　列表是简单的字符串列表，按照插入顺序排序，可以添加一个元素到列表的头部（左边）或者尾部（右边）。

列表使用实例如下：

```
redis 127.0.0.1:6379 > DEL runoob
redis 127.0.0.1:6379 > lpush runoob redis
(integer) 1
redis 127.0.0.1:6379 > lpush runoob mongodb
(integer) 2
redis 127.0.0.1:6379 > lpush runoob rabbitmq
(integer) 3
redis 127.0.0.1:6379 > lrange runoob 0 10
1) "rabbitmq"
```

```
2) "mongodb"
3) "redis"
redis 127.0.0.1:6379 >
```

（4）集合　集合是字符串类型的无序集合，通过哈希表实现，所以添加、删除、查找的复杂度都是 O（1）。

sadd 命令：添加一个字符串元素到键对应的集合中。若成功，则返回 1；若元素已经在集合中，则返回 0。

集合和 sadd 命令使用实例如下：

```
redis 127.0.0.1:6379 > DEL runoob
redis 127.0.0.1:6379 > sadd runoob redis
(integer) 1
redis 127.0.0.1:6379 > sadd runoob mongodb
(integer) 1
redis 127.0.0.1:6379 > sadd runoob rabbitmq
(integer) 1
redis 127.0.0.1:6379 > sadd runoob rabbitmq
(integer) 0
redis 127.0.0.1:6379 > smembers runoob

1) "redis"
2) "rabbitmq"
3) "mongodb"
```

（5）有序集合　有序集合和集合一样，也是字符串类型元素的集合，且不允许有重复的元素。不同的是有序集合中每个元素都会关联一个双精度类型的分数（score），Redis 正是通过这个分数为有序集合中的元素进行从小到大的排序。有序集合的元素是唯一的，但分数却可以重复。

zadd 命令：添加元素到有序集合，若元素在有序集合中存在，则更新对应分数。

有序集合和 zadd 命令使用实例如下：

```
redis 127.0.0.1:6379 > DEL runoob
redis 127.0.0.1:6379 > zadd runoob 0 redis
(integer) 1
redis 127.0.0.1:6379 > zadd runoob 0 mongodb
(integer) 1
redis 127.0.0.1:6379 > zadd runoob 0 rabbitmq
(integer) 1
redis 127.0.0.1:6379 > zadd runoob 0 rabbitmq
(integer) 0
redis 127.0.0.1:6379 > ZRANGEBYSCORE runoob 0 1000
1) "mongodb"
2) "rabbitmq"
3) "redis"
```

6.3.3　EMQ X 的集群部署

EMQ X 是全球市场广泛应用的百万级开源 MQTT 消息服务器，目前已累积超 5000 家企业用户，产品环境下部署超 1 万节点，累计下载量超过 50 万，承载 MQTT 连接超 3000 万线。

EMQ X 可以作为智能硬件、智能家居、物联网和车联网应用的百万级设备接入平台，其集群部署的资源协同架构如图 6-8 所示。

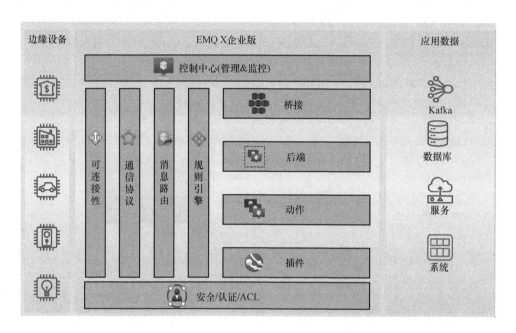

图 6-8　EMQ X 集群部署的资源协同架构

ACL—访问控制列表

1. 配置文件

EMQ X 的配置文件通常以 conf 作为后缀名，你可以在 etc 目录找到这些配置文件，主要配置文件见表 6-1。

表 6-1　EMQ X 主要配置文件

配置文件	说　　明
etc/emqx. conf	EMQ X 配置文件
etc/acl. conf	EMQ X 默认 ACL 规则配置文件
etc/plugins/ *. conf	EMQ X 扩展插件配置文件

2. TCP 端口

EMQ X 集群默认占用的 TCP 端口见表 6-2。

表 6-2　EMQ X 集群默认占用的 TCP 端口

端口	说　　明
1883	MQTT/TCP 协议端口
11883	MQTT/TCP 协议内部端口，仅用于本机客户端连接
8883	MQTT/SSL 协议端口
8083	MQTT/WS[①] 协议端口
8084	MQTT/WSS[②] 协议端口
8081	管理 API 端口
18083	仪表板（Dashboard）端口
4369	集群节点发现端口［EPMD（Erlang 端口映射守护进程）模式］
4370	集群节点发现端口
5370	集群节点 RPC 通道

① WS 为 WebSocket。

② WSS 为 WebSocket 的加密版本。

3. EMQ X 加入集群的步骤

1）先行修改每个 EMQ X 服务器的配置文件。

配置文件的位置：/etc/emqx/emqx. conf（这个是使用命令行或者自行编译的文件放置的位置），如果使用的是官方提供的 ZIP 压缩包，则配置文件存放在 . /emqx/etc/emqx. conf 目录下。

修改每个 EMQ X 服务器的配置文件：

```
node. name = emqx@ s1.emqx. io
```

或者使用 IP 来修改：

```
node. name = emqx@ 192.168.0.10
```

其中 EMQ X 需要改修不同节点的名字，如：

```
node. name = node1@ 192.168.0.10
node. name = node2@ 192.168.0.12
node. name = node3@ 192.168.0.11
```

修改主节点的名字：

```
node. name = emqx@ 192.168.0.168
```

2）修改配置文件后，即可使用 EMQ X 服务器。先启动主节点服务器，再启动每台 EMQ X 服务器。

启动命令：

```
service emqx start
```

3）将每个节点加入集群。启动完每台 EMQ X 服务器后，就可以配置 EMQ X 的集群。

每个子节点需要加入到主节点，执行命令：

```
emqx_ctl cluster join emqx@ 192.168.0.168
```

代码如下：

```
$ ./bin/emqx_ctl cluster join emqx@ 192.168.0.168
```

```
Join the cluster successfully.
Cluster status: [{ running _ nodes, [' node3 @ 192.168.0.11 ', ' node2 @
192.168.0.12']}]
```

4）子节点数据同步。子节点（如 192.168.0.10）加入集群后会清除自身全部的数据，同步主节点（192.168.0.168）的数据。已经在集群的节点不能在加入到其他节点，否则会退出当前集群，和加入的节点组成一个新的集群。

5）任意节点上查询集群状态，代码如下：

```
./bin/emqx_ctl cluster status
Clusterstatus: [{ running _ nodes, [' emqx @ 192.168.0.168 ', ' node1 @
192.168.0.10', 'node3@ 192.168.0.12', 'node3@ 192.168.0.11']}]
```

6）退出集群。节点退出集群有以下两种方式：

① leave 命令：让本节点退出集群。

② force-leave 命令：从集群删除其他节点。

让 node1 节点主动退出集群，在 node1 节点服务器执行命令行：

```
emqx_ctl cluster leave
```

或者在主节点 EMQ X 服务器执行命令：

```
emqx_ctl cluster force-leave node1@ 192.168.0.10
```

4. EMQ X 管理界面

EMQ X 首页页面默认是 18083 端口，所以在浏览器里面输入地址"http：//［ecs 公网地址］：18083/"就可以访问。

EMQ X 集群管理界面首页如图 6-9 所示。

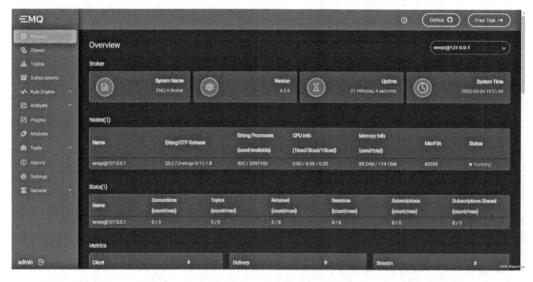

图 6-9　EMQ X 集群管理界面首页

6.3.4　Redis 的集群部署

如果系统中只有一台 Redis 服务器是不可靠的，容易出现单点故障。为了避免单点故障，可以使用多台 Redis 服务器组成 Redis 集群。Redis 支持三种集群模式。

1. 主从模式

主从模式至少需要两台 Redis 服务器，一台为主节点，一台为从节点。Redis 主从模式集群部署结构如图 6-10 所示。通常来说，主节点主要负责写，从节点主要负责读，主从模式实现了读写分离。

当集群中有多个 Redis 节点时，必须保证所有节点中的数据一致。Redis 为了保持数据一致性，数据总是从主节点复制到从节点，这就是 Redis 的主从复制。

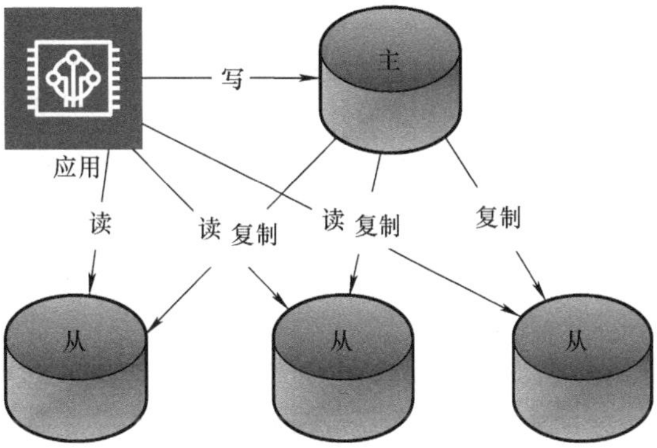

图 6-10　Redis 主从模式集群部署结构

（1）主从复制的作用

1）数据冗余：实现数据的热备份，是持久化之外的另一种数据冗余方式。

2）故障恢复：当主节点故障时，从节点可以提供服务，实现故障快速恢复。

3）负载均衡：主节点负责写，从节点负责读。在写少读多的场景下可以极大地提高 Redis 吞吐量。

4）高可用基石：主从复制是 Redis 哨兵（Sentinel）模式和集群模式的基础。

（2）主从复制的实现原理　主从复制过程主要可以分为三个阶段：连接建立阶段、数据同步阶段和命令传播阶段。

1）连接建立阶段：在主从节点之间建立连接，为数据同步做准备。

2）数据同步阶段：执行数据的全量（或增量）复制［复制 RDB（关系数据库）文件］。

3）命令传播阶段：主节点将已执行的命令发送给从节点，从节点接收命令并执行，从而实现主从节点的数据一致性。

主从模式中，一个主节点可以有多个从节点。为了减少主从复制对主节点的性能影响，一个从节点可以作为另外一个从节点的主节点进行主从复制。

（3）主从复制的不足之处　主节点宕机之后，需要手动拉起从节点来提供业务，不能达到高可用。

2. 哨兵模式

哨兵模式是 Redis 的高可用实现方案，它可以实现对 Redis 的监控、通知和自动故障转移，当 Redis 主节点宕机之后，它可以自动拉起从节点提供业务，从而实现 Redis 的高可用。为了避免哨兵模式本身出现单点故障，哨兵模式也可采用集群模式，其集群部署结构如图 6-11 所示。

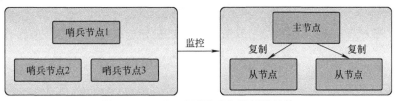

图 6-11　Redis 哨兵模式集群部署结构

哨兵节点是一种特殊的 Redis 节点，每个哨兵节点会维护与其他 Redis 节点（包括主节点、从节点和哨兵节点）的心跳。

当一个哨兵节点与主节点的心跳丢失时，这个哨兵节点就会认为主节点出现了故障，处于不可用的状态，这种判定被称为主观下线（即哨兵节点主观认为主节点下线了）。随后，该哨兵节点会与其他哨兵节点交换信息，若发现认为主节点发生故障的哨兵节点的个数超过了某个阈值（通常为哨兵节点总数的（1/2 + 1），即超过半数），则哨兵节点会认为主节点已经处于客观下线的状态，即大家都认为主节点故障不可用了。之后，在哨兵节点中会选举出一个哨兵领导者来执行 Redis 主节点的故障转移。被选举出的哨兵领导者进行故障转移的具体步骤如下。

1）在从节点列表中选出一个节点作为新的主节点：过滤不健康或者不满足要求的节点；选择从属优先级最高的从节点，若存在则返回，若不存在则继续；选择复制偏移量最大的从节点，若存在则返回，若不存在则继续；选择运行 ID（RunID）最小的从节点。

2）哨兵领导者节点会对选出来的从节点执行 slaveof no one 命令，让其成为主节点。

3）哨兵领导者节点会向剩余的从节点发送命令，让他们从新的主节点上复制数据。

4）哨兵领导者会将原来的主节点更新为从节点，并对其进行监控，当其恢复后命令它复制新的主节点。

3. 集群模式

主从模式实现了数据的热备份，哨兵模式实现了 Redis 的高可用，但仍有一个问题没有解决，即这两种模式都只能有一个主节点负责写操作，在高并发的写操作场景中，主节点就会成为性能瓶颈。

Redis 集群模式可以实现多个节点同时提供写操作。Redis 集群模式采用无中心结构，每个节点都保存数据，节点之间互相连接从而知道整个集群状态。

如图 6-12 所示，集群模式其实就是多个主从复制结构组合起来的，每一个主从复制结构可以看成一个节点，那么图 6-12 所示的集群中就有三个节点。

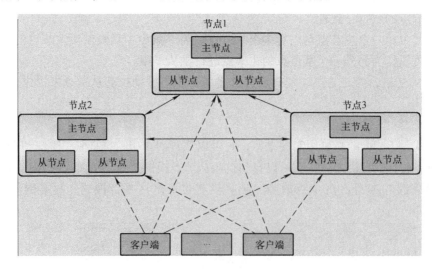

图 6-12　Redis 集群模式集群部署的结构

6.3.5　基于 Nginx 的反向代理和负载均衡技术

Nginx 是一个高性能的 HTTP 和反向代理 Web 服务器，同时也提供了 IMAP、POP3 和 SMTP 服务。Nginx 是由伊戈尔·赛索耶夫为俄罗斯访问量第二的 Rambler.ru（俄文：Рамблер）站点开发的，公开版本 1.19.6 发布于 2020 年 12 月 15 日。其将源代码以类 BSD（伯克利软件套件）许可证的形式发布，因其具有稳定性、丰富的功能集、简单的配置文件和低系统资源的消耗而闻名。2023 年 4 月 11 日，Nginx 1.24.0 发布。

Nginx 在 BSD-Like 协议（BSD 的派生协议）下发行，其工作原理如图 6-13 所示，特点是占有内存少、并发能力强，其并发能力在同类型的网页服务器中表现较好。

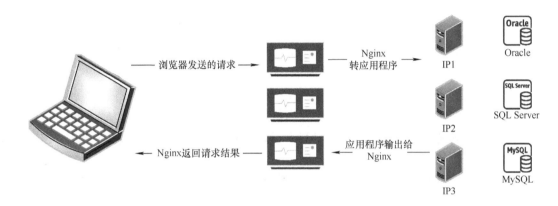

图 6-13　Nginx 的工作原理

Nginx 可以在大多数 Unix Linux 操作系统上编译运行，并有 Windows 移植版。Nginx 的 1.25.4 稳定版已经于 2024 年 2 月 14 日发布，一般情况下，对于新建站点，建议使用最新稳定版作为生产版本，已有站点的升级急迫性不高。Nginx 的源代码使用 2-clause BSD-like license（两句版 BSB 风格许可证）。

Nginx 具有很多非常优越的特性：在连接高并发的情况下，Nginx 是 Apache 服务不错的替代品；Nginx 是做虚拟主机企业经常选择的软件平台之一；它能够支持高达 50000 个并发连接数的响应。

1. 正向代理

正向代理是指用户先搭建一个属于自己的代理服务器，其过程如下：

1）用户发送请求到代理服务器。

2）代理服务器发送请求到服务器。

3）服务器将数据返回到代理服务器。

4）代理服务器再将数据返回给用户。

正向代理隐藏了用户，用户的请求被代理服务器代替接收，并发送到服务器，服务器并不知道用户是谁。

当用浏览器访问国外的网站被拒绝时，用户可以在国外搭建一个代理服务器，这样就可以正常访问了。

2. 反向代理

反向代理的过程如下：

1）用户发送请求到服务器（访问的其实是反向代理服务器，但用户不知道）。

2）反向代理服务器发送请求到真正的服务器。

3）真正的服务器将数据返回给反向代理服务器。

4）反向代理服务器再将数据返回给用户。

当用户请求过多时，服务器会有一个处理的极限。所以使用反向代理服务器接收请求，再通过负载均衡将请求分布给多个真实的服务器，这样既能提高效率，还有一定的安全性。

如果不采用代理，尽管有 NAT（网络地址转换），用户的 IP 地址、端口号还是会直接暴露在互联网中，外部主机依然可以根据 IP 地址、端口号来开采主机安全漏洞，所以企业网一般都采用代理服务器访问互联网。

综上所述，正向代理与反向代理最简单的区别是：正向代理隐藏的是用户，反向代理隐藏的是服务器。

3. Nginx 实现负载均衡

用户访问量越大，服务器压力就越大，当访问量超过服务器的承受能力范围时，服务器就会崩溃。为了避免服务器崩溃，让用户有更好的体验，可以通过负载均衡的方式分担服务器的压力。

用户首先访问代理服务器，通过代理服务器的配置规则访问具体集群服务器中的一个，分担服务器的压力，避免了服务器崩溃的情况。

负载均衡是通过反向代理的原理实现的。Nginx 的负载均衡配置是通过配置 nginx. conf 文件实现的，下面介绍具体方式和完整配置示例。

（1）普通轮询　每个请求按时间顺序逐一分配到不同的后端服务器，后端服务器如果挂掉，能自动剔除。代码如下：

```
http {
        #负载均衡配置
    upstream xiaohong{
#服务资源
#配置权重
server 127. 0. 0. 1:8080 weight =1;
server 127. 0. 0. 1:8080;
server 127. 0. 0. 1:8082;
    }
    server {
        listen      80;
        server_name  localhost;
#代理
location / {
        root   html;
        index  index. html index. htm;
    proxy_pass http://xiaohong;
```

```
    }
  }
}
```

（2）权重轮询　指定轮询几率，权重（Weight）和访问比率成正比，用于后端服务器性能不均的情况。代码如下：

```
upstream xiaohong{
    #服务资源
    #配置权重
    server 127.0.0.1:8080 weight =1;
    server 127.0.0.1:8080 weight =1;
    server 127.0.0.1:8082 weight =2;
}
```

（3）ip_hash方式　前两种方式存在一个问题，即在负载均衡系统中，假如用户已访问某个服务器，因为负载均衡系统，当再次请求访问时，会重新定位到服务器集群中的另外一个，那么已经登录某一个服务器的用户再重新定位到另一个服务器，其登录信息将会丢失，这样显然是不妥的。

采用ip_hash指令可以解决上述问题，如果用户已经访问了某个服务器，当用户再次访问时，系统会通过哈希算法，将该请求自动定位到该服务器。每个请求按访问IP的哈希结果分配，这样每个用户固定访问一个后端服务器，可以解决会话问题。代码如下：

```
upstream xiaohong{
    #服务资源
    #配置权重
    server 127.0.0.1:8080 weight =1;
    ip_hash;
    server 127.0.0.1:8080 weight =1;
    server 127.0.0.1:8082 weight =2;
}
```

（4）fair（第三方模式）　按后端服务器的响应时间来分配请求，响应时间短的优先分配。代码如下：

```
upstream xiaohong{
    server server1;
    server server2;
    fair;
}
```

（5）url_hash　按访问URL的哈希结果来分配请求，使每个URL定向到同一个后端服务器，这种方式在后端服务器为缓存时比较有效。代码如下：

```
upstream xiaohong{
    server url1:8080;
    server url2:8080;
    hash $request_uri;
```

```
        hash_method crc32;
    }
```

（6）Nginx 完整配置示例　代码如下：

```
#user   nobody;
worker_processes  4;
events {
    #最大并发数
    worker_connections  1024;
}
http{
    #待选服务器列表
    upstream myproject{
        #ip_hash 指令将同一用户引入同一服务器
        ip_hash;
        server 125.219.42.4 fail_timeout=60s;
        server 172.31.2.183;
        }


    server{
        #监听端口
        #启动 nginx.exe 后浏览器要访问的地址端口
        #如 localhost:80，就会访问到 upstream myproject 里的两个服务
        listen 80;
        #根目录下
        location / {
            #选择服务器列表
            proxy_pass http://myproject;
        }
    }
}
```

6.4 本章小结

　　本章详细介绍了云边端系统技术及其常用工具的使用。边缘计算是相对于云计算而言的，其实在大多数应用场景下，只有云边端协同才能实现一个完整且完美的系统，单独的云计算和边缘计算都不能完全覆盖一个应用，两者的完美结合才能让一个应用架构完整。充分学习并理解云边端协同中的资源协同、数据协同、应用管理协同和服务协同。在大多数应用场景中，仅实现了简单的数据协同，希望通过本章的学习能创新性地实现资源协同、应用管理协同和服务协同，并在以后的工作实践中应用到具体的项目中，为国内的工业互联网发展做出创新应用的实践案例。

本章习题

1）结合自己的学习和工作实践，考虑如何将云边端协同应用到具体的实际应用中，并写出可以实现资源协同、数据协同、应用管理协同和服务协同的实施方案。

2）建立一个 EMQ X 服务器，并通过使用 MQTT 测试工具实现数据协同和服务协同。

3）利用 Redis 建立一个实时数据库系统，实现数据的快速访问，并可以通过客户端进行数据的 CRUD［增加（Create）、读取（Read）、更新（Update）和删除（Delete）的缩写］。

4）利用 Nginx 搭建一个反向代理服务器，并实现指定端口的负载均衡。

第 7 章

工业云边协同典型应用

7.1 云边协同的智能制造系统

智能制造的概念最早可追溯到 20 世纪 80 年代。日本在 1990 年 4 月启动了智能制造系统（IMS）国际合作研究计划，美国、加拿大和澳大利亚等许多发达国家，以及欧洲共同体参加了该项计划。中国工程院院士周济等归纳总结出了智能制造的三个基本特征，即数字化、网络化、智能化（又被称为"新一代智能制造"）。智能制造系统以工业智联网和智能制造云为两大支撑。工业智联网是新一代人工智能技术与工业互联网的融合，智能制造云则是基于云制造理念构建的智能化云制造服务平台。

受到工业现场实时分析和控制，以及安全和隐私等方面需求的驱动，在智能制造系统中引入边缘计算成为一种趋势。尤其是 5G 技术的推广使得制造设备的大范围、高速连接成为可能，将为工业互联网提供强有力的支撑。但如何实现云平台、边缘计算系统和物理系统的相互协同（简称云边协同），实现制造系统的整体优化，从而高效、安全、高质量地完成制造全生命周期的各项活动和任务，是智能制造系统面临的重大挑战。

近年来，智能制造系统中的云边协同问题受到产业界和学术界的关注，关于云边协同智能制造的研究总体上已经形成了相关的研究成果。为了让大家更好地理解云边协同的概念，本章将提供一些实际应用案例，帮助大家理解和领会云边协同应用的系统架构。

7.1.1 云边协同智能制造系统概念模型

云边协同智能制造系统的概念模型如图 7-1 所示，这里特别将智能应用云平台引入智能制造系统。自顶向下分别为智能应用云平台、智能制造云平台、边缘计算系统和工业现场设备，形成了一个云—云—边—端协同的智能制造系统。

1）智能应用云平台：汇聚了智能制造的各类参与者，包括供应链（产品/服务）提供者、消费者和运营者。其主要功能是允许平台运营者配置商务逻辑和规则，使提供者和消费者能顺利进行协商和交易，协调各方的利益。引入智能应用云平台，能以商务模式的创新带动制造模式的创新，从而实现智能制造平台和系统的可持续发展。

2）智能制造云平台：主要执行与制造直接相关的功能，如设计、仿真、生产和测试等。智能制造云平台需要借助于大数据、区块链和人工智能等技术，充分利用智能应用云平台的客户资源，为产品全生命周期涉及的各类客户提供丰富的制造服务应用，形成以电商为龙头的新型智能制造模式，实现真正意义上的个性化制造和社会化制造。

3）边缘计算系统（微云）：主要分布在云平台和物理设备之间，特别是在靠近制造设备的地方执行设备协议转换、数据采集、存储分析、在线仿真和实时控制等功能，同时与智

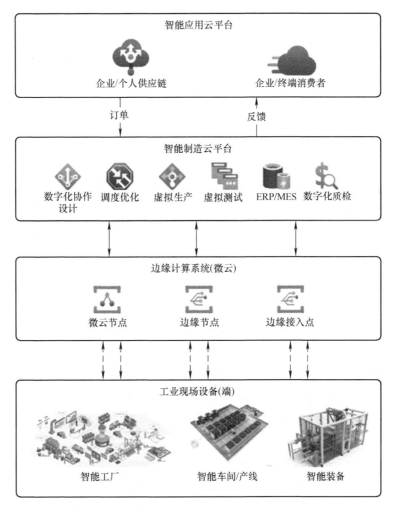

图 7-1　云边协同智能制造系统的概念模型

ERP—企业资源计划　MES—制造执行系统

能制造云平台进行高效的通信和协同。

4）工业现场设备（端）：主要包括分布式智能工厂、智能车间/产线中包含的各类异构制造设备和智能装备。设备之间通过物联网进行连接，并与边缘计算系统和云平台实时协同，采集和发送数据，同时接收相应的指令。

7.1.2　云边协同智能制造系统功能架构

云边协同智能制造系统功能架构如图 7-2 所示。

1）智能应用云平台主要负责应用和商务相关的功能，包括用户管理、交易管理及其他的设计和管理功能。

2）智能制造云平台主要负责与制造相关的功能，包括服务管理、生产管理、智能应用、数据管理及制造业务相关的其他功能。

3）边缘计算系统主要负责生产管理、智能应用、数据管理和感知控制等功能。

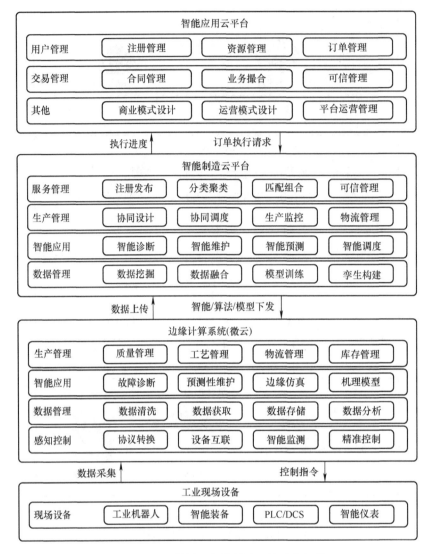

图 7-2　云边协同的智能制造系统功能架构

4）底层的工业现场设备包括各类分布异构的制造设备，典型的如工业机器人、数控机床、3D 打印机、自动引导车（AGV）、加工中心和生产线等，这些设备或系统通过物联网链接，形成智能化生产系统。

标准化和安全管理贯穿各个层次。各层之间的功能相互依赖和影响，需要高度协同才能顺利完成制造任务。

7.1.3　智能制造系统云边协同技术应用

如图 7-1 和图 7-2 所示，一个制造任务是通过智能应用云平台、智能制造云平台、边缘计算系统和工业现场设备等各部分相互协作共同完成的，要保证这样一个复杂的系统能协调运行，除了各部分的通用技术之外，还需要一系列面向协同的关键技术作为保障。这些技术大致可以分为以下六类。

1. 智能制造数据协同处理技术

通过各类传感器可以采集到制造设备和环境的海量数据，特别是5G技术的应用使得连接和传输更加方便和快速，制造数据的种类和数量都会大幅增长。如何对这些数据进行有效的管理和利用，将变得更加困难。若能根据云平台或边缘节点相关制造活动的需求，有目的、有选择地进行精准采集，则可以大幅减少数据处理和管理的负担，并更好地服务于制造任务。对数据的分析和处理也需要云平台和边缘节点相互配合。根据数据的特点和用途将数据进行分类，分别在边缘节点和云平台进行处理，云平台处理好的数据，或建立的模型，再返回边缘计算系统进行应用。通常，边缘节点更多处理对实时性、安全性有更高要求的数据，而云平台处理结构更加复杂、使用周期长、对计算资源要求较高的数据。

2. 建模仿真技术

建模仿真技术在制造系统中的应用涉及产品的全生命周期，贯穿于整个制造系统，可以在制造活动实施之前进行分析、预测和优化，并提供决策支持，是提高制造系统效率、缩短研发和生产周期、降低成本以及提高质量的关键。

因此，无论在应用云平台、制造云平台，还是边缘计算系统甚至工业现场设备或生产现场，都有建模仿真活动，它用于创新设计、工艺规划、生产调度、现场培训和故障预测等各种场合。在制造领域广受关注的基于模型的系统工程（MBSE）、模型工程和数字孪生等理念和技术，进一步推动了建模仿真技术在智能制造系统中的应用。贯穿于设计、生产和维护全过程的一体化、全系统的云边端协同建模仿真是当前的研究重点，内容涉及一体化建模语言、混合系统建模、模型协同验证与评估、高效能模型解算、分布式仿真引擎和跨媒体智能可视化等。

3. 制造云服务可信评估和保障技术

制造云服务可信问题是影响制造用户上云的瓶颈之一。由于云平台上服务数量众多，供需双方选择范围扩大，同时建立交易关系较快且成本较低，交易双方的信任问题变得更加突出。而由于制造云服务大多包含物理资源，云边协同过程牵涉因素众多，协同过程和制造云服务运营过程中难免出现信息被篡改、响应不及时、功能不正确、性能不稳定和系统不鲁棒等情形，都将影响制造云服务的可信性。因此仅从云服务在平台中的外部表现和宏观信息来判断和保证可信不够，还需要从构成云服务的各类资源，特别是边缘侧的物理资源，以及云边协同的过程（即从微观的角度）来考察和保证云服务的可信性。云边协同智能制造中的可信通常包括用户/企业服务信息可信，用户/企业制造资源可信，云平台服务可信，以及服务从生成到应用的全生命周期可信等。需要突破的关键技术包括制造服务多维可信评估指标体系，主观客观相结合的可信动态评估技术，孪生模型定量校核、验证与确认（VV&A）技术，基于制造大数据的服务行为识别技术，以及基于区块链的可信机制构建与可信保障技术等。

4. 云边协同调度技术

调度是高效完成制造任务的关键，也是制造领域的一个传统研究方向。在云边协同环境下，云平台、边缘节点和车间/设备都存在服务或资源的调度问题，每个层面的调度具有不同的特点和要求。云平台中的服务调度本质上是在开放、动态、不确定环境下，海量社会制造资源广域范围内跨组织优化配置的过程，而边缘节点和车间/设备则处在相对封闭的环境中，对调度的实时性、可靠性要求非常高。这几个层次的制造活动必须高度配合，并在时间和空间上保持协调一致，才能顺利完成一个复杂的制造任务。由于云平台、边缘节点各层面均存在不同程度的不确定性，在调度过程中需要实时感知物理制造资源的状态，并对动态发生的异常和干扰事件做出快速反应，这使得调度变得十分复杂，需要采用高效、智能和自适应的调度方法。该方法所涉及的关键技术包括任务需求和服务特征智能感知技术，订单分解、服务动态匹配与组合技术，分层协同排产与调度技术，以及基于机器学习的动态自适应调度技术等。

5. 生产过程云边协同管控技术

云边协同智能制造的生产过程是分布式、网络化和广域协作的过程，业务流程复杂，不确定性强。而整个生产过程的管控对自动化和智能化的要求更高，用户的个性化需求可以更好地在生产过程中得到体现，用户还可以通过云平台跟踪甚至参与生产过程。为此所需要研发的关键技术包括云边协同的制造执行管理技术、沉浸式虚拟孪生技术、边缘控制技术、跨企业业务流程管理技术、智能装备技术和智能化柔性生产技术等。

6. 安全管控技术

在云上开展的业务越多、程度越深，涉及供需双方的核心数据就越多，泄露企业技术机密的可能性就会越大。而在云边协同的制造系统中，信息系统与物理系统成为一个有机的整体，传统意义上的信息安全和物理安全的界限变得模糊。信息安全问题不仅可能造成数据的丢失和软件系统的瘫痪，黑客还可能通过云平台的信息系统漏洞直接攻击物理系统，造成财产损失甚至人员伤亡。因此，云边协同的制造系统对安全管控提出了更大的挑战，涉及的关键技术包括云边协同安全架构技术，身份识别与认证技术，制造数据防扩散技术，软硬件接口保护技术，信号防泄漏和干扰技术，以及标识识别与认证技术等。

7.1.4 智能制造系统云边协同调度方案

智能制造系统云边协同调度方案如图 7-3 所示。

总体调度流程如下所述。

1）智能应用云平台中生成优化调度方案。在智能应用云平台提供的各种工具（如智能匹配工具和人工智能算法工具）的支持下，制造服务消费者和供应链提供者按照云平台运营者设定的商务模式和交易规则进行匹配和协商，并进行调度求解，得到优化的调度方案，并将该调度方案发送到智能制造云平台执行。

2）智能制造云平台中执行全局调度方案（云调度）。智能制造云平台在人工智能算法库、分布式设备/产线监控/MES/诊断/维护模块和大数据分析和建模模块的支持下执行调度方案。这里的调度是全局的跨企业调度。出于自主性和安全等考虑，云平台全局调度通常不介入企业内部的调度过程，更多的是在企业/工厂层面开展调度，即将订单需求任务分配给企业，而不关注企业内部如何进行生产调度，但是能根据企业边缘计算系统设定的过滤规则，获取对云平台调度比较重要的一些数据，如企业内部调度的进展、关键资源的状态等。

3）基于边缘计算系统的局部调度（边缘调度）。借助于边缘计算系统进行企业内部的调度。边缘计算系统采集分布式智能工厂、智能产线的数据，对其进行分析和建模，并对设备、产线进行智能监控、诊断和维护等；同时，边缘计算系统根据云平台调度过程中下发的总体任务，生成企业或工厂内部的调度方案，并在边缘侧执行该调度方案。

4）现场设备的执行。在执行过程中，边缘调度与云调度基于双向实时数据传输进行实

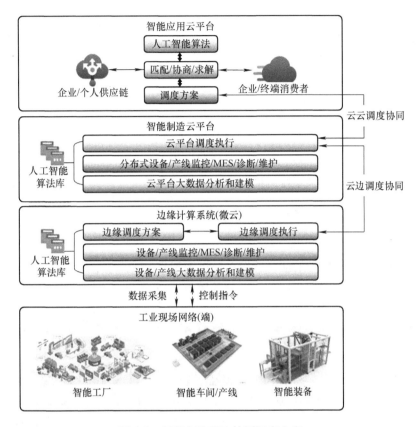

图 7-3 智能制造云边协同调度方案

时协同，从而使面向用户需求的整体调度最优。

7.2 云边协同的能耗管控系统

随着社会的发展，大型建筑（如写字楼、公寓、饭店和会展中心）逐年增加，其能耗也在不断增大，能源与发展的矛盾日益突出，而我国90%以上的大型公共建筑是典型的能耗大户。

建筑行业的能耗消耗种类较为单一，大致分为以下五类：电能、水能、燃气、集中供热和集中供冷。根据中国建筑节能网提供的资料显示，就电能消耗分析，大型建筑的能耗比重中，空调能耗占40%，公共与办公照明能耗占47%，一般动力能耗占2.9%，其他用电能耗占10.1%。而在大型商场中，照明能耗占40%左右，电梯能耗占10%左右，空调系统的能耗则占到了50%左右。在提倡节能减排的当今，做好节能工作不仅对实现"十四五"建筑节能目标具有重大意义，更是为高耗能建筑进一步节能提供准备条件，为双碳标准下的碳达峰、碳中和做好基础建设工作。

自20世纪70年代爆发能源危机以来，发达国家单位面积的建筑能耗已有大幅度的降低。与我国北京地区采暖度日数相近的一些发达国家，新建建筑每年采暖能耗已从能源危机前的 $300kW \cdot h/m^2$ 降低至现在的 $150kW \cdot h/m^2$ 左右。预计在今后不久，建筑能耗还将进一

步降低至 $30 \sim 50 \mathrm{kW} \cdot \mathrm{h/m}^2$。

创造健康、舒适、方便的生活环境是人类的共同愿望，也是建筑节能的基础和目标，为此，21 世纪的智能型节能建筑应该满足以下要求：

1）冬暖夏凉。

2）通风良好。

3）光照充足。尽量采用自然光，天然采光与人工照明相结合。

4）智能控制。采暖、通风、空调、照明和家电等均可由计算机自动控制，既可按预定程序集中管理，又可局部手工控制，既满足不同场合下人们的不同需求，又可少用资源。

因此云边协同的能耗管控系统的应用成为重要突破方向。

7.2.1 云边协同的能耗管控系统逻辑架构

1. 能耗管控系统的五层逻辑架构

如图 7-4 所示，云边协同的能耗管控系统逻辑架构分为五层：设备和数据采集层、边缘计算层、网络传输层、数据中心层和智能业务层。

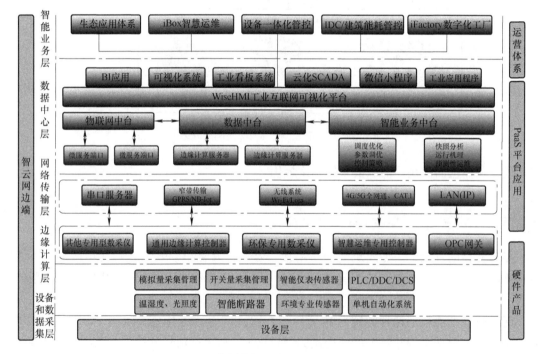

图 7-4　能耗管控系统的五层逻辑架构

OT—操作转换　DDC—直接数字控制

1）设备和数据采集层：设备层指的是机械设备层或者执行设备层，是节能管控的主体；数据采集控制是通过传感器进行数据采集，通过电气、气动和液压等控制元件对设备进行控制，负责 CPS（信息物理系统）到数据的双向转换。

2）边缘计算层：负责现场级的数据清洗加工、逻辑处理（逻辑、定时、条件触发）和数据存储等。

3）网络传输层：泛指工业以太网总线系统，是数字化工厂传输的核心系统。

4）数据中心层：数据的汇聚处理层，包括物联网中台、数据中台、智能业务中台和业务系统［如 MES、ERP、WMS（仓储管理系统）等］。

5）智能业务层：处理业务的中台，包括运营优化系统、预测性维护、机理模型管理和控制策略管理。

这种架构的设置可以支持大容量的数据传输应用和并发数据处理，具有现场功能多、传输量少和并发性能好等特点。

2. 物联网中台

物联网中台以微服务的方式为所有的接入设备提供接口服务，可以实时管理接入设备的工作状况，是设备联网的核心组件。可靠性是物联网中台对外提供的最基础承诺，但当微服务体系日益庞大后，接口间的相互依赖和调用也趋于复杂，在这样的环境下，如果某个接口不可用或者某个时刻请求量过载，导致出现整个系统不可用的风险也大大增加，为了应对这样的风险，有必要在服务接口出现状况时，提供熔断与限流的保护。

3. 数据中台

数据中台是在政企数字化转型过程中，对各业务单元业务与数据的沉淀，构建包括数据技术、数据治理和数据运营等数据建设、管理和使用体系，实现数据赋能。数据中台是新型信息化应用框架体系中的核心。

数据中台是指通过数据技术，对海量数据进行采集、计算、存储和加工，同时统一标准和口径。数据中台是一个数据集成平台，它不仅是为数据挖掘和分析而建，更重要的功能是作为各个业务的数据源，为业务系统提供数据和计算服务。数据中台的本质就是"数据仓库＋数据服务中间件"。中台构建这种服务时是考虑到可复用性的，每个服务就像一块积木，可以随意组合，非常灵活，有些个性化的需求在前台解决，这样就避免了重复建设，既省时、省力，又省钱。

4. 智能业务中台

智能业务中台是以业务为核心实现业务级隔离的管理中台，它提供能耗管控所需要的智能业务管理系统，采用微服务架构、多引擎集群和互联网级交互支持技术，为数字化工厂的智能业务提供支持。这些智能业务包括运营优化系统、预测性维护、机理模型管理和控制策略管理。智能业务中台为数字化工程的智能运行和智能管理提供下一代应用技术。

5. 工业互联网可视化平台

工业互联网可视化平台是基于融合边缘计算和云计算服务器的一套工业互联网可视化应用系统，它是集通信管理、数据采集处理、数据计算处理、数据存储、云计算和访问接口服务为一体的综合型 HMI 系统，是系统内置云边协同计算的核心算法、通信协议和人工智能算法的一整套完整工业互联网解决方案。

云边协同的云计算服务器解决了数据中台的问题，那么工业互联网可视化平台解决的就是 HMI 的问题。在云计算时代，HMI 系统的概念得到广泛的发展，以前的 HMI 特指现场设备的人机接口，云时代的 HMI 已经泛化成一整套的人机解决方案，包括工业看板、可视化、安灯和调度等方面，它具有部署灵活、稳定性好和功能强大的特点，在为用户提供可靠数据访问的基础上进行积木式的堆叠应用，帮助用户由小到大建立起自己的工业互联网可视化体系。

7.2.2 空调系统的能耗管控

1. 空调系统基本节能策略

空调管控现场如图 7-5 所示，通过对空调系统供水、回水管路的温度、压力及流量值进行监测，对空调的冷却水温度、运行设备数量、运行效率、制冷量、日耗电量和单位面积电负荷等指标进行数据分析，帮助加强、改善和促进空调系统的运行管理，并且出具节能诊断。

图 7-5　空调管控现场

空调系统基本节能策略主要包括以下优化。

（1）对冷热源和水冷系统的功能优化

1）制冷机、水泵、冷却塔、热泵、锅炉的自动启停控制。

2）水阀的自动开关控制。

3）一键自动顺序开机、自动顺序停机控制。

4）水泵的定压差变频控制。

（2）对风系统的管控优化

1）送风机、回风机、排风机等的自动启停控制。

2）风阀的自动开关控制。

3）送风机、排风机、回风机、风阀等的一键自动顺序开机与停机控制。

4）变风量系统风机的定静压变频控制、末端风阀比例积分（PI）控制。

5）风机的定温度变频控制。

2. 空调系统高级节能策略

空调系统高级节能策略是核心技术，它可以提供工艺路线的运营效率，提供优化运营的高级功能。

空调系统高级节能策略主要包括以下优化。

（1）冷热源和水（冷媒）系统的优化

1）制冷机、热泵、锅炉等序列优化控制。

2）冷却水泵与冷冻水泵的协调。

3）适应室外环境的变冷却回水温度控制。

4）二次泵的序列优化控制。

5）二次热交换器的串级优化控制。

（2）末端系统的优化

1）风水一体化控制、双线性鲁棒控制。

2）变风量空调柜的送风温度优化控制。

3）变风量系统的送风静压优化控制。

4）新风优化控制。

对于高级控制策略，其优化控制趋势分析如图 7-6 所示。

系统采用如下方式进行能耗管控：

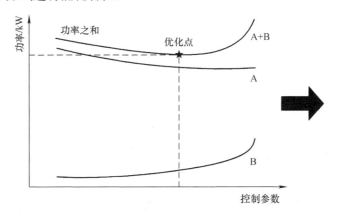

图 7-6　优化控制趋势分析

1）基于中心和边缘计算的协同策略优化系统的运营控制。

2）基于建筑热特性和气候特征的末端系统优化启停控制。

3）小负荷特征的冷热源系统间歇优化运行控制。

4）基于气候特征的冷冻水和热水供水温度的优化控制。

5）基于负荷需求和差异化电费计量的冷源系统的优化控制。

6）多源系统的决策优化控制。

7）复合式蓄能系统的非稳态协同控制。

3. 基于智能预测机制的空调机理模型

运行机理模型建立和管理功能，系统可以建立基于自定义的模型体系，模型体系和系统流程体系可以通过图表进行自定义。机理模型运行框架如图 7-7 所示，定义好流程之后，系统可以根据流程进行模型算法的设定。

机理模型设置方式如图 7-8 所示。包括数据源、计算方法（如效率、能效比、功耗和产量等），以及是否为闭环或者开环系统。输出结果可以有多种处理方式：出具调度工单，建议运行调度单，模拟进入数据库，直接参数调优，设备起停或者产线调度等，其中输出的机理模型仿真分析能效图如图 7-9 所示。

7.2.3　能耗管控系统的其他应用

1. 照明系统

依据用电环节的不同，将照明用电详细分为办公用电、动力用电和空调用电等，用以达到分项计量、综合对比分析的目的。依据内部管理运行模式的不同，将照明区域分为公共区域、用能区域，用以定义不同区域的用电量，并进行分析对比。照明能耗管控系统拓扑结构如图 7-10 所示。

依据统计分析重点能耗回路、设备的运行参数，进行不同时间设备的横向对比和同一时

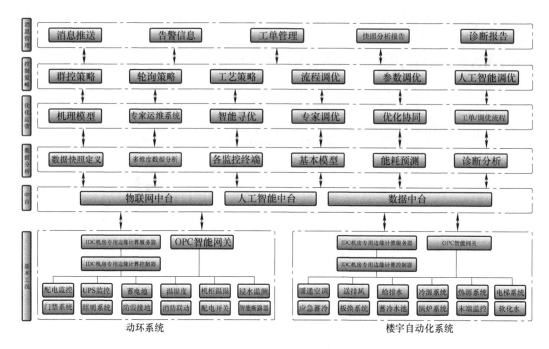

图 7-7 机理模型运行框架

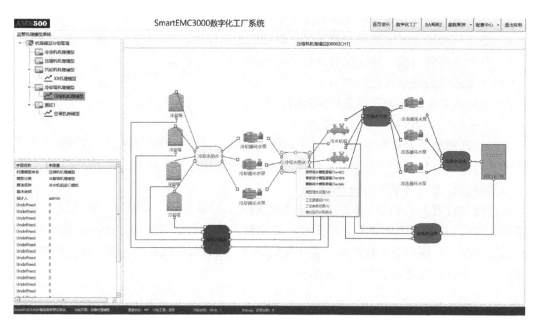

图 7-8 机理模型设置方式

间多设备的纵向对比，发现节能空间，从管理方式上实现节能的可能性。

2. 电梯系统

系统对建筑内部电梯实际运行所消耗的电能、运行参数进行监测，多角度分析建筑内部电梯在特定工作时间段（如一天内商场客流高峰期、一周内客流高峰期等）内所耗电能，

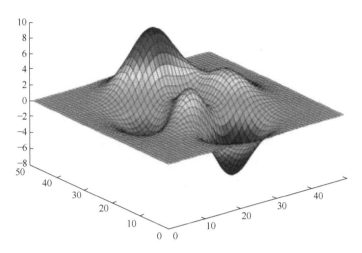

图7-9 机理模型仿真分析能效图

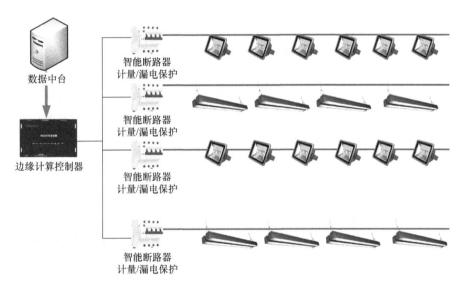

图7-10 照明能耗管控系统拓扑结构

相同功能区域内同种类电梯（扶梯或直梯）所耗电能，以及单位面积电梯电耗、每台电梯运行累计时间、次数等。通过对电梯的设备管理，可以帮助发现节能空间，制定更为优化的电梯运行策略，节约电梯运行成本。同时可在系统中进行电梯基本信息的管理，如电梯的厂家，层站、载重、速度等有关技术参数，以及电梯故障信息和维保人员姓名、呼机号码、电话等维护信息。

3. 空气压缩机系统

螺杆式空气压缩机已经广泛应用于工业生产的各个领域，是应用最广泛的动力源之一。但空气压缩机系统也存在着大量的能源浪费，主要是电能、热能的浪费。

空气压缩机的节能降耗主要是对设备的改造和对余热的有效利用，节能降耗每年可帮助企业节约能源消耗，间接减少二氧化碳的排放，有着良好的经济、环境和社会效益。

由于工业生产对稳定性要求较高，站内空气压缩机开机台数是根据生产线运行数量人为预估得到的。在这种情况下，为保证用气端压力波动时压缩空气随时能够补充，需要开启备用机组待载。这样多台设备会处于卸载状态。

空气压缩机的卸载状态为：由于出口压力达到出口需求的设定点，计算机程序自动关闭进口阀。此时电动机处于无负载状态运转，以保证当后端压力变化时，空气压缩机随时进入加载状态。空气压缩机卸载时电流较低，但仍有较大的电能消耗。

通过集中控制空气压缩机系统，逻辑智能控制空气压缩机及辅助系统的运行，达到节省能耗、精确控制，并且操作维护方便。控制系统实现对空气压缩机参数、状态的显示以及干燥机、过滤器等设备的在线控制和监视优化，保证整个空气压缩机系统的长期安全、经济、合理和高效运行，并为制定最佳的保养周期提供可靠的依据。控制系统能将全面数据传送至工厂集控中心，实现全厂范围的统一管理。

7.3 数字化工厂云边协同

前面已经介绍了智能制造产业系统云边协同应用技术，这一节将更加微观地研究数字化工厂的云边协同技术，怎样在数字化层面构建数字化工厂的云边协同体系。

数字化转型是在中国制造 2025 和工业 4.0 的大背景下产生的。目前多数企业停留在工业 2.0（电气化）的状态，当企业发展到一定规模，即年产值 2000 万以上，当前的生产设备满足不了日常需求，仅仅增加生产设备不能解决问题的时候，可以说是遇到了瓶颈，具体如人员管理复杂、生产效率低下、工艺亟须调整以及产品合格率得不到提升等，随着国家对生产制造企业的关注（如十四五规划等），需要重振生产制造企业的活力，数字化生产就是在这种情况下产生的。

7.3.1 数字化工厂的实施目标

以柔性制造系统、敏捷制造等信息化改造为建设目标，利用传感技术、无线通信技术、计算机网络技术、智能数字化技术和物联网应用服务平台技术等多种现代化技术，打造基于物联网的综合示范平台，建立起一个示范性应用基地。

通过 WIP（在制品）和 SCADA 实现敏捷制造的生产管理目标，以信息可视化提供的数据作为支撑，准确掌握各类生产的资源负荷状况，提高瓶颈资源利用率，提升原料工装夹具配送精准度，提升生产应变能力；以信息可视化实现问题的预判、预防，减少生产问题；及时传递操作中的生产作业状态信息，促使解决问题流程的实施及现场管理组体系的完善；以信息化手段，实现可视化全息车间管理；提供多种统计分析，为决策者提供充足的数据依据；打造具有先进性、科学性、前瞻性的现代化生产体系。

可视化的车间管理可提升效益，通过原料准备、生产计划信息及加工过程的透明化和实时化，提升配送精准度，监控生产设备运行情况，确保及时生产配送，提高效率；设备信息可视化可提高设备信息化水平，提升效率，降低不合格品率，提高用户满意度；产品生命周期可视化可分析流程瓶颈，有效推进生产协调，降低生产执行出错率，提升部门协作效率；工艺内容可视化可加强员工自主性，提高数据共享效率，增加产线应变能力；异常信息可视化可快速响应并有效解决，避免停线，降低风险；通过库存信息的透明化、实时化，避免信息传递延时而导致的物料出入库出错，降低仓储成本，形成透明化、实时化和现代化的智慧车间。

为了实现车间管理的全面可视化，进一步提升生产效益与管理效率，需要采取以下具体措施。

1）打造具有先进性、科学性和前瞻性的现代化生产标杆。

2）通过信息化手段实现智能调度排产、生产数据跟踪，提高生产协同效率。

3）通过信息可视化促进精益生产，以提升管理过程的问题解决能力，达到问题预判、问题预防的效果。可视化包括以下内容。

①生产进度可视化：实时对生产进度进行跟踪，挖掘生产瓶颈，提升交期把控。

②生产质量可视化：分析生产过程中的不良问题，归纳总结不良原因，整理解决方案，提高生产质量。

③异常信息可视化：提高异常情况响应速度，保证生产过程流畅性，提高生产效率。

4）打造信息化工艺流程，生产排产、生产过程高度自动化，将生产工艺标准化、准确化。

5）通过信息化、智能化，缩减人工成本，提升设备的高度协同能力。

6）通过物联网技术实现设备数据的自动采集，设备数据和生产数据的自动报工。

7）提供多种统计分析，为决策者提供充足的数据依据。

7.3.2 计划管理

根据订单和生产计划制定详细排程和车间生产作业计划，是一种资源分配的决策活动。考虑订单优先级、交货期、库存、加工路径、产品特性、加工工序、设备负荷和资源限制等条件，将生产计划与用户订单转化为具体的生产作业计划，排出高效率的日（班、线、台等）的作业顺序，并将设备的调整降低到最小程度。

系统设计过程主要有以下需求。

1）总厂计划（系统集成）：在系统设计过程中需要考虑整厂对各类订单的加工产线计划导入，以及对交货期进行控制管理，并在 MES 中进行车间现场的详细排产工作。

2）手动排产：该功能模块主要用于对从总厂中读取的主计划进行分解，企业工作人员根据现场设备负荷、交货期等情况在系统中进行手动排产、派工等操作，可具体到人员、设备和工位等。

3）生产进度跟踪：可实时了解车间产线现场各订单的实际进度。

7.3.3 工艺管理

工艺管理是 MES 中必不可少的一个重要环节，工艺管理是企业重要的基础管理，是稳定、提高产品质量、提高生产效率、保证安全生产、降低消耗、增加经济效益和发展生产的重要手段和保证。

工艺管理可根据企业已有 PDM（产品数据管理）系统中的功能进行集成，把 MES 需要的信息从 PDM 系统中读取出来，避免重复工作。该工作需 PDM 系统开发商配合，提供接口和相关字段。

系统主要需求如下。

1）工艺文件和图文管理：可在系统中对生产工艺图文和相关文件进行统一管理。

2）工艺流程管理：可在系统中自定义工艺路线等。

3）工艺版本管理：可通过版本管理工艺路线等。

4）审批管理：当系统中工艺流程或工艺版本变更时需进行审批，审批流程可自定义。

7.3.4 设备管理

设备管理是一套针对生产设备、操作规程、管理制度、运行监控、故障诊断、维修维护和运行统计等进行全面管理的模块。该模块需要和设备联网系统集成，一起完成模块的管理。

系统主要需求如下。

1）设备台账管理。

2）实时运行监控（设备联网 SCADA 系统）。

3）设备故障报警（设备联网 SCADA 系统）。

4）设备运行统计分析（设备联网 PLC 系统）。

5）点巡检信息化管理（MES 实现）。

6）维修维护管理（MES 实现）。

7）备品备件管理（MES 实现）。

8）零配件采购（MES 实现）。

7.3.5 生产报工

生产进度的实时报工在 MES 中是最重要的一个节点，每一个工序或零件的完成与否将直接决定整个生产任务是否能够完成，甚至影响整个企业的计划安排，所以通过车间实时数据报工，能最大限度地贯彻好调度结果的有效执行。

系统主要需求如下。

1）操作终端：每条生产线的关键工位或每几台设备放置一个工位终端，如图 7-11 所示，用来进行任务查看、生产进度提交、异常呼叫和图文查看等。

2）生产任务查看：在车间现场指定位置放置操作终端，员工通过在现场终端刷卡来了解自己的生产任务，并可查看相关工位文件、操作说明等。

3）生产进度提交：通过现场工位机或数据采集设备直接提交生产数量。

图 7-11　操作终端

7.3.6 异常管理

生产过程中有可能出现异常情况，如设备故障、缺料和加工异常等。当异常出现时，系统会进行异常报备、异常跟踪处理、异常紧急预案处理设置以及异常短信通知设置，并定时生成异常处理报告和报表。

实现快速的信息传递、申请呼叫、实时显示、统计分析和报表生成等，就工序作业、设备状态、质量问题和供应物料情况等过程进行实时的信息传递和管理，可对生产全过程构成支撑。

当品质、工艺、设备和设备参数出现异常报警时，系统会根据预先设定的人员、处理时间及提醒方式进行处理，若责任人在规定时间内未处理报警，则逐级进行提醒。

系统主要需求如下。

1）可在系统中自定义设置异常类型。

2）可以通过短信、邮件或看板的方式通知相关人员，根据故障类型的不同设定不同的处理人员。

3）当异常出现，处理人员处理超时时，可以逐级上报。

4）可以通过现场操作终端进行异常呼叫，呼叫时需刷员工卡记录呼叫人员信息、呼叫时间、呼叫工位、处理人员和处理时间等。

7.3.7　质量管理

生产质量管理主要是为了控制产品生产过程质量，降低生产风险，提高合格率和客户满意度，针对关键工序设置检验指导内容、质检项及参数供质检人员对比确认，大大降低了因上道工序存在的质量问题再继续加工生产后带来的损失。

系统主要需求如下。

1）通过现场终端可以提交生产过程中产品自检、报废和返修等数据。

2）移动检验：检验人员配备移动终端，如 PDA（个人数字助理）、PAD（平板电脑）等。通过移动终端选定生产任务进行检验，并提交检验数据。

3）工作人员可通过系统实时查看当前生产任务的检验记录和统计结果。

4）通过设备数据采集，可自动获取检验设备的检验数据，并向系统提交。

7.3.8　看板管理

看板是把相关人员需要的数据直观的展示出来，需要了解这些信息的员工能一目了然地看到这些信息，帮助操作人员和管理人员进行生产管控。

系统主要需求如下。

1）可在每条产线、关键工位、关键部门放置对应的看板，如图 7-12 所示。

2）看板位置和看板内容需详细调研后确定。

3）看板类型可选液晶看板或 LED（发光二极管）看板，大小待定。

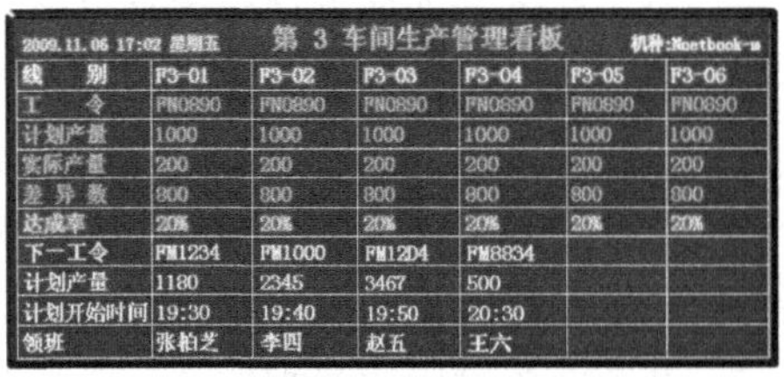

2009.11.06 17:02 星期五　第 3 车间生产管理看板　机种:Noetbook-m

线　别	F3-01	F3-02	F3-03	F3-04	F3-05	F3-06
工　令	FN0890	FN0890	FN0890	FN0890	FN0890	FN0890
计划产量	1000	1000	1000	1000	1000	1000
实际产量	200	200	200	200	200	200
差 异 数	800	800	800	800	800	800
达成率	20%	20%	20%	20%	20%	20%
下一工令	FM1234	FM1000	FM12D4	FM8834		
计划产量	1180	2345	3467	500		
计划开始时间	19:30	19:40	19:50	20:30		
领班	张柏芝	李四	赵五	王六		

图 7-12　车间生产管理看板

7.3.9　统计报表

在企业中，只有把收集的统计数字经过多次加工处理，进行系统、深入地分析，才能转换成各种有用的信息，使大量的统计数据完全实现它们的使用价值，发挥统计的服务和监督作用。

系统可根据各种数据源生成各种报表，如设备故障统计报表、设备运行统计报表等，并支持自由选取时间跨度、对象进行统计等功能。具体报表内容和报表展示方式需详细调研，然后由系统根据已有数据和企业需求生成。

7.3.10　系统安全管理

企业生产管理系统在设计过程中需要考虑系统权限的划分功能，每个菜单、操作以及登录人员都需要进行详细的权限划分。

如果对系统操作不熟悉的人拥有过高的权限，且对系统、数据进行任意操作，很可能导致系统崩溃、数据紊乱，造成不可预估的损失。相反，对于管理层来说，如果没有足够的权限及时查看数据，进行分析总结，那么也会导致信息获取屏障，问题发现不及时，以及响应迟缓等问题。由此可见，系统权限的设置必不可少，它是软件安全运行的基础条件。

在权限划分方面，采取等级制是一种有效的方法。通过明确各层级权限高低、操作范围和信息知晓范围，可以有效保障系统信息及运行安全。这种划分方法有助于精确控制信息的私密性和独立性，确保系统的稳定运行和数据的准确性。

7.3.11 系统协同接口

系统在设计、分析和开发过程中，一方面应充分考虑与企业已有信息系统［如 OA（办公自动化）、PDM、CAPP（计算机辅助工艺规划）、ERP、DNS 等］的对接，确保客户的投资；另一方面还应考虑系统的后续扩展，为以后的扩充预留接口。

与已有系统的数据对接情况如下。

1）与 ERP 系统的接口：把 MES 中需要且 ERP 中存在的内容，如设备管理、BOM 物料清单管理等模块的部分或全部信息通过集成读取到 MES 中。

2）与 PDM 系统的接口：实现生产现场加工任务和零件工艺图纸、工艺路线等的无缝连接。

3）与 PLC 系统的接口：由于 PLC 系统可作为一个独立的系统存在，故 PLC 和 MES 直接的数据交互需通过系统集成的方式实现。

7.4 智慧运维云边协同

如今，各种行业的自动化水平已经提高到一个层次，这些行业包括水利、电信、交通、公安、电力、太阳能光伏、森林防火和农业等，它们已经实现了设备的自动化运行。随着信息技术的快速发展，最新崛起的互联网＋、大数据、云计算和物联网等技术对人们的日常生活造成巨大的冲击并产生深刻的影响。智慧运维系统已经成为行业应用的重要部分，如何利用并维护好已经建成的应用系统，并且充分发挥高投入的设备性能，是智慧运维的范畴。云边协同在智慧运维中能起到什么作用是本节研究的重点。

7.4.1 系统组网要求

系统组网是指将分布在各个站点上独立的监控系统连接成为一个具有综合智慧运维管理能力的独立网络系统，其要求如下：

1）充分应用边缘计算技术和云计算技术进行联网数据处理分析。

2）利用云边协同等新兴技术提升系统的运维可靠性和稳定性。

3）将独立采集的数据点汇聚为边缘计算数据。

4）将各个数据点上的数据汇聚到边缘计算控制器。

5）将边缘计算控制器的数据汇聚到数据中心系统。

6）将实时数据库的数据信息发布到智慧运维平台。

7）将实时数据库的报警信息发布到报警显示智慧运维平台。

8）将报警和定制信息发布到定制手机系统。

7.4.2 智慧运维基本功能

对于智慧运维安装到位的系统，需要将站点工作状态及时汇聚到数据中心。智慧运维的基本功能如下：

1）对发测站的温湿度信息进行采集并传送。

2）智慧运维测站可以实时区分设备的正常运行、设备故障、网络故障和电源故障状态。

3）支持现场的紧急告警时间和SOE（事件序列）能力，实时监听设备电源状态。

4）前端设备宕机告警、远程硬重启。

5）实时监听箱体柜门是否未经授权被打开。

6）实时监听前端电源是否被私接盗用。

7）当电箱发生火灾时，自动启动灭火管，将火情消灭在箱体内。

8）通过数据中心进行数据发布，向各个收费站的LED屏幕发布实时信息。

9）具有数据超限报警功能，当监控数据超过极低警戒值 LL、低警戒值 L、高警戒值 H 和极高警戒值 HH 时进行声光报警，发布报警信息，并通过短信模块实现短信报警。

7.4.3 智慧运维五层架构设计

智慧运维系统提出了主要运维管理指标、系统的拓扑结构、智慧运维方案、运维管理流程和运维考核体系等多个方面的综合解决方案。通过系统可以满足对运维的智慧要求，使信息化系统的运行、管理达到新的标准，设备的在线率有质地提升和改善，维护成本也降低了很多。智慧运维一改以往的救火式运维模式，通过大数据、预测分析和远程维护等手段，实现运维的自动化和智慧化。智慧运维云边协同的中心网络拓扑结构如图7-13所示。

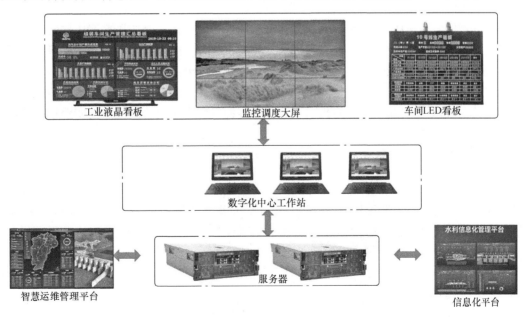

图7-13 智慧运维云边协同的中心网络拓扑结构

数据采集系统是智慧运维得以实现的基础和前提，通过实时、准确、全面地采集设备、环境等各方面的数据，为智慧运维提供必要的信息支持。数据采集系统应用架构分为五层：设备和数据采集层、边缘计算层、网络传输层、数据中心层和智能业务层，如图 7-14 所示。

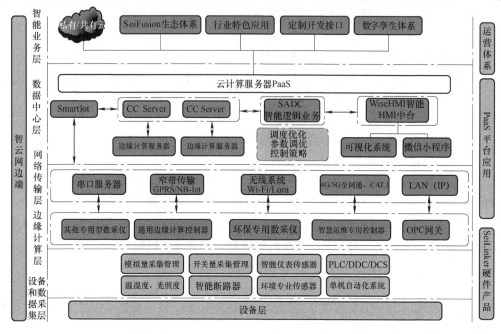

图 7-14　数据采集系统应用架构

7.5　本章小结

本章介绍了云边协同的应用实例，云计算和边缘计算的协同是应用实践中非常重要的一个方面，只有云边协同才能让云计算和边缘计算有机结合，服务于实际应用。本章从实际出发，用智能制造系统和能耗管控系统两个案例详细介绍了云边协同的模式和方法，让大家对云边协同技术有了初步的了解，也便于大家从实践出发，应用边缘计算技术和方法来解决现实生产环节中的更多实践问题，为我国工业互联网的发展和应用培养更多的实践性人才。

本章习题

1）边缘计算是构建于现代通信技术之上的新兴计算模式和方法，融合了现代工业互联网最新技术。请罗列与边缘计算相关的技术体系和生态（至少五项），并概要阐述其概念和应用。

2）请阐述边缘计算网络安全需要注意的几个方面。

3）请结合自己熟悉的工厂场景（如离散制造、流程性制造），用所学的概念，罗列可以应用边缘计算的场景。

4）数字化转型是现代企业的发展方向，请阐述怎样结合边缘计算应用，在数字化工厂实践边缘计算技术，为企业提供先进的数据计算处理应用。

基于边缘计算的工业智能视觉

随着 5G、大数据及产业互联网的发展，以边缘计算为代表的算力下沉成为新的发展趋势。未来越来越多的智能场景将发生在边缘侧，而智能视觉作为边缘智能的重要场景之一，是边缘计算发展的重要使能器，两者的结合将更好地满足各行业智能化发展的需求。

8.1　机器视觉概述

8.1.1　国内外机器视觉发展历程

视觉是人类观察世界和认知世界的重要手段，至少 80% 以上的信息都是由视觉获取的。机器视觉作为一种模拟人类视觉系统的技术，其综合应用了光学、机械、电子和计算机软硬件等方面的前沿技术来处理和分析数字图像和视频数据，实现对物体、场景和环境的感知、识别和理解；在成像技术、视觉处理算法、算力平台和行业应用这四个核心要素的驱动下，不断取得了重大突破，在工业、农业、医疗、军事、安防、金融、交通等诸多领域得到了广泛应用，体现在提高生产效率、降低成本、提高质量和增强安全等方面。

1. 国外机器视觉的发展历程

机器视觉的发展史最早可追溯至 20 世纪 50 年代，Rosenblatt 于 1956 年提出了感知机模型，尝试模拟人脑神经元的结构和功能，进行二维图像的统计分析与模式识别。进入 20 世纪 60 年代，机器视觉的研究前沿以理解三维场景为目的。1965 年，美国学者 L. R. Roberts 从数字图像中提取出如立方体、锲形体、棱柱体等多面体的三维结构，并对物体形状和物体的空间关系进行描述，提出了多面体组成的积木世界概念。随着对积木世界的深入研究，机器视觉研究的范围从关注图像的低级特征提取，过渡到线条、平面、曲面等几何要素分析，再到图像阴暗、纹理、运动以及成像几何等要素，建立了各种数据结构和推理规则。

21 世纪以来，随着神经网络、深度学习、大数据、边缘计算、物联网等创新技术的发展、普及和交叉融合，机器视觉技术得到了空前的提升，尤其在人脸识别、行人检测、车牌识别、自动驾驶、自然语言处理、虚拟现实等领域得到了更深度的应用。总体上，从 20 世纪 60 年代末期开始，国外机器视觉的发展经历了成像传感器诞生与低阶特征提取的萌芽期、知识推理和统计学习的起步期、发展上升期和人工智能新纪元，如图 8-1 所示。

1）机器视觉萌芽期（1969 ~ 1979 年）：在成像传感器诞生的驱动下，机器视觉产业进入萌芽期。此时受限于半导体工艺成熟度和成本等因素制约，机器视觉只在高端的科学研究和航天、军工项目中有少量初级应用，尚未形成完整的概念。1969 年，美国贝尔实验室成功研制出 CCD（电荷耦合器件）传感器，它可以直接将图像转换为数字信号并存储到计算机中参与计算和分析，从而成为奠定机器视觉技术诞生的基石。CCD 传感器的发明可以视

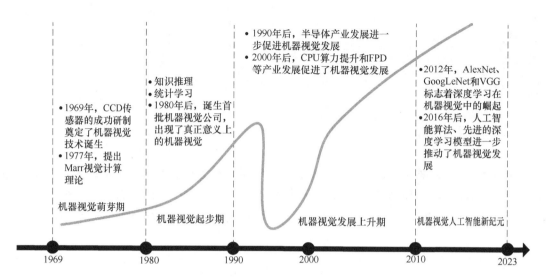

图 8-1　国外机器视觉的发展历程

为机器视觉发展的起点，它使得"为机器植入眼睛"成为可能。与此同时在学术界，美国麻省理工学院的人工智能实验室正式开设"机器视觉"课程，大批著名学者进入美国麻省理工学院参与机器视觉理论、算法、系统的设计和研究。David Marr 教授于 1977 年提出了不同于"积木世界"分析方法的计算视觉理论——Marr 视觉计算理论，该理论立足于计算机科学，系统地概括了心理生理学、神经生理学等方面已取得的重要成果。它使计算机视觉研究有了一个比较明确的体系，并极大地推动了计算机视觉研究的发展。Marr 视觉计算理论将整个视觉所要完成的任务分成三个过程，而获得这些表示的过程依次称为初级视觉、中级视觉和高级视觉。

2）机器视觉起步期（1980~1989 年）：在应用的驱动下，对机器视觉的全球性研究热潮开始兴起，机器视觉的研究逐渐转向知识推理，系统试图使用先前编程的规则和知识来理解和解释图像；同时，统计学习方法开始引入机器视觉，支持向量机、随机森林等方法逐渐应用于目标检测和分类。一些新概念、新方法、新理论不断涌现，不仅出现了基于感知特征群的物理识别理论框架、主动视觉计算理论框架和视觉集成理论框架等概念，而且产生了很多研究方法和理论，无论是对一般二维图像的处理，还是对三维图像的模型及算法研究都有了很大的提高。同时，机器视觉的概念首次在产业界被提及，但未形成精准的定义。在此期间，诞生了首批机器视觉企业，如加拿大的 Teledyne DALSA 公司、美国的柯达和仙童、英国的 E2V 等 CCD 传感器与工业相机公司，以及美国康耐视等具有代表性的软件算法公司。

3）机器视觉发展上升期（1990~2009 年）：1990 年半导体产业的发展，使得机器视觉计算理论和技术均得到进一步发展，在学术界向多视图几何领域快速渗透的同时，机器视觉定位与检测成为替代人工的支撑技术。在美国和日本等发达国家，机器视觉技术开始得到实际应用，在一些不适合人工作业的危险工作环境、人工视觉难以满足要求的场合或者大批量重复性工业生产过程中，使用机器视觉检测方法可以大大提高安全生产系数、生产效率和自动化程度。然而，算法、算力和成像技术的发展尚不成熟，不能全面满足行业应用需求，无法全面推广。由于技术门槛和系统成本过高，虽然出现一些专门从事机器视觉技术的新企业，但规模普遍较小。进入 21 世纪后，在应用和算力的共同驱动下，机器视觉进入发展上升期。在此期间，FPD 平板显示制造、PCB 检测和汽车制造等行业陆续对机器视觉技术应用表现出强烈需求。同时，CPU 算力的提升使机器视觉系统在 PC-Base 条件下可以处理一般性的问题。产业需求和技术进步共同促进了机器视觉产业的快速发展与繁荣。

4）机器视觉人工智能新纪元（2010~2023 年）：2012 年，AlexNet 在 ImageNet 竞赛上获得胜利，标志着深度学习在机器视觉中的崛起；2014 年，GoogLeNet 和 VGG 等模型的出现进一步推动了深度学习在机器视觉领域的发展；2016 年是人工智能发展非常重要的一年，AlphaGo 打败人类顶尖棋手李世石、深度残差学习和残差网成为视觉领域标准算法等标志性事件，开启了人工智能推动机器视觉发展的新纪元。一些著名的深度学习网络，如 Yolo 系列、U-Net 系列、SDD 系列、R-CNN 系列、Transformer 系列等，极大地推动了基于二维图像和三维点云的目标分类、目标检测、语义分割、实例分割等研究任务的发展。人工智能和机器学习算法进入与产业深度融合的阶段，人工智能赋能的机器视觉开始在智能制造、智慧交通、智慧农业、医学影像分析、无人机等众多行业场景应用中渗透与普及。预计在未来的10 年中，机器视觉将迎来高速发展期。

2. 国内机器视觉的发展历程

与国外机器视觉的发展历程相比，国内的机器视觉产业起步较晚，1990 年以前，仅仅在大学和研究所中有一些研究图像处理和模式识别的实验室；1995 年才开始有初步应用，同样经历了萌芽期、起步期，目前正处于发展中期，如图 8-2 所示。

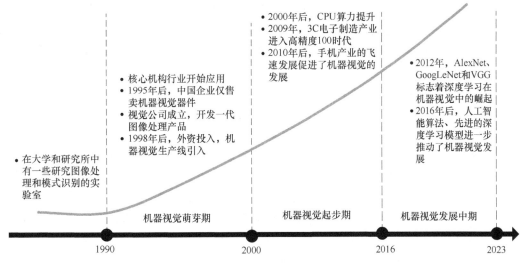

图 8-2 国内机器视觉的发展历程

1）机器视觉萌芽期（1995~1999 年）：在国外技术发展引领下，国内机器视觉进入了萌芽期，并开始应用在航空、航天、军工及高端科研（天文、力学研究等）等核心机构和行业。一些来自研究机构的工程师成立了视觉公司，开发了第一代图像处理产品，如基于ISA 总线的灰度级图像采集卡和一些简单的图像处理软件库，初期的产品在大学实验室和一些工业场合得到了应用，能够做一些基本的图像处理和分析工作。自 1998 年起，越来越多的国外的电子和半导体工厂落户广东和上海，带有机器视觉的整套生产线和高级设备被引入国内。

2）机器视觉起步期（2000～2015年）：在应用和算力的双驱动下，国内机器视觉进入了起步期。此时CPU算力提升，PC-Base系统可以承接一般难度的问题。国内几个代表性产业如人民币印钞质量检测、烟草和原棉异物剔除、邮政分拣等对机器视觉提出强烈的应用需求，国内开始出现一些专业的机器视觉公司。2009年是国内机器视觉产业发展划时代的一年。以苹果手机加工制造为核心的3C［计算机（Computer）、通信（Communication）和消费电子产品（Consumer Electronic）的缩写］电子制造产业进入高精度100时代，迫切需要用机器替代人工来保障产品加工精度和质量的一致性。苹果手机加工制造的应用需求直接推动了国内机器视觉产业进入发展初期。2010年后，手机产业的飞速发展带来整个3C电子制造业的变革，大大扩展了机器视觉的应用场景，加速促进了机器视觉产业的发展。国内陆续涌现出近百家机器视觉创新企业，很多自动化设备公司也增设了机器视觉部门，此外，安防监控领域的一些企业也开始研发应用机器视觉技术。

3）机器视觉发展中期（2016～2020年）：人工智能算法的发展使国内机器视觉进入发展中期。从2010年开始的近十年，国内机器视觉产业发展一直保持20%～30%的增速。在2020年，国内机器视觉产业规模基本与欧洲体量相当。

8.1.2 机器视觉的定义内涵与系统特性

1. 机器视觉的定义内涵

目前，百度百科、维基百科、自动成像协会（AIA）、制造工程师学会（SME）机器视觉分会和机器人工业协会（RIA）自动化视觉分会、湖南大学朱云、凌志刚和张雨强教授发表的《机器视觉技术研究进展及展望》及英国卡迪夫大学Batchelor、Bruce G教授出版的 *Machine Vision Handbook*（《机械视觉手册》）等多个组织、机构或文献对机器视觉进行过定义，但范围和内涵都各不相同，对于从事机器视觉理论研究学习的广大师生及研发、应用的众多技术人员容易造成概念上的混淆和边界上的模糊。

为了进一步明晰机器视觉的概念内涵和产业边界，本书直接引用了中国电子技术标准化研究院发布的《机器视觉发展白皮书》（2021版）中对机器视觉的定义：机器视觉系统是集光学、机械、电子、计算、软件等技术为一体的工业应用系统，它通过对电磁辐射的时空模式进行探测及感知，可以自动获取一幅或多幅目标物体图像，对所获取图像的各种特征量进行处理、分析和测量，根据测量结果做出定性分析和定量解释，从而得到有关目标物体的某种认识并做出相应决策，执行可直接创造经济价值或社会价值的功能活动。形象地说，机器视觉的本质是为机器植入"眼睛"和"大脑"。为机器植入"眼睛"，代表着机器视觉利用环境和物体对光的反射来获取及感知信息；为机器植入"大脑"，意味着机器视觉需要对信息进行智能处理与分析，并应用分析得到的结果来执行相应的活动。

从定义可知，机器视觉主要包含以下三个关键环节：

1）成像，即利用光照来精准客观地感知环境。

2）信号分析与处理，即智能地分析并理解所获得的信息。

3）决策及执行，即应用分析所得结果做出决策并执行实用的动作。

对于一个完整的机器视觉系统，必须综合运用光源照明、光路设计、传感成像、模拟与数字信号处理、数字图像处理、计算机视觉、机械工程、控制和人机接口等一系列技术，依次实现上述三个关键环节。

另外，机器视觉系统一般具有视觉引导、物体定位、特征检测、缺陷判断、目标识别、计数和运动跟踪等功能。

2. 机器视觉的系统特性

机器视觉系统具有以下六个典型特性。

1）使用精准成像扩展人眼的视觉范围和能力。机器视觉系统具有较宽的光谱响应范围，如使用人眼不可见的红外光进行测量，可以扩展人眼的视觉范围。系统可以长期稳定工作，承担大量的测量、分析和识别任务，而人眼由于易疲劳难以对同一对象进行长时间不间断观察。

2）通过人机交互和图像采集实现人机物互联。机器视觉不止通过光学图像采集将"物"和"机"有效结合，还通过用户界面将"人"和"机"进行了有机整合，从而实现人机物的互联。机器视觉是实现工业互联网的重要手段之一。

3）采集全面信息满足实际应用需求。在实际部署过程中，机器视觉系统往往需要定制化设计多模态、多视角的专用图像采集部件，以使得采集到的图像信息能直接、精确地反映行业具体应用需求的深层次特征。另外除了实时处理之外，还需要将海量的图像数据进行存储，以供事后查询和数据分析挖掘。

4）以需求适配为目的做到成本可控、性能均衡。机器视觉系统面向市场应用、以直接创造经济和社会价值为目的，而不盲目追求高性能。在此前提下，系统设计应做到两个适配和最小化：一是成像与精度适配，即在达到成像精度的前提下成像器件成本最小化；二是算法与算力适配，即在算法满足实际需求的前提下算力供给最小化。

5）应用场景多有实时性和近实时性指标要求。机器视觉系统主要应用于工业领域。作为工业生产过程中的关键环节，在很多应用场景（如工件在线检测和机器人视觉定位等）中，系统要达到实际可用，必须满足实时性或者近实时性的指标要求。

6）主要应用于工业环境，兼具易用性与可靠性。机器视觉系统多应用于工业环境，机器需要 7×24 小时运转，要求具备高可靠性；机器视觉系统的使用场景属于非接触测量，对于测量和被测双方都不产生任何损伤，可以提高系统可靠性；此外，系统使用者包括不同知识层次的管理者和工人，需要具备极高的易用性，以方便他们迅速掌握和使用。

8.1.3 机器视觉系统的构成、关键技术与发展趋势

1. 机器视觉系统构成

从狭义上讲，机器视觉系统通常由图像采集（相机、镜头、光源）、图像传输（数据接口、线缆、图像采集卡）和图像处理分析（预处理器、主处理器、应用软件）构成。机器视觉系统组成结构示意图如图 8-3 所示。

从广义角度，机器视觉系统还包含后端的相关信息通信和运动控制系统。按照整个机器视觉系统信息流动的方向，机器视觉系统可分为以下四个部分。

1）光学照明与成像：完成图像数字信号获取，由光学成像系统（由光源和镜头等构成）映射图像，经过相机图像传感完成从光电模拟信号到数字图像信号的转换。

2）图像采集与传输：完成图像数字信号的采集，通过标准化的数据接口、采集卡及线缆，将光学图像数据传入计算机存储器。

3）图像处理与分析：依托信息处理平台，运用不同的算法对图像进行处理，提取有效

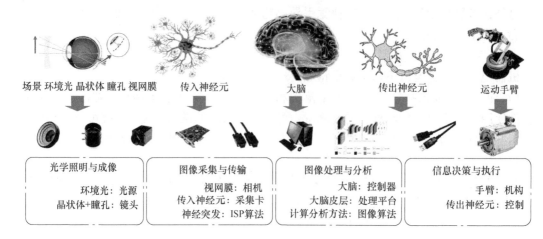

图 8-3　机器视觉系统组成结构示意图

信息，并进行分析和判断。

4）信息决策与执行：依据数据处理和分析的结果，完成最终判断和动作决策，输出相应的结果和动作控制指令。

典型机器视觉系统架构如图 8-4 所示，其硬件部分包括成像模块、处理模块和机电运控模块，软件部分包括信息处理算法和软件框架，外围设备包括生产设备、信号设备等。

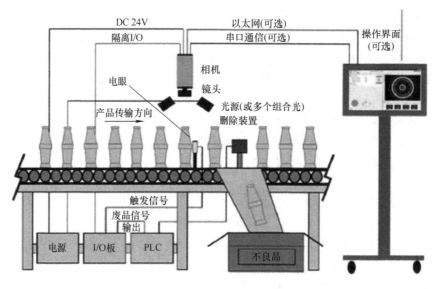

图 8-4　典型机器视觉系统架构

通常来讲，核心器件包括相机、镜头、光源、线缆、采集卡、数据处理平台、应用软件和机电控制反馈机构等。其中，光源用于为场景提供合适的照明，对象场景通过镜头形成高质量的光学图像，由相机完成光电信号的转换；光源、镜头和相机共同构成机器视觉系统的成像模块；必要时，机电运控模块可完成成像所需的姿态调整、扫描运动等工作；线缆完成图像电信号的传输（有些系统可能采用无线传输）；采集卡完成图像由模拟信号到数字信号的转换或格式变换，得到数字图像或视频；由软件在数字处理平台上完成图像处理、信息分析和提取以及判断决策等功能，相关判断和决策进一步控制机电机构执行相关动作。

2. 机器视觉系统关键技术

机器视觉系统的发展，既有外部需求牵引，又得益于光电技术深刻变革带来的突破。从技术实现上讲，光学传感器技术和图像处理技术是机器视觉系统的基础和关键。机器视觉系统综合了多项关键技术，包括光学照明和光学成像、图像采集及压缩、算法理论和算法工具、视觉软件框架、机器视觉信息处理平台和视觉控制等关键技术，另外还会涉及精密运控、工业总线网络等相关技术，这些技术在机器视觉系统中相互融合、协调，共同促进了机器视觉系统的发展。

（1）光学照明和光学成像　在工业生产过程中，机器视觉系统的稳定性越来越受到关注，而光学技术对机器视觉系统的稳定起到了关键作用；至于光学器件，其品质好坏直接影响成像质量，尤其在尺寸测量、定位引导和缺陷检测等应用中，光学器件起决定性作用。视觉照明技术的发展主要经历了三个阶段，如图8-5所示。第一阶段的机器视觉光源直接引入普通照明，应用最多的是卤素灯和荧光灯，主要解决光源有无问题。第二阶段的机器视觉光源以LED光源为代表，是面向多样化应用专门设计的光源，实现了高品质成像。第三阶段的机器视觉光源是以激光光源为代表的创新产品，强调光源与视觉算法更加紧密结合，典型的代表即为DLP（数字光处理）技术。未来，机器视觉光源则更多偏向于智能光源，以及新技术的融合。

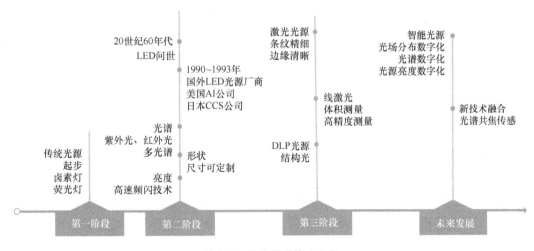

图8-5　视觉照明技术发展

（2）图像采集及压缩　图像采集是指图像经过采样、量化以后转换为数字图像并输入、存储到帧存储器，主要由图像采集卡完成；而图像压缩是指以较少的比特有损或无损地表示原来的图像像素矩阵的技术，分为失真压缩（Lossy Compression）和无失真压缩（Lossless Compression），旨在减少图像数据的大小，从而降低存储和传输成本，提高系统性能。近年来，在工业、汽车电子、医药卫生、视频监控和工业测量等领域，为解决图像高分辨率和实时传输之间的矛盾，机器视觉检测系统对图像信息数据的存储和传输都提出了更高的要求，也给现有的有限带宽带来了严峻的考验。因此，图像采集及压缩技术得到了越来越广泛的关注。

（3）算法理论和算法工具　机器视觉算法的本质是基于图像分析的计算机视觉技术，需要通过对获取图像的分析，为进一步决策提供所需信息。因此，如何处理这些数据是机器视觉过程的关键。

对于机器视觉系统而言，图像是基本的数据结构。机器视觉是基于图像分析的视觉技术，简而言之，就是利用计算机系统对数字图像进行空间或幅度上各种目的的处理。数字图像处理通常分为三个层次：底层图像处理、中层图像处理和高层图像处理，即图像处理、图像分析和图像理解，如图8-6所示。

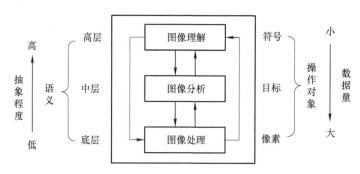

图8-6　数字图像处理的三个层次

1）图像处理：通过对图像进行各种加工改善图像的效果，是对图像的修改和增强。加工的目的可能是为了突出有用信息，也可能是通过编码以减少对其所需存储空间、传输时间或传输带宽的要求。图像处理强调图像之间进行的变换，是一个从图像到图像的过程。

2）图像分析：图像分析是指对图像中感兴趣的目标进行提取、检测和测量等，获得目标的客观信息（特点或性质），将一幅图像转化为另一种非图像的抽象形式。图像分析的输入是经过处理的数字图像，其输出通常不再是数字图像，而是一系列与目标相关的图像特征（目标的描述），如目标的长度、颜色、曲率和个数等。图像分析是一个从图像到数据的过程。

3）图像理解：图像理解主要研究图像中各目标的性质和它们之间的相互联系，并得出对图像含义的理解和对原来客观场景的解释。图像理解以客观世界为中心，借助知识、经验来推理、认识客观世界。图像理解是一个从相关目标描述到信息符号的过程。

机器视觉算法从分析图像的任务而言，又分为目标分类、目标检测、目标跟踪、语义分割和实例分割。

1）目标分类：目标分类是指根据对象在图像信息中所反映的不同特征，把不同类别的目标区分开来的图像处理方法。利用计算机对图像进行定量分析，把图像或图像中的每个像元或区域划归为若干个类别中的某一种，以代替人的视觉判读。

2）目标检测：目标检测是指在图像或视频中，识别出目标物体所在的位置，并标注出其所属的类别的任务。相比于目标分类任务，目标检测需要对目标的位置和数量进行准确的识别，因此其难度更大，但也更加实用。在实际应用中，可以根据具体场景和需求，选择不同的模型和算法来实现追踪、识别和分析等目标检测任务。

3）目标跟踪：在视频序列中，对于已知的初始目标，在后续帧中通过对目标的特征提取和跟踪算法进行处理，实现对目标位置、形态等信息的实时跟踪。

4）语义分割：语义分割旨在将输入图像中的每个像素标记为属于哪个语义类别。与目标检测和图像分类不同，语义分割不仅可以识别图像中的物体，还可以为每个像素分配标签，从而提供更详细和准确的图像理解。

5）实例分割：实例分割是结合目标检测和语义分割的一个更高层级的任务。实例分割是计算机视觉中的一项任务，旨在同时检测图像中的物体，并将每个物体分割成精确的像素级别的区域。与语义分割不同，实例分割不仅可以分割出不同类别的物体，还可以将它们分割成独立的、像素级别的区域。

就机器视觉算法工具而言，主要有两种类型：一种是包含多种处理算法的工具包，另一种是专门实现某一类特殊工作的应用软件。工程中，需要用户根据自身技术能力和所面向工程项目的具体情况做出选择。机器视觉算法偏重于计算机视觉技术工程化，通过对图像的分析、处理和识别，实现对特定目标特征的识别、检测、定位和测量等应用。常用的机器视觉算法工具库如图8-7所示。

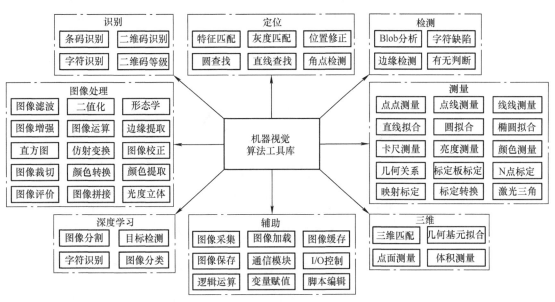

图8-7　机器视觉算法工具库

在算法工具库方面，国外视觉检测公司开发了 Halcon、VisionPro 和 LabVIEW Vision、Matrox Imaging Library（MIL）、Intel Open VINO Toolkit 等；国内机器视觉算法平台开发较晚，目前有凌云的 VisionWARE、海康的 VisionMaster 和奥普特的 SciSmart 等，除了这些商业软件库外，还有开源算法，如 OpenCV（开源计算机视觉库）、VTK（可视化工具包）、PCL（点云库）和 CGAL（计算几何算法库）等，这些工具为视觉系统开发者提供了便利。另外，随着深度学习如火如荼地发展，越来越多的开源深度学习软件库开始涌现出来，如国外的 Caffe、Keras、Pytorch，英伟达公司推出 GPU 加速计算的 CUDA-X，以及国内的百度 PaddlePaddle（飞桨）和华为 Mindspore、CANN 等。

（4）视觉软件框架　视觉软件是工业自动化处理的关键部件，负责视觉感知与理解。软件实现执行控制、图像采集、图像分析与处理、业务计算和显示等重要功能。视觉软件的发展经过了四个阶段：基于图像算子的视觉开发软件、基于算法组件的视觉软件平台、基于组态思想的视觉开发平台和基于云端计算的视觉平台。

其中，基于图像算子的视觉开发软件基本针对某个特定的生产步骤（如对物品的定位、测量、识别和检测等），以定制的专用软件为主。当前比较流行的是基于算法组件的视觉软件平台，采用"软件平台 + 视觉开发包"的开发模式，软件平台主要是指开发环境（如C#、LabVIEW、MATLAB 等通用工具和 Halcon、VisionPro 等专用工具），而视觉开发包是基于软件平台对各种常用图像处理算法进行的封装，用以实现对图像的分割、提取、识别和判断等功能。基于组态思想的视觉开发平台具有延续性、可扩展性、封装性和通用性，以灵活多样的组态方式（而不是编程方式）提供良好的用户开发界面和简捷的使用方法，正日益成为机器视觉工程开发优选的方式。

伴随着全球信息化步伐的快速发展，各行业逐步向智能制造转型，对产品的生产效率和质量都提出了更高要求，机器视觉系统逐渐成为更大层面基于数字孪生智能制造的感知层。上述三种类型的视觉软件框架主要还是针对某个特定的场景进行感知、计算，将目标物的位置、尺度和内容等信息给到更外层的系统，从而完成某个工位的特定任务（如抓取放置、贴合或检测等），视觉系统形态更多是个人计算机 + 单机软件，且场景与场景之间是独立的。在此前景下，机器视觉系统是基于云计算的可按需使用的视觉处理服务，系统结构大致如图8-8 所示。

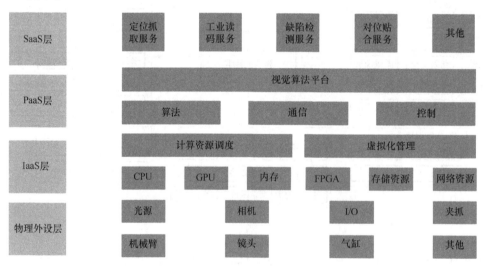

图 8-8　基于云计算的视觉处理服务

（5）机器视觉信息处理平台　机器视觉的信息处理平台决定着图像的解析能力。从 20 世纪 90 年代的 DSP + CPU 平台，发展到 2000 年以后以 x86 CPU 为主的 PC-Base 平台，再到 2015 年左右兴起的为解决深度学习加速而使用的混合架构平台。预期可见的是，信息处理平台为解决不同应用场景，将分别向着有限算力的嵌入式平台（解决边缘和端的信息处理）和超高算力的云平台演进。各处理平台性能参数对比见表 8-1。

表 8-1　各处理平台性能参数对比

参数	平台					
	FPGA	x86	DSP	专用 ASIC	通用 GPU	异构 SoC（单片系统）
性能	高	中	高	高	高	高
并行处理	先天支持	差	差	高	强	强
功耗	高	高	低	低	高	低
体积	大	大	小	小	大	小
生态/生态性	资源少	资源丰富	资源少	资源少	资源丰富	资源丰富
灵活性	硬件资源有限，开发技能要求高	开发技能要求不高，通过 CPU 性能弥补软件效率	算法需要针对性优化	灵活性低，不具有很高的普适性	非常灵活	灵活性高，通过硬件的迭代弥补性能的缺陷

（6）视觉控制技术　视觉控制是指机器人通过视觉系统接收和处理图像，并根据视觉系统的反馈信息执行相应的操作行为，除了上述的图像处理、特征提取等算法研究外，还主要包括摄像机标定和三维空间定位，因此视觉控制技术可进一步分为基于位置、图像和混合视觉控制三类技术。

1）基于位置的视觉控制利用标定得到的摄像机内外参数对目标位姿进行三维重建，进而可以通过轨迹规划求得机器人末端执行器下一周期的期望位姿，再根据机器人逆运动学求出的各关节量通过控制器对关节进行控制。按重建坐标的作用不同可进一步分为位置给定型和反馈型两类。

2）基于图像的视觉控制则直接利用目标和末端执行器在图像上的期望投影与实际投影进行操作，利用反映机器人运动与图像对应信息变换之间关系的图像雅克比矩阵计算关节量，无须计算其在世界坐标系中的坐标，因此无须事先标定摄像机。

3）针对基于位置视觉控制中需要事先标定摄像机的问题和基于图像视觉控制中图像雅克比矩阵的计算量较大的问题，综合使用基于图像和位置的视觉伺服控制位置和姿态，混合视觉控制诞生，但其计算过程极其复杂。

3. 机器视觉系统的发展趋势

机器视觉系统可以代替人眼，已经成为现代自动化生产线的重要组成部分，其利用高精度摄像头和先进的图像处理技术，对生产过程中的各种物体完成快速测量、定位、识别和检测等工作，在制造、安防、文化等产业中具有大量的应用商机。机器视觉不仅可以克服人眼标准的不一致性、非重复性和主观性等问题，为行业制定品质管控的数字标准，还能在高速、高光谱、高分辨率、高可靠性以及工作持续性、环境适应性等方面全面超越人眼极限。随着未来机器视觉对环境和物体的解析能力超越人类，以及机器视觉对图像信号的分析能力追上人类，预计机器视觉将迎来更加广阔的应用前景。

1）智能化：机器视觉将与人工智能、深度学习等技术紧密结合，实现更高级别的自动化和智能化生产。

2）高精度与高效率：随着摄像头和图像处理技术的不断进步，机器视觉的检测精度和速度将达到新的高度。

3）多元化应用：除了工业生产领域，机器视觉还将进一步拓展到农业、环保、航空航天等更多领域。

4）降低成本：随着技术的成熟和普及，机器视觉系统的成本将逐渐降低，使得更多的中小企业能够享受到这项先进技术带来的便利。

8.2 工业边缘视觉

8.2.1 工业边缘视觉发展概述

在工业视觉领域，机器视觉主要应用于工业质检领域，涉及产品外观缺陷、尺寸、平整度、距离、校准、焊接、质量和弯曲度等检测。随着人工智能、计算机视觉等技术的快速发展，以及德国工业4.0、中国制造2025等的驱动，我国工业经济持续发展，工业视觉应用的领域越来越广泛，被检测对象、检测场景越来越复杂，应用于工业视觉的技术也随之发生了重大变化。

工业边缘视觉是为满足边缘计算与机器视觉领域结合的需求，把机器视觉处理的算力和智能分析下沉到边缘节点，发挥边缘计算传输低时延、大带宽和计算高性能的核心优势，实现机器视觉在工业领域应用边缘计算的能力。未来几年将是边缘计算规模部署的关键时期，而视频领域将成为边缘计算先行落地的应用领域。在工业制造领域，智能视觉可广泛应用于加工装配、引导定位和校验检测等各个生产制造环节，有助于实现制造业的自动化、智能化，是推动智能制造提质增效、降本减排的重要引擎。随着工业制造技术不断精进，被检测的对象和场景繁多且复杂。因此，工业视觉检测技术不仅从2D视觉逐渐向3D视觉转变，而且正从传统工业视觉向基于深度学习的人工智能工业视觉过渡；同时，为了有效降低延迟，并在必要时能够立即响应，人工智能工业视觉应用正越来越靠近边缘侧，以便实现更高精度、更快速的视觉检测。

典型的工业边缘视觉应用需求场景有自动化生产线、工业机器人和智能工厂。

1）在自动化生产线方面，工业边缘视觉质检生产线由视觉检测系统（含成像系统、光源系统、图像采集处理系统——边缘智能盒）、运动控制单元、可视化显示单元和辅助单元等组成，如图8-9所示。在边缘智能端侧需要进行图像数据本地化处理及存储，如外观缺陷检测的缺陷检测结果提取、尺寸量测的结果提取等；同时，根据端侧处理结果进行实时性决策，指导运动控制单元的运动状态。

2）在工业机器人方面，工业边缘视觉应用往往是和机器人联合使用来形成解决方案，主要有机器人视觉引导和检测两种。其中机器人视觉引导是指通过成像对工件进行定位和识别，引导机器人进行抓取，用于无序分拣与堆码、上下料、焊接等。典型机器人视觉引导组装系统由工业相机、工控机（图像处理软件）和机械手三部分构成，如图8-10所示。工业相机获取待分拣工件或堆垛的图像信息，传送到工控机上的图像处理软件中，进行动态定位和识别，获取要抓取物品空间位置信息，规划接卸运动路径、拾取及放置的位置。对工业边缘视觉的需求如下：①端侧图像数据边缘处理；②实时传递给机械臂，引导机械臂运动路径和抓取动作。

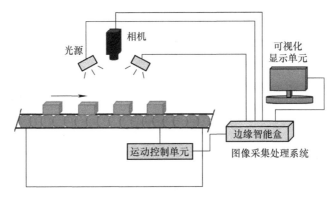

图 8-9　自动化生产线工业边缘视觉质检生产线

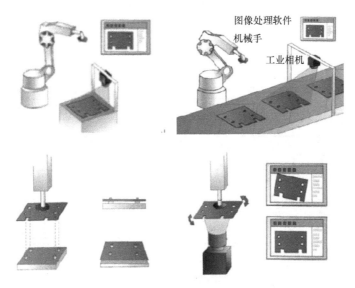

图 8-10　机器人视觉引导组装系统

3）在智能工厂方面，传统工厂自动化加工设备覆盖率低，装配环节基本依靠手工，质检过程缺乏先进手段，信息化建设存在断层，车间管理成为黑匣子，生产系统各相关环节成为信息"孤岛"。智能工厂利用各种技术加强信息管理服务，提高生产过程可控性，减少生产线人工干预，以及合理计划排程。同时，智能工厂集初步智能手段和智能系统等新兴技术于一体，从云、边、端方面构建高效、节能、绿色、环保、舒适的人性化工厂，其典型应用场景如图 8-11 所示。端侧视觉系统实现对被测物各种缺陷的检测与分析，将端侧采集的数据传给边缘侧视觉系统进行算法分析，再将分析结果回传给端侧专机，快速实现设备生产端的应用。同时边缘侧视觉系统要能与云服务器通信，通过云平台的大数据管理实现智能工厂。

8.2.2　工业边缘视觉基础设施架构

目前工业边缘视觉的价值场景包括智能安防、智慧交通、智慧医疗、工业互联网和 AR/VR 等，业务流程上是一个云边端的架构，系统逻辑功能包括应用、云侧、边缘侧和端侧等不同层级。工业边缘视觉基础设施架构图如图 8-12 所示。

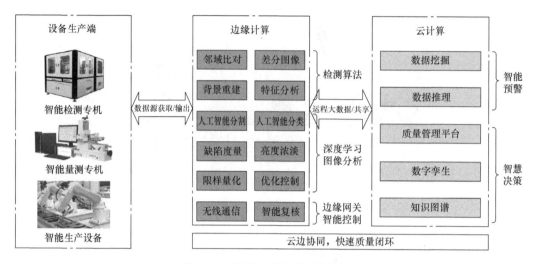

图 8-11 智能工厂典型应用场景

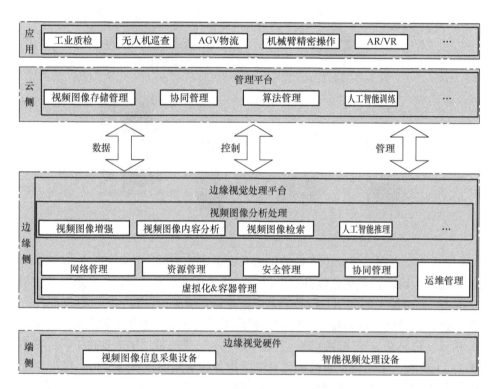

图 8-12 工业边缘视觉基础设施架构图

边缘视觉处理平台主要承载图像处理功能，包括视频编解码、视频图像增强、视频图像内容分析和视频图像检索等，实现对视频图像中的人员、车辆和物体等对象的特征、行为、数量和质量等进行检测或识别判断，并提高视频图像整体或视频图像中特定部分的清晰度、对比度等指标质量。边缘视觉处理平台通过数据接口实现与云侧数据的互通，并对外提供应用、数据服务，包括设备登录、注销、状态、视频流、特征数据和结构化数据等的上传和下发；通过控制接口实现云边端协同调度，包括配置下发、算法模型下发、视频查询、任务下发、云边协同等。目前，数据接口除视频流采用符合 GB/T 28181—2022《公共安全视频监控联网系统信息传输、交换、控制技术要求》外，所有控制类接口和数据类接口采用 RESTful HTTPS 协议的 JSON 数据包格式。此外，边缘视觉处理平台通过管理接口实现应用下发部署和全生命周期管理等，并支撑形成边缘人工智能框架，包括机器学习算法库、模型库、训练和推理等，完成轻量级、低时延、高效的人工智能计算。

云侧主要功能包括但不限于视频图像存储管理、协同管理和算法管理等功能，以及提供人工智能框架上层能力，可实现视频图像数据存储、算力网络优化和边端协同等，同时通过人工智能框架实现人工智能模型的训练和推理能力。

端侧包括边缘视觉硬件采集和还原设备等。根据不同的部署位置和应用场景，边缘视觉硬件形态有所不同，主要承载图像处理、图像识别、目标比对和图像检索等一种或多种视频处理功能，为边缘视觉处理平台提供计算、存储和网络等资源支持，如智能摄像机、智能网关、智能视频服务器、全息和 AR/VR 设备等。

工业边缘视觉智能检测系统架构如图 8-13 所示。

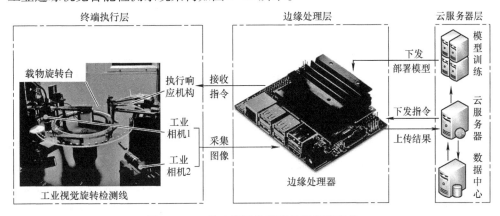

图 8-13 工业边缘视觉智能检测系统架构

该架构分为终端执行层、边缘处理层和云服务器层，分别赋能了不同的任务。每部分主要任务如下：

1）终端执行层：是工业边缘视觉智能检测的执行单元，通常由视觉传感器（如 CMOS 或 CCD 型的黑白工业相机）和执行响应机构组成，二者均部署在生产制造流水线上，前者负责采集与传输工业零部件的图像数据，后者接收边缘处理器的检测结果指令并执行相应的检测行为。

2）边缘处理层：是工业边缘视觉智能检测的核心单元，有两种云边协同模式：检测模式与注册模式。在检测模式下，驱动视觉传感器采集零部件图像，并对其采用人工智能算法模型进行质量检测，输出评估结果；同时驱动执行响应机构进行对应的检测行为；另外，将检测分析结果以文本、日志等多种记录形式上传至云服务器数据中心。在注册模式下，需要根据生产制造零部件质量检测需求提出质量检测类算法模型请求，得到云服务器的响应后，卸载当前边缘处理器上的算法模型，并下发符合实际需求条件的算法模型，待边缘处理器确认注册成功后再进行边缘处理分析。

3）云服务器层：是工业边缘视觉智能检测的算法、模型与数据中心单元，负责对所有设备的注册和数据信息进行管理，及时对边缘处理器中的检测特征数据与评估结果进行同步。同时，根据响应质量检测需求的注册请求，基于边缘处理器的负载容限，云服务器及时卸载边缘处理器上的原有模型，将实时训练的网络模型及时下发并部署在边缘处理器上。

8.2.3 工业边缘视觉的关键技术和产品形态

1. 工业边缘视觉的关键技术

视觉目标检测是计算机和视觉数字图像处理的热门方向，在机器人导航、智能安防、视频监控、工业检测和航空航天等诸多领域被广泛应用，尤其是随着深度神经网络技术在计算机视觉领域取得突破性进展，目标检测技术性能也随之大幅提升。目标检测技术已从手工特征方式演进到基于深度学习的检测阶段，如图 8-14 所示。

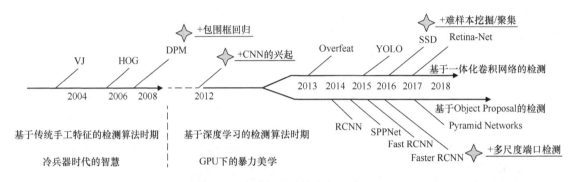

图 8-14 目标检测技术发展进程

目前，主流目标检测算法可分为一阶段和两阶段目标检测算法，下面分别进行介绍。

1）一阶段目标检测算法不需要候选区域，直接可以产生物体的类别概率和位置坐标值，例如 YOLO 系列算法、SSD（单步多框目标检测）等；一阶段目标检测算法已成为视觉目标检测的标准范例，广泛应用于能源生产故障巡检、城市公共空间监控和自动驾驶等各类目标检测场景中。

2）两阶段目标检测算法将检测问题划分为两个阶段，第一阶段产生包含目标大概位置的候选区域，第二阶段对候选区域进行分类和位置精修，典型算法有 RCNN（区域卷积神经网络）、Fast RCNN（快速的区域卷积神经网络）和 Faster RCNN（超快速的区域卷积神经网络）等。

典型视觉目标检测技术包括基于视频图像的目标检测和基于静态图片的目标检测，从流程上可分为区域建议、特征表示和区域分类三个步骤，其主要性能指标是检测准确度和速度，其中准确度主要考虑物体的定位和分类准确度。典型视觉目标检测流程如图 8-15 所示。

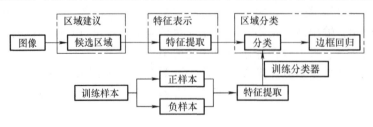

图 8-15 典型视觉目标检测流程

2. 轻量级神经网络

以卷积神经网络为代表的深度神经网络研究起源于科学家对动物大脑视觉皮层细胞特征的探索，并通过端到端的方式训练网络模型，自动提取目标的高层次抽象特征，这对部署于存储和计算资源受限的边缘设备场景产生了严重限制。因此，设计适用于边缘智能云边端架构的轻量级神经网络模型是解决该问题的关键。

目前，轻量级神经网络主要包括三个不同研究方向：人工设计轻量级网络模型、基于神经网络架构搜索（Neural Architecture Search，NAS）的自动化神经网络架构设计和神经网络模型的压缩。其中，MobileNet、ShuffleNet、SqueezeNet、GhostNet、MicroNet 等网络模型虽然已经取得了令人瞩目的成绩，但是高性能轻量级神经网络的设计成本极高，严重限制了轻量级神经网络在便携式设备上的发展与应用。

在卷积神经网络中，标准的卷积操作是将一个卷积核用在输入特征的所有通道上，导致模型参数量较大，所有通道的卷积运算存在很大冗余。以 Google 的轻量级卷积神经网络模型 MobileNetV1 为例，深度可分离卷积对标准的卷积操作进行分解，可以减少网络权值参数和模型计算量。如图 8-16 所示，2D 卷积的输入层大小是 $7 \times 7 \times 3$，而滤波器大小是 $3 \times 3 \times 3$ 时，输出层的大小是 $5 \times 5 \times 1$（仅有一个通道）。

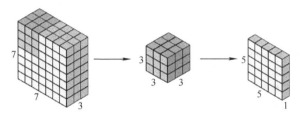

图 8-16 2D 卷积

以目标检测为例，轻量级神经网络的训练数据集包括 Caltech101、PASCAL VOC 2007、PASCAL VOC 2012 和 Tiny Images 等。

3. 工业边缘视觉的产品形态

（1）华为 Atlas 华为 Atlas 智能边缘解决方案基于华为昇腾系列处理器，通过模块、板卡和小站等系列化产品，打造面向端侧和面向边缘侧场景下的人工智能基础设施方案。端侧摄像头、无人机等端侧部署人工智能模块可实现视频监控、图像识别；面向边缘侧的智能小站凭借算力超强、体积小和环境适应性强等优势，可满足在安防、交通、社区、园区、商场和超市等复杂环境区域的人工智能算力需求。

1）Atlas 200 AI 加速模块：一款高性能的人工智能计算模块，集成了昇腾 310 AI 处理器，可以实现图像、视频等多种数据的分析与推理计算，可广泛用于智能监控、机器人、无人机和视频服务器等场景。

2）Atlas 200 DK 开发者套件（型号 3000）：开发者可以在 30min 内完成开发环境搭建，内置的图形化编程环境极大地提升了开发效率。得益于昇腾芯片的全场景能力，基于 Atlas 200 DK 开发者套件开发的程序只需开发一次，即可实现云边端全场景部署。

Atlas 200 DK 开发者套件是以 Atlas 200 AI 加速模块为核心的开发者板形态的终端类产品，如图 8-17 所示。其主要功能是将 Atlas 200 AI 加速模块的接口对外开放，方便用户快速、简捷地使用 Atlas 200 AI 加速模块，可以用于平安城市、无人机、机器人和视频服务器等众多领域的预研开发。Atlas 200 DK 开发者套件技术规格见表 8-2。详细资料可参考华为官网：https://e.huawei.com/cn/products/computing/ascend/atlas-200。

图 8-17 Atlas 200 DK 开发者套件

表 8-2 **Atlas 200 DK 开发者套件技术规格**

参数	规格
人工智能芯片	昇腾 310AI 处理器
内存	LPDDR4X，8GB，总带宽 51.2GB/s
编解码能力	支持 H.264 硬件解码，16 路 1080P 30fps（2 路 3840×2160 60fps） 支持 H.265 硬件解码，16 路 1080P 30fps（2 路 3840×2160 60fps） 支持 H.264 硬件编码，1 路 1080P 30fps 支持 H.265 硬件编码，1 路 1080P 30fps JPEG 解码能力 1080P 256fps，编码能力 1080P 64fps，最大分辨率为 8192×4320 PNG 解码能力 1080P 24fps，最大分辨率为 4096×2160
接口	网络：1 个 GE RJ45 USB：1 个 USB 2.0/USB 3.0 相机：2 个 15 引脚 Raspberry Pi（树莓派）相机连接器 其他：1 个 40 引脚 I/O 连接器
功耗	典型功耗 20W
结构尺寸	137.8mm×3.0mm×32.9mm
电源	DC 5~28V，默认配置 12V/3A 适配器

3）Atlas 500 智能小站（型号：3000）：一款面向边缘应用的产品，具有超强计算性能、体积小、环境适应性强、易于维护和支持云边协同等特点，可以在边缘环境广泛部署，满足在安防、交通、社区、园区、商场和超市等复杂环境区域的应用需求。Atlas 500 智能小站如图 8-18 所示，技术规格见表 8-3。

图 8-18 Atlas 500 智能小站

表8-3 Atlas 500 智能小站技术规格

参 数	规 格
人工智能芯片	昇腾 310 AI 处理器
人工智能算力	22/16 TOPS INT8
内存规格	LPDDR4X，8GB / 4GB，总带宽 51.2GB/s
存储	1 个 Micro SD 卡，支持 SD3.0，最高支持速率 SDR50，最大容量 2TB
编解码能力	支持 H.264 硬件解码，16 路 1080P 30fps（2 路 3840 × 2160 60fps） 支持 H.265 硬件解码，16 路 1080P 30fps（2 路 3840 × 2160 60fps） 支持 H.264 硬件编码，1 路 1080P 30fps 支持 H.265 硬件编码，1 路 1080P 30fps JPEG 解码能力 1080P 256fps，编码能力 1080P 64fps，最大分辨率为 8192 × 4320 PNG 解码能力 1080P 24fps，最大分辨率为 4096 × 2160
接口	网络：2 个 GE RJ45 其他 I/O：1 个 HDMI 接口，1 对 3.5mm 立体声 I/O 接口，2 个外部和 1 个内部 USB2.0 接口（Type- A）
功耗	无盘配置：25W 有盘配置：40W
结构尺寸	无盘配置：45mm × 235mm × 220 mm 有盘配置：45mm × 355mm × 220mm
环境条件	无盘配置：-40 ~ 70℃ 有盘配置：-40 ~ 60℃

（2）NVIDIA（英伟达）Jetson　NVIDIA Jetson 是世界领先的平台，适用于自主机器和其他嵌入式应用程序。该平台包括 Jetson 模组（外形小巧的高性能计算机）、用于加速软件的 NVIDIA JetPack SDK，以及包含传感器、SDK（软件开发工具包）、服务和产品的生态系统，从而加快了开发速度。Jetson 与其他 NVIDIA 平台上所用的相同人工智能软件和云原生工作流相兼容，并能为客户提供构建软件定义的自主机器所需的性能和能效。Jetson Nano 是一款小巧的人工智能计算机，具备超高的性能和低功耗，可以运行现代人工智能工作负载，并行运行多个神经网络，以及同时处理来自多个高分辨率传感器的数据。这使其成为在嵌入式产品中增添先进人工智能的理想的入门级选择。扩展的 Jetson TX2 系列嵌入式模组提供高达 2.5 倍的 Jetson Nano 性能，同时功耗低至 7.5W。Jetson TX2 NX 与 Jetson Nano 引脚和外形规格相兼容，而 Jetson TX2、Jetson TX2 4GB 和 Jetson TX2i 均与最初的 Jetson TX2 外形规格相同。坚固的 Jetson TX2i 是构建包括工业机器人和医疗设备在内的理想之选。外形小巧的 Jetson Xavier NX 模组将高达 21 TOPS 的加速人工智能计算带到边缘侧。它能并行运行多个现代神经网络，处理来自多个高分辨率传感器的数据，满足完整人工智能系统的需求。Jetson Xavier NX 是一款支持量产的产品，支持所有热门人工智能框架。

1）Jetson Nano 是 NVIDIA 公司开发的一款小型人工智能计算机。其搭载四核 Cortex-A57 处理器，128 核 Maxwell GPU，4GB 64 位 LPDDR4 内存及 16GB 存储空间，支持高分辨率传感器，开发组件包含支持深度学习、计算机视觉、计算机图形和多媒体处理的 40 多个加速库，可以提供高达 472GFLOPS 的浮点运算能力，而且耗电量仅为 5W。因此，Jetson Nano 特别适合边缘智能应用的开发部署，被称为嵌入式人工智能平台中的"小钢炮"，尤其是在基于 OpenCV 的视觉目标检测与推理、传感器 GPIO 编程、NVIDIA 通用并行计算平台 CUDA（Compute Unifed Device Architeture，计算统一设备架构）等方面具有强大优势。Jetson Nano 如图 8-19 所示，技术规格见表 8-4。

图 8-19　Jetson Nano

表 8-4　Jetson Nano 技术规格

参数	规　格
GPU	NVIDIA Maxwell 架构，配有 128 个 NVIDIA CUDA 核心 0.5 TFLOPS（FP16）
CPU	四核 Cortex-A57 处理器
显存	4GB 64 位 LPDDR4 1600MHz，25.6GB/s
存储	16GB eMMC 5.1Flash
视频编码	250MP/s 1x4K @ 30［HEVC（高效率视频编码）］ 2x1080P @ 60（HEVC） 4x1080P @ 30（HEVC）
视频解码	500MP/s 1x4K @ 60（HEVC） 2x4K @ 30（HEVC） 4x1080P @ 60（HEVC） 8x1080P @ 30（HEVC）
摄像头	12 通道（3×4 或 4×2）MIPI CSI-2D-PHY 1.1（18Gbit/s）
连接	Wi-Fi 需要外部芯片 10/100/1000 BASE-T 以太网
显示器	HDMI 2.0 或 DP 1.2，eDP 1.4，DSI（1x2）2 同步
I/O	3 个 UART，2 个 SPI，2 个 I2S，4 个 I^{2}C，多个 GPIO
大小	69.6mm×45mm
规格尺寸	260 引脚边缘连接器

2）Jetson TX2 系列模组可为嵌入式人工智能计算设备提供出色的速度与能效。Jetson TX2 是一台 7.5W 的单模组超级计算机，可为终端提供真正的人工智能计算功能。此计算机基于 NVIDIA Pascal GPU 架构，搭载 8GB 内存，且内存带宽为 59.7GB/s。Jetson TX2 配备多

种标准硬件接口，可轻松与不同种类和外形的产品实现集成。Jetson TX2 如图 8-20 所示，技术规格见表 8-5。

图 8-20　Jetson TX2

表 8-5　Jetson TX2 技术规格

参数	规格
人工智能性能	1.33 TFLOPS
GPU	NVIDIA Pascal 架构，配有 256 个 NVIDIA CUDA 核心
CPU	双核 NVIDIA Denver2 64 位 CPU 与四核 Cortex-A57 MPCore 复合处理器
内存	8GB 128bit LPDDR4，59.7GB/s
存储	32GB eMMC 5.1
视频编码	1 路 4K 60fps（H.265），3 路 4K 30fps（H.265），4 路 1080P 60fps（H.265）
视频解码	2 路 4K 60fps（H.265），7 路 1080P 60fps（H.265），14 路 1080P 30fps（H.265）
USB	3 个 USB 3.0（5Gbit/s），3 个 USB 2.0
显示	2 个多模式，DP 1.2 或 eDP 1.4 或 HDMI 2.0 2 个 DSI（1.5Gbit/s）
其他 I/O	5 个 UART，3 个 SPI，4 个 I2S，8 个 I^2C，2 个 CAN，多个 GPIO
功率	7.5～15W
机械	87mm×50mm 400 引脚连接器 配有热转印板（TTP）

（3）寒武纪 MLU　寒武纪是全球智能芯片领域的先行者，成立于 2016 年，专注于人工智能芯片产品的研发与技术创新，致力于打造人工智能领域的核心处理器芯片，让机器更好地理解和服务人类。目前，寒武纪是国际上少数几家全面系统掌握了通用型智能芯片及其基础系统软件研发和产品化核心技术的企业之一，能提供云边端一体、软硬件协同、训练推理融合、具备统一生态的系列化智能芯片产品和平台化基础系统软件。在技术上，寒武纪贯彻云端协同的理念。在里程碑式的思元 100（MLU100）云端芯片推出后，相继又推出了第二代思元 270（MLU270）、第三代思元 370（MLU370）云端人工智能芯片及相应的板卡产品，其主要应用于云端的机器学习推断任务，可支持视觉、语音和自然语言处理等多种类型的云

端应用。2019 年 11 月 14 日，在第二十一届高新技术成果交易会上正式发布边缘人工智能系列产品思元 220（MLU220）芯片及 M.2 加速产品，MLU220 的发布标志着寒武纪在云、边、端实现了全方位、立体式的覆盖。下面主要介绍针对云端人工智能推理计算加速的高性能计算加速卡 MLU370-S4 和针对边缘设备的低功耗智能计算加速卡 MLU220-M.2。

1）MLU370-S4 是基于 MLU370 人工智能芯片的高性能计算加速卡，如图 8-21 所示。MLU370 基于 TSMC（台湾集成电路制造股份有限公司）7nm 制程工艺，集成了 390 亿个晶体管；凭借最新智能芯片架构 MLUarch03，最大算力高达 256 TOPS（INT8），支持 PCIe Gen4，板载 24GB 低功耗、高带宽 LPDDR5 内存，板卡功耗仅为 75W；相较于同尺寸 GPU，可提供 3 倍的解码能力和 1.5 倍的编码能力；同时搭载 MLU-Link 多芯互联技术，在分布式训练或推理任务中为多颗 MLU370 芯片提供高效协同能力。全新升级的寒武纪基础软件平台新增推理加速引擎 Magic-Mind，实现训推一体，大幅提升了开发部署的效率，降低用户的学习成本、开发成本和运营成本。MLU370-S4 技术规格见表 8-6。

图 8-21　MLU370-S4 智能加速卡

表 8-6　MLU370-S4 技术规格

参数	规　格
计算架构	MLUarch03
制程工艺	7nm
计算精度支持	FP32、FP16、BF16、INT16、INT8、INT4
峰值性能	192 TOPS（INT8）、96 TOPS（INT16）、72 TFLOPS（FP16）、72 TFLOPS（BF16）、18 TFLOPS（FP32）
内存类型	LPDDR5
内存容量	24GB
内存带宽	307.2GB/s
vMLU 实例	3 个
视频编解码	最高可支持至 8K，132 路 HEVC 全高清视频解码，24 路 HEVC 全高清视频编码
图片编解码	图片编解码最高分辨率支持 16384 × 16384，4000 Frames/s 全高清图片解码，3000 Frames/s 全高清图片编码
系统接口	x16 PCIe Gen4
形态	半高半长单槽位
最大热功耗	75W
散热设计	被动

2）MLU220-M.2 是一款专门用于边缘计算应用场景的人工智能加速产品，如图 8-22 所示。MLU220-M.2 基于寒武纪 MLUv02 架构，集成四核 CORTEX-A55、LPDDR4x 内存及丰富的外围接口。标准 MLU220-M.2 加速卡集成了 8 TOPS 理论峰值性能，功耗仅为 8.25W，可广泛应用于智能电网、智能制造、智慧轨交和智慧金融等边缘计算场景，支持视觉、语

音、自然语言处理以及传统机器学习等多样化的人工智能应用，实现终端设备和边缘设备的人工智能赋能方案。MLU220-M.2如图8-22所示，技术规格见表8-7。

图8-22 MLU220-M.2

表8-7 MLU220-M.2技术规格

参数	规 格
型号	MLU220-M.2
人工智能性能	8 TOPS（INT8）
内存	LPDDR4x 64bit
编解码能力	H.264，HEVC（H.265），VP8，VP9
图片解码	JPEG，最大图片分辨率8192×8192
接口规格	M.2 2280，B+M key（PCIe3.0×2）
结构尺寸	长80mm，宽22mm，高7.2mm（无散热）/21.3mm（带散热）
功耗	8.25W
散热方式	被动散热
表面温度	-20~80℃

（4）边缘操作系统　目前，边缘智能处理器均采用嵌入式Linux操作系统，主要以桌面应用为主的Ubuntu提供了一个健壮、功能丰富的计算环境，既适用于家庭又适用于商业环境。Ubuntu官方网站提供了丰富的Ubuntu版本及其衍生版本，根据当前边缘智能处理器架构，Ubuntu 16.04支持i386 32位系列、amd 64位x86系列、ARM系列及PowerPC系列处理器。由于不同的CPU实现的技术不同，体系架构各异，所以Ubuntu会编译出支持不同CPU类型的发行版本。Ubuntu 21.04和Ubuntu 20.04.2也提供对最新的RISC-V处理器的支持。

8.3 工业边缘视觉实例应用

在半导体领域中，作为集成电路、PCB中不可或缺的器件，表面安装器件（Surface Mounted Devices，SMD）不仅被广泛应用在卫星、火箭、雷达和火炮等航空、航天及军事领域的高性能电子产品中，还不断向国计民生领域如通信设备、交通控制、医疗器械和3C产品等各类消费型电子设备中渗透。SMD的质量把控是保障集成电路等电子产品性能的重要手段，SMD外观缺陷检测是其中的重要内容，研究SMD外观缺陷检测的新技术对有效提高SMD产品乃至整个电子产品的质量品质和使用性能有着重大意义。

本节以基于 Jetson Nano 的电感磁珠外观缺陷检测为例，对工业电子元器件质量检测场景下的边缘计算智能进行编程实现。其中，轻量级神经网络采用先进的一阶段 YOLOv5s，开发框架为 Pytorch，主要流程包括基础环境搭建、数据集建设、模型训练和部署测试。

8.3.1 基础环境搭建

硬件环境中，以 Jetson Nano 为部署测试主体，以搭载英特尔至强金牌 5115 处理器、Nvidia Tesla T4 型塔式 GPU 和 16G 运行内存的服务器为深度学习模型训练开发主体。

软件环境中，边缘开发板与模型开发服务器上采用 Ubuntu 18.04.1 LTS 操作系统，深度学习框架为 Pytorch1.7.0，GPU 加速软件为 CUDA10.2 和 CUDNN8.0，并且在模型开发服务器安装开发环境 Python 3.8.0、Anaconda 和 PyCharm2022 社区版。

8.3.2 数据集建设

在针对电子元器件缺陷的识别研究中，电感磁珠外观缺陷还未有公开的数据集。在广州某电子元器件制造公司的协助下，本例收集了各种电感磁珠图像 2000 张，电感磁珠的不同视角外观如图 8-23 所示。

图 8-23　电感磁珠的不同视角外观

基于深度学习的目标识别检测原理，对原图像数据进行如图 8-24a 所示的建设流程。通过图像数据清洗，从原始图像数据中筛选出具有代表性外观缺陷的图像（本例中仅选取了 204 张），并根据电感磁珠的外观缺陷特征，将缺陷分成边角毛丝（rag）、污渍或异物（stain）、引脚（pin）、无元件（miss）和开裂（cracks）五种标签类型，进而采用适用于 YOLO 系列的标注工具 LabelImg 或 Roboflow。图 8-24b 所示为 LabelImg 工具的标注示意，用鼠标拖动矩形框，逐幅框出图像中的缺陷区域，并输入相对应的缺陷类型，最后生成对应的 XML 文件。

为提高小样本条件下网络的泛化性能，防止因数据量偏少而导致深度学习模型在训练过程中产生过拟合的现象，采用了数据集增强方法，通过对图像与标签同时进行旋转、裁剪、平移、增减亮度以及加入高斯噪声等多种随机组合方式来扩增样本数据集，使其达到一定数据量，按照一定的比例随机分为训练集和测试集，并保存在自定义的路径下。图像数据集增强的源代码和基本操作流程请参考：https://github.com/xinyu-ch/Data-Augment。

8.3.3 模型训练

Ultralytics 公司于 2020 年 5 月份提出 YOLOv5 模型，其网络架构主要包括输入端（In-

a) 建设流程　　　　　　　　　　　　　b) 缺陷区域标注

图 8-24　基于深度学习的目标识别检测数据集建设

put)、主干网络（Backbone）、颈部网络（Neck）和预测端（Prediction）。根据网络深度和特征图维度分为 YOLOv5s、YOLOv5m、YOLOv5l 和 YOLOv5x。综合考虑识别模型的准确性、效率和参数量，本例选择了实时性能好、运行资源消耗小、速度较快、精度较高，且适合在边缘计算场景下运行的 YOLOv5s 模型，其网络结构如图 8-25 所示。

在准备工作基础上，打开 Ubuntu 系统的终端命令行窗口，经过下面九个步骤，完成模型训练与推理，具体如下。

第一步：创建 YOLOv5s 训练的虚拟环境，命令如下：

```
conda create -n env_name python = x. x
```

其中，env_name 是自定义的虚拟环境名字；根据所采用的深度学习模型的要求，使用"python = x. x"指定 Python 版本。

第二步：从码云或者 GitHub 上克隆或下载 YOLOv5 源代码，克隆命令如下：

```
git clone https://github.com/ultralytics/yolov5.git
```

第三步：在 YOLOv5 文件目录下安装配置信息，命令如下：

```
cd yolov5
pip install -r requirements. txt
```

第四步：将使用 LabelImg 工具标注生成的 XML 格式文件通过转换源码的方式转成 YOLOv5 所需的 TXT（纯文本文件）格式，按照划分的数据集，分别保存在 train. txt 和 val. txt 中。格式转换源码和操作流程详见：https：//blog. csdn. net/qq_45945548/article/details/121701492。

第五步：配置数据集与其路径信息。在 YOLOv5 目录下的 data 文件夹中新建一个 YAML 文件（文件名自定义），用记事本打开，输入以下内容并保存：

```
train:/自定义的路径/train. txt
val:/自定义的路径/val. txt
nc: 5
names:['rag','stain','pin','miss','cracks']
```

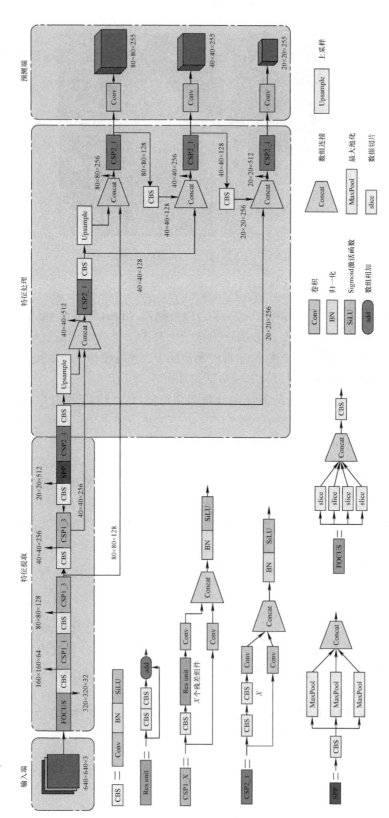

图 8-25 YOLOv5s 网络结构

其中，nc 为识别类别总数，names 为类别名称。

第六步：选取模型并设置模型训练参数。打开 YOLOv5 目录下的 train. py 文件，找到以下参数配置信息：

```
def parse_opt(known = False):
    parser = argparse. ArgumentParser()
    parser. add_argument('--weights', type = str, default = ROOT / 'yolov5s. pt',
help = 'initial weights path')
    parser. add_argument('--cfg', SStype = str, default = '/shiyanshi2/us-
er/lizhaochen/yolov5/models/yolov5s. yaml', help = 'yolov5s. yaml path')
    parser. add_argument('--data', type = str, default = ROOT / 'data/* .
yaml', help = 'dataset. yaml path')
    parser. add_argument('--hyp', type = str, default = ROOT / 'data/hyps/
hyp. scratch-low. yaml', help = 'hyperparameters path')
    parser. add_argument('--epochs', type = int, default = 300)
    parser. add_argument('--batch-size', type = int, default = 8, help = '
total batch size for all GPUs, -1 for autobatch')
    parser. add_argument('--imgsz', '--img', '--img-size', type = int, de-
fault = 640, help = 'train, val image size (pixels)')
    parser. add_argument('--rect', action = 'store_true', help = 'rectan-
gular training')
    parser. add_argument('--resume', nargs = '? ', const = True, default =
False, help = 'resume most recent training')
    parser. add_argument('--nosave', action = 'store_true', help = 'only
save final checkpoint')
    parser. add_argument('--noval', action = 'store_true', help = 'only
validate final epoch')
    parser. add_argument('--noautoanchor', action = 'store_true', help =
'disable AutoAnchor')
    parser. add_argument('--noplots', action = 'store_true', help = 'save
no plot files')
    parser. add_argument('--evolve', type = int, nargs = '? ', const = 300,
help = 'evolve hyperparameters for x generations')
    parser. add_argument('--bucket', type = str, default = '', help = 'gsu-
til bucket')
    parser. add_argument('--cache', type = str, nargs = '? ', const = 'ram',
help = '--cache images in "ram" (default) or "disk"')
    parser. add_argument('--image-weights', action = 'store_true', help =
'use weighted image selection for training')
    parser. add_argument('--device', default = '0', help = 'cuda device,
i. e. 0 or 0,1,2,3 or cpu')
```

```
    parser.add_argument('--multi-scale', action='store_true', help=
'vary img-size +/- 50%%')
    parser.add_argument('--single-cls', action='store_true', help='
train multi-class data as single-class')
    parser.add_argument('--optimizer', type=str, choices=['SGD', 'Ad-
am', 'AdamW'], default='SGD', help='optimizer')
    parser.add_argument('--sync-bn', action='store_true', help='use
SyncBatchNorm, only available in DDP mode')
    parser.add_argument('--workers', type=int, default=8, help='max
dataloader workers (per RANK in DDP mode)')
    parser.add_argument('--project', default=ROOT / 'runs/train', help
='save to project/name')
    parser.add_argument('--name', default='exp', help='save to pro-
ject/name')
    parser.add_argument('--exist-ok', action='store_true', help='ex-
isting project/name ok, do not increment')
    parser.add_argument('--quad', action='store_true', help='quad
dataloader')
    parser.add_argument('--cos-lr', action='store_true', help='cosine
LR scheduler')
    parser.add_argument('--label-smoothing', type=float, default=0.0,
help='Label smoothing epsilon')
    parser.add_argument('--patience', type=int, default=100, help=
'EarlyStopping patience (epochs without improvement)')
    parser.add_argument('--freeze', nargs='+', type=int, default=
[0], help='Freeze layers: backbone=10, first3=0 1 2')
    parser.add_argument('--save-period', type=int, default=-1, help='
Save checkpoint every x epochs (disabled if < 1)')
    parser.add_argument('--local_rank', type=int, default=-1, help='
DDP parameter, do not modify')

    # Weights & Biases arguments
    parser.add_argument('--entity', default=None, help='W&B: Entity')
    parser.add_argument('--upload_dataset', nargs='?', const=True,
default=False, help='W&B: Upload data, "val" option')
    parser.add_argument('--bbox_interval', type=int, default=-1, help
='W&B: Set bounding-box image logging interval')
    parser.add_argument('--artifact_alias', type=str, default='lat-
est', help='W&B: Version of dataset artifact to use')

    opt = parser.parse_known_args()[0] if known else parser.parse_args()
```

```
        return opt
```

涉及的配置信息具体如下：

1）weights：模型权重文件路径，选用预训练权重 yolov5s. pt，预训练权重可从此处下载：https：//github. com/ultralytics/yolov5/releases。

2）cfg：存储模型结构的配置文件，选用 models 文件夹下的 yolov5s. yaml。

3）data：存储训练、测试数据的文件，选用第五步自定义的配置路径信息的 YAML 文件。

4）epochs：将所有训练样本完成一次训练的过程。在一个批处理周期内，模型参数更新一次，即完成一次迭代，默认为 300 次。

5）batch-size：根据使用的 GPU 算力，自定义合适的 batch-size，默认为 16。

6）device：选择使用 GPU 还是 CPU，"cuda device, i. e. 0 or 0, 1, 2, 3 or cpu" 表示默认为 GPU。

其余参数根据模型训练需求自定义修改，完成参数修改后，保存训练文件。

第七步：在 Ubuntu 系统的终端命令行窗口中继续输入命令 "python train. py"，执行训练过程，并将训练最佳的模型保存为 models 文件夹下 best. pt。

第八步：模型测试。打开 YOLOv5 目录下的 val. py 文件，找到以下参数配置信息：

```
def parse_opt():
    parser = argparse. ArgumentParser()
    parser. add_argument('--data', type = str, default = ROOT / 'data/*
.yaml', help = 'dataset. yaml path')
    parser. add_argument('--weights', nargs = '+', type = str, default = '/
yolov5/runs/train/exp8/weights/best. pt', help = 'model. pt path(s)')
    parser. add_argument('--batch-size', type = int, default = 1, help = '
batch size')
    parser. add_argument('--imgsz', '--img', '--img-size', type = int, de-
fault = 640, help = 'inference size (pixels)')
    parser. add_argument('--conf-thres', type = float, default = 0.001,
help = 'confidence threshold')
    parser. add_argument('--iou-thres', type = float, default = 0.5, help =
'NMS IoU threshold')
    parser. add_argument('--task', default = 'val', help = 'train, val,
test, speed or study')
    parser. add_argument('--device', default = '1', help = 'cuda device,
i. e. 0 or 0,1,2,3 or cpu')
    parser. add_argument('--workers', type = int, default = 8, help = 'max
dataloader workers (per RANK in DDP mode)')
    parser. add_argument('--single-cls', action = 'store_true', help =
'treat as single-class dataset')
    parser. add_argument('--augment', action = 'store_true', help = 'aug-
mented inference')
```

```
    parser.add_argument('--verbose', action='store_true', help='re-
port mAP by class')
    parser.add_argument('--save-txt', action='store_true', help='save
results to *.txt')
    parser.add_argument('--save-hybrid', action='store_true', help=
'save label+prediction hybrid results to *.txt')
    parser.add_argument('--save-conf', action='store_true', help=
'save confidences in --save-txt labels')
    parser.add_argument('--save-json', action='store_true', help=
'save a COCO-JSON results file')
    parser.add_argument('--project', default=ROOT / 'runs/val', help=
'save to project/name')
    parser.add_argument('--name', default='exp', help='save to pro-
ject/name')
    parser.add_argument('--exist-ok', action='store_true', help='ex-
isting project/name ok, do not increment')
    parser.add_argument('--half', action='store_true', help='use FP16
half-precision inference')
    parser.add_argument('--dnn', action='store_true', help='use
OpenCV DNN for ONNX inference')
    opt = parser.parse_args()
    opt.data = check_yaml(opt.data)  # check YAML
    opt.save_json |= opt.data.endswith('coco.yaml')
    opt.save_txt |= opt.save_hybrid
    print_args(vars(opt))
    return opt
```

涉及的配置信息具体如下：

1）weights：选用第七步训练最佳的模型权重，其模型权重路径为：yolov5/runs/train/exp8/weights/best.pt。

2）batch-size 默认为 1。

配置完成后，在 Ubuntu 系统中终端命令行窗口继续输入命令"python val.py"。

第九步：模型推理。打开 YOLOv5 目录下的 detect.py 文件，找到以下参数配置信息：

```
def parse_opt():
    parser = argparse.ArgumentParser()
    parser.add_argument('--weights', nargs='+', type=str, default='/
yolov5/runs/train/exp9/weights/best.pt', help='model path(s)')
    parser.add_argument('--source', type=str, default='/yolov5/data/
images/*.jpg', help='file/dir/URL/glob, 0 for webcam')
    parser.add_argument('--data', type=str, default=ROOT / 'data/*
.yaml', help='(optional) dataset.yaml path')
```

```
    parser.add_argument('--imgsz', '--img', '--img-size', nargs = '+',
type = int, default = [640], help = 'inference size h,w')
    parser.add_argument('--conf-thres', type = float, default = 0.3, help
= 'confidence threshold')
    parser.add_argument('--iou-thres', type = float, default = 0.45, help
= 'NMS IoU threshold')
    parser.add_argument('--max-det', type = int, default = 1000, help =
'maximum detections per image')
    parser.add_argument('--device', default = '', help = 'cuda device,
i.e. 0 or 0,1,2,3 or cpu')
    parser.add_argument('--view-img', action = 'store_true', help = 'show
results')
    parser.add_argument('--save-txt', action = 'store_true', help = 'save
results to *.txt')
    parser.add_argument('--save-conf', action = 'store_true', help =
'save confidences in --save-txt labels')
    parser.add_argument('--save-crop', action = 'store_true', help =
'save cropped prediction boxes')
    parser.add_argument('--nosave', action = 'store_true', help = 'do not
save images/videos')
    parser.add_argument('--classes', nargs = '+', type = int, help = 'fil-
ter by class: --classes 0, or --classes 0 2 3')
    parser.add_argument('--agnostic-nms', action = 'store_true', help =
'class-agnostic NMS')
    parser.add_argument('--augment', action = 'store_true', help = 'aug-
mented inference')
    parser.add_argument('--visualize', action = 'store_true', help =
'visualize features')
    parser.add_argument('--update', action = 'store_true', help = 'up-
date all models')
    parser.add_argument('--project', default = ROOT / 'runs/detect',
help = 'save results to project/name')
    parser.add_argument('--name', default = 'exp', help = 'save results
to project/name')
    parser.add_argument('--exist-ok', action = 'store_true', help = 'ex-
isting project/name ok, do not increment')
    parser.add_argument('--line-thickness', default = 3, type = int, help
= 'bounding box thickness (pixels)')
    parser.add_argument('--hide-labels', default = False, action =
'store_true', help = 'hide labels')
    parser.add_argument('--hide-conf', default = False, action = 'store_
```

```
true', help = 'hide confidences')
    parser.add_argument('--half', action = 'store_true', help = 'use FP16
half-precision inference')
     parser.add_argument('- - dnn', action = 'store_true', help = 'use
OpenCV DNN for ONNX inference')
    opt = parser.parse_args()
    opt.imgsz * = 2 if len(opt.imgsz) = = 1 else 1   # expand
    print_args(vars(opt))
    return opt
```

涉及的配置信息具体如下：

1）weights：选用第七步训练最佳的模型权重，其模型权重路径为：yolov5/runs/train/exp9/weights/best. pt。

2）source：自定义待检测的图片或视频存放的路径，通常存放在 yolov5/data/images/路径下。

配置完成后，在 Ubuntu 系统的终端命令行窗口中继续输入命令"python detect. py"。

模型训练后输出的电感磁珠外观缺陷检测的精确率、召回率和平均精确率如图 8-26 所示，几种缺陷的检测结果如图 8-27 所示。

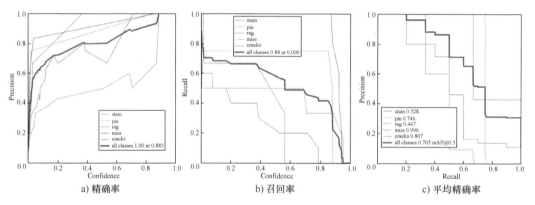

a) 精确率   b) 召回率   c) 平均精确率

图 8-26　基于 YOLOv5s 模型的电感磁珠检测精度

8.3.4　部署测试

模型完成训练、测试与推理后，将训练最佳的模型部署于 Jetson Nano 边缘智能端，关键部署流程与训练服务器配置步骤基本一致，安装操作系统 Ubuntu18.04，配置 GPU 高性能 C＋＋推理库 TensorRT 7.0、深度神经网络库 cuDNN 和 NVIDIA 并行计算架构 CUDA 10.2。同时，将择优的最佳推理模型 best. pt 文件通过 TensorRT 的 Parser（解析器）接口解析并转换成 Jetson Nano 算力支持的 ENGINE 格式。另外，为了充分有效地利用 Jetson Nano 开发板物理层的计算资源，本例选择面向对象的 C＋＋语言实现推理模型的程序。最后，还需要测试 Jetson Nano 可驱动的工业视觉终端执行设备，即工业相机。

部署的具体步骤如下。

第一步：在服务器端（或个人计算机端），将 best. pt 文件转化成 best. wts 文件，具体操

AI缺陷 _201912020758 18.292.bmp	AI缺陷 _201912020759 25.090.bmp	AI缺陷 _201912020759 25.467.bmp	AI缺陷 _201912020801 53.434.bmp	AI缺陷 _201912020801 53.780.bmp

其他 NG_201912020 70027.435.jpg	其他 NG_201912020 70521.957.jpg	其他 NG_201912020 70531.688.jpg	其他 NG_201912020 70531.725.jpg	外壳AI缺陷 _201912020607 03.925.bmp

图 8-27　几种缺陷的检测结果

作如下。

1）下载 TensorRTx 代码。在 Ubuntu 系统的终端命令行窗口中继续输入以下命令：

```
git clone https://github.com/wang-xinyu/tensorrtx.git
```

2）将文件 tensorrtx/yolov5/gen_wts.py 和 best.pt 复制到 yolov5 目录下，进而生成 best.w 文件。在 Ubuntu 系统的终端命令行窗口中继续输入以下命令：

```
python gen_wts.py
```

第二步：在 Jetson Nano 边缘智能端，将 best.wts 文件转化成 best.engine 文件，并进行部署，具体操作如下。

1）下载 TensorRTx 代码。在 Ubuntu 系统的终端命令行窗口中继续输入以下命令：

```
git clone https://github.com/wang-xinyu/tensorrtx.git
```

2）在 tensorrtx/yolov5/yololayer.h 中更改 yololayer.h 文件中的参数，命令如下：

```
static constexpr int CLASS_NUM = 5; //自定义数据集的类别数
static constexpr int INPUT_H = 640; static constexpr int INPUT_W = 640;
//输入层图像尺度
```

3）生成 yolov5s.engine 文件。在 Ubuntu 系统的终端命令行窗口中继续输入以下命令：

```
cd tensorrtx/yolov5
mkdir build
cd build
cmake ..
make
```

4）拷贝 best.wts 文件到 tensorrtx/yolov5/build 路径下。在 Ubuntu 系统的终端命令行窗口中继续输入以下命令：

```
sudo ./yolov5 -s best.wts best.engine s
```

第三步：在 Jetson Nano 边缘智能端驱动 USB 工业相机，具体操作如下。

1）安装 DeepStream，并配置所需的依赖项。在 Ubuntu 系统的终端命令行窗口中依次输入以下命令：

```
sudo apt install \
libssl1.0.0 \
libgstreamer1.0-0 \
gstreamer1.0-tools \
gstreamer1.0-plugins-good \
gstreamer1.0-plugins-bad \
gstreamer1.0-plugins-ugly \
gstreamer1.0-libav \
libgstrtspserver-1.0-0 \
libjansson4 =2.11-1
git clone https://github.com/wang-xinyu/tensorrtx.git
```

2）下载 DeepStream_SDK 到 Jetson Nano 上，并进行安装与测试，具体操作如下。

① 版本：DeepStream 5.1 Jetson tar package deepstream_sdk_v5.1.0_jetson.tbz2。

② 下载网址：https：//developer.nvidia.com/deepstream-getting-started#downloads。

③ 提取并安装 DeepStream-SDK。在 Ubuntu 系统的终端命令行窗口中依次输入以下命令：

```
sudo tar -xvf deepstream_sdk_v5.1.0_jetson.tbz2 -C /
cd /opt/nvidia/deepstream/deepstream-5.1
sudo ./install.sh
sudo ldconfig
```

④ DeepStream 测试。在 Ubuntu 系统的终端命令行窗口中依次输入以下命令：

```
cd /opt/nvidia/deepstream/deepstream-5.1/samples/configs/deepstream-
app/
deepstream-app -c source8_1080p_dec_infer-resnet_tracker_tiled_
display_fp16_nano.txt
```

3）使用 DeepStream 驱动 USB 工业相机和深度学习模型，具体操作如下。

① 下载或克隆 C++版本的 YOLOv5 部署源代码，并移动到 DeepStream 的 source 文件夹下。在 Ubuntu 系统的终端命令行窗口中依次输入以下命令：

```
git clone https://github.com/marcoslucianops/DeepStream-Yolo.git
cp -r ./DeepStream-Yolo /opt/nvidia/deepstream/deepstream/source
```

② 修改文件 config_infer_primary.txt 中的类别数，并保存，命令如下：

```
num-detected-classes =5
```

③ 修改 labels.txt 文件，改为自定义的类别名称并保存，命令如下：

```
rag
stain
pin
miss
cracks
```

④ 拷贝转化成的模型 best. engine，并编译。在 Ubuntu 系统的终端命令行窗口中依次输入以下命令：

```
cp /home/nano/tensorrtx/yolov5/build/best.engine
/opt/nvidia/deepstream/deepstream-5.1/sources/yolov5
cd /opt/nvidia/deepstream/deepstream-5.1/source/DeepStream-Yolo
CUDA_VER=10.2 make -C nvdsinfer_custom_impl_Yolo
```

4）USB 工业相机测试。在 Ubuntu 系统的终端命令行窗口中输入以下命令：

```
deepstream-app -c source1_usb_dec_infer_yolov5.txt
```

8.4 本章小结

本章首先概述了国内外机器视觉的发展历程与趋势，国际上对机器视觉的定义，以及机器视觉的系统特性、构成和涉及的关键技术；然后从工业边缘视觉检测系统结构框架切入，阐述了工业视觉检测的主要技术和主流边缘计算装置；最后以工业智能视觉检测下的外观缺陷质量检测为应用实例，利用先进的一阶段轻量级卷积神经网络模型完成了面向边缘计算设备的电感磁珠外观缺陷检测实践。其中，实例应用中详细介绍了电感磁珠外观缺陷检测数据集建设、YOLOv5s 网络模型训练与边缘端部署测试，同时为便于理解，相应部分附上了详细的操作流程。

本章习题

1）简述机器视觉的国内外发展现状。
2）简述机器视觉的定义和系统特性。
3）简述工业边缘视觉基础设施架构。
4）简述工业边缘视觉的典型神经网络模型，并至少列举一个示例。

第 9 章

基于边缘计算的工业预测性维护及其应用

近年来，随着工业化和信息化技术的不断演变和革新，智能制造产业应运而生，引领新一代的工业革命发展。制造业是世界各国实力竞争的根本途径，是提升综合国力的重要手段。《国家中长期科学和技术发展规划纲要（2006—2020）》由国务院制定，其中"重大产品和重大设施寿命预测技术"这一技术被列为需要攻克的二十七项前沿技术之一。随着"中国制造 2025"和"智能制造"等相关政策的支持与推动，制造业发展迅猛，各种系统设备向高质量的方向发展，工业设备的稳定运行与维修维护成为了当下一个研究热点。

智能制造源于对人工智能的研究，通常认为智能是知识和智力的总和，知识是智能的基础，智力是获取和运用知识求解的能力。具体来说，智能制造涵盖了智能制造技术和智能制造系统，是一种由智能机器和人类专家一起组成的人机一体化智能系统。它不仅能够在实践中持续充实知识库，主动采集周围的信息数据并对其进行分析、判断和决策，还具备了自主学习能力，扩大、延伸甚至取代了人类专家在制造过程中的部分脑力劳动。

边缘计算是指在靠近设备现场或数据源头的一端进行服务，其主要技术包含虚拟化、云计算和 SDN 等。边缘计算的起源最早可以追溯到 1988 年 Akamai 公司提出的 CDN。受 CDN 的启发，2005 年，施巍松团队将其提出的功能缓存这一概念应用在邮箱管理服务中，以减少网络延迟。这一发展阶段的边缘计算在进行负载均衡、内容分发的工作时主要是通过中心平台，离用户最近的缓存服务器上会收到用户的请求。近年来，随着物联网的快速发展，进入了大数据时代，边缘计算的研究重点逐渐转移到在数据的产生源头增加对数据的处理功能。雾计算与边缘计算就是在这一阶段逐渐成长起来的。

边缘计算进入快速发展的阶段是从 2015 年开始的，在当年 9 月 ETSI 发布了关于移动边缘计算的白皮书，同年 11 月，戴尔、ARM、英特尔、思科和微软等企业联合普林斯顿大学成立了开放雾（Open Fog）联盟，主要工作是推进应用场景与边缘侧的结合。2016 年 10 月，ACM（美国计算机协会）和 IEEE（电气电子工程师学会）联合举办了全球首个边缘计算主题研讨会。国内边缘计算的发展速度几乎与世界同步，在智能制造的领域尤为突出。华为技术有限公司和中国信息通信研究院等为了推动边缘计算产业健康可持续发展，于 2016 年在北京成立了 ECC。2018 年 8 月，全国计算机体系结构学术年会的举办主题为"由云到端的智能架构"。同年 10 月，为了推动在云计算模型中被广泛使用的 Kubernetes 应用到边缘计算场景中，Eclipse（日蚀）基金会和 CNCF 进行了相关的合作。进入 2019 年后，5G 的高速、低时延和大连接性为边缘计算提供了更好的基础设施，使得边缘计算在各行业得以广泛应用。

9.1 工业现场预测性维护的应用现状

当前，新一轮科技革命和产业变革孕育兴起，大数据的积聚、理论算法的革新、计算能力的提升及网络设施的演进，驱动人工智能发展进入新阶段，人工智能正加快与经济社会各领域的渗透融合，带动技术进步、推动产业升级、助力经济转型、促进社会进步。复杂的工业系统与关键流程协同工作，其中一个系统的故障通常会给公司带来重大的经济损失。维护人员定期执行预防性维护任务，以保持这些系统处于最佳状态，避免出现故障。

随着科技的进步和发展，设备的维护管理方式经历了以下从简单到复杂、从定性到定量的三个发展阶段：以功能故障出现为依据的修复性维护、以固定周期为依据的预防性维护和以设备实际运行状态为基础的预测性维护。工业生产设备内部的复杂性给设备维护人员增加了难度，如果不能及时发现设备的故障并且对设备故障进行排除，不仅影响产品的质量，还有可能使整个设备长时间停机，给企业带来巨大的损失。因此，如何更加智能地进行设备维护管理，在设备出现故障前对设备进行维护处理，是让企业在激烈的竞争环境中处于优势地位的条件之一。

9.1.1 修复性维护

修复性维护也称为事后维护、故障维护，是指在设备发生随机故障或因设计、制造等缺陷导致停机时进行的非计划性维修，其目的在于快速消除设备故障，恢复设备性能，继续生产任务。修复性维护的优点是让企业得以专注于生产任务，更高效地利用设备和人力资源的既有能力，避免频繁检修所带来的浪费；缺点是设备一旦发生故障进入维修状态，将导致整个生产系统的故障甚至瘫痪。根据当今企业的实际需求，修复性维护由于不确定性过高、偶发性停机的成本过大、严重影响订单按时交付等问题，已经无法满足以复杂生产制造系统为主体的现代企业的需求；而改善性维护因对维护人员的技术要求过高、改善成本过高等因素，也尚未在企业中大量的采用。

9.1.2 预防性维护

预防性维护是指通过了解系统或某一部件的平均使用寿命，从而预期该部件即将出现的故障，根据这一信息提前对系统进行干预、检查和更换。这种维护方式是在20世纪60年代到70年代被提出的，其核心理念是基于时间来制定维护工作计划。预防性维护的应用极为普遍，尤其在工业领域被广泛应用。预防性维护的基本原理可以通过浴盆曲线说明，如图9-1所示。

浴盆曲线是具有代表性的设备故障率曲线，而预防性维护就是根据技术参数或历史经验，判断拐点 P 的出现时间，从而对该部件进行提前更换或调整，以避免损耗故障期带来的损失。采用这种方式，维护工作变得可以提前规划，人员的工作也可以提前安排。预防性维护丰富了维护工作的功能，增大了覆盖范围。以预防性维护为核心概念的维护业务主要包含以下三方面工作：

1）针对系统和子系统的常规维护。对于机械部件进行必要的保养维护，如润滑、清洁、调整和更换。

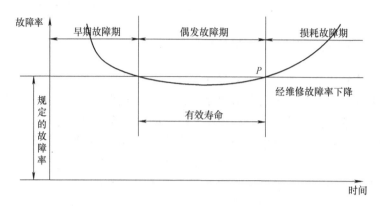

图 9-1　浴盆曲线

2）发生故障时的紧急修理，与9.1.1节提到的故障维护类似。但由于常规维护的存在，故障率将会大大降低。

3）基于平均使用寿命的经验值，对易损件进行修理或提前更换，从而使系统的可靠性和安全性水平保持在一个相对稳定区间内。

上面的第3）点由于是基于经验值，可以非常容易地根据周期计算来提前安排修理或更换事宜，但也正是因为这种提前修理或更换完全基于理论计算，而无视部件或系统的实际运行状态，使得预防性维护在实际应用中存在着维护过剩和维护不足这两大突出矛盾。

9.1.3　预测性维护

随着社会生产力和自动化水平的不断提高，预测性维护（又称为计划检修）自20世纪50年代从前苏联引入以来，因其在设备生产风险控制方面的优越性，已经代替传统的事后维护，发展成为我国主流的设备维护模式。预测性维护要求预先制定维护工作的内容，按照固定的预检周期实施维护作业，周期性恢复设备运行的可靠性，减少设备在运行过程中故障发生的次数，从而能够在很大程度上避免大型事故的发生。但是在不确定性运行环境下，同一设备在不同的运行环境中所呈现的状态变化过程是有差异的，以固定时间为依据统一安排设备的维护工作，经常会造成对运行状态良好设备的过度维护和对处于严重故障状态下设备的维护不足，从而带来维护资源的浪费和不必要的生产风险。在此基础上，21世纪以后，以设备实际运行状态为基础的预测性维护开始出现，并得到了相关生产和研究领域的广泛关注。

预测性维护集设备状态监测、故障诊断、状态（故障）预测、维护决策支持和维护活动于一体，有狭义和广义两种概念。狭义的概念立足于状态监测（状态维护），强调的是故障诊断，是指不定期或连续地对设备进行状态监测，根据其结果，查明设备有无状态异常或故障趋势，再适时地安排维护工作。狭义的预测性维护不固定维护周期，仅仅通过监测和诊断到的结果来适时地安排维护工作，强调的是监测、诊断和维护三位一体的过程，这种思想广泛适用于流程工业和大规模生产方式。广义的预测性维护将状态监测、故障诊断、状态预测和维护决策合并在一起，状态监测和故障诊断是基础，状态预测是重点，维护决策给出最终的维护活动要求。广义的概念是一个系统过程，将维护管理纳入了预测性维护范畴，考虑整个维护过程及与维护活动相关的内容。预防性维护和预测性维护之间的差异性见表9-1。

表 9-1 预防性维护和预测性维护之间的差异性

差异性	预防性维护	预测性维护
维护触发点	固定周期，不考虑设备的实际运行状态	必要时，预留足够的应对时间给一线维护人员做故障维护前的准备和应对工作
维护方式	基于零部件的平均损坏率进行维护	根据设备的实际运行状态决定维护方式和作业内容
维护成本	成本高，停机停产时间长	成本低，停机停产时间短
适用场景	无法准确获取设备的运行状态时	设备的运行状态可实时获取时

随着新技术的发展和对设备可靠性要求的提高，预测性维护成为了复杂设备 PHM（故障预测与健康管理）的新趋势。预测性维护主要有以下三种方法：基于可靠性统计概率的方法、基于物理模型的方法和基于数据驱动的方法。

1. 基于可靠性统计概率的方法

基于可靠性统计概率的方法一般是利用历史故障信息的特征进行预测。这种方法无须了解对象的物理特性，也无须采集大量的传感器数据，但是需要进行可靠性试验或大量、长期的可靠性统计，然后构建相应的统计概率函数。例如，一般机电类产品的磨损失效大多服从韦布尔分布失效规律，因此韦布尔分布模型在机电类产品的可靠性分析中得到了广泛应用。基于可靠性统计概率方法的设备故障概率大多符合浴盆曲线，即在设备运行初期，由于存在装配误差和加工误差等，设备的故障率较高；但是随着设备的运行和零部件的磨合，反而出现了故障率下降的现象，且可以稳定运行相当长的时间；最后随着设备性能的退化和磨损，又出现了故障率升高的现象。基于可靠性统计概率的预测性维护方法一般包括贝叶斯方法、模糊逻辑等。

基于可靠性统计概率的方法比较适用于大批量的简单零部件产品，并且需要进行长期大量的实验和统计分析。因此这种方法不适用于复杂昂贵的设备，如航天器、飞机和数控机床等，这些设备中包含成千上万个零部件，价格昂贵，很难做大量的实验进行统计分析。此外，该方法不考虑复杂的运行环境、材料性能的退化特性等，因此其预测精度和预测结果的可信度较低。

2. 基于物理模型的方法

基于物理模型的方法是根据设备的内部工作机理，建立反映设备性能退化物理规律的数学模型。通过设定边界条件和系统输入等参数，进行数学模型的求解和仿真，得到计算结果。例如，通过建立数学模型，可以了解数控机床性能退化的物理本质，预测退化的发展趋势。

基于物理模型的方法可以在不收集大量数据的情况下，表述系统的故障逻辑和退化趋势，需要领域专家的支持来建立和表述设备的数学模型。但是传统复杂设备的物理模型仅仅是基于假设工况建立的，无法与设备的实际运行工况保持一致，因而导致设备生命周期中模型的不一致性，从而导致预测性维护精度不高。

3. 基于数据驱动的方法

基于数据驱动的方法需要从运行设备中收集状态监测数据，而不需要建立设备故障演化或寿命退化的精确数学模型。常用的基于数据驱动的方法有自回归模型（AR 模型）、人工神经网络（ANN）、支持向量机（SVM）、相关向量机（RVM）和高斯回归等。基于数据驱动的方法需要从历史数据中提取特征，并将其转化为知识。通过数据分析和处理，挖掘隐藏在设备数据中的健康状态指标和性能退化特征信息。然而，数据驱动的算法模型并没有考虑机电设备的实际物理特性规律和差异性，对不同的系统预测性维护采用无差别的数据处理与分析预测，从而导致其适应性差。

综上所述，目前的单一预测性维护方法均存在不同的缺陷，如预测性维护的模型一致性、算法适应性及预测结果准确性等问题，因而单一方法不能满足设备更高精度和可靠性的要求。随着新技术和新思想的发展，融合型预测性维护方法可以较好地解决单一方法的缺陷。多名学者也基于卡尔曼滤波、扩展卡尔曼及粒子滤波算法进行了融合型预测性维护方法的研究。采用融合型预测性维护方法可以实现多种方法之间的性能互补，充分利用各种方法的优点，有效避免了单一方法的局限性，从而获得更精确的预测性维护结果。

9.2 工业预测性维护技术体系

预测性维护的一般策略方法有状态监测、故障诊断、状态预测和维护决策等。状态预测技术根据设备的当前信息进行判断并预测未来一段时间的状态，常用的预测方法有基于时间序列的方法和基于神经网络的方法。多数预测性维护采用传感器和监控软件等观察设备的行为和状态，将其作为预测性维护模型的输入，进而为维护决策提供依据。随着更精确的传感器、更强大的计算平台和更顺畅的通信网络的发展，可以通过更高效的方式对机器的运行日志和历史问题模式进行比对，从而更加精准地预测机器的故障概率和使用寿命。

9.2.1 状态监测

状态监测是指对机械设备的整体或其零部件在运行中的状态进行监控、观测，以获取设备的某些运行参数，并根据其运行参数判断设备整体或零部件的健康状态，以便对设备进行及时的维护和维修，进而防止事故发生，提高设备的有效利用率。机械设备状态监测技术主要经历了以下四个发展阶段。

1）第一阶段是利用人的感官结合使用经验对设备进行检查、监视。由于处于工业化初期，机械设备结构并不复杂且检测仪器和检测方法较少，最原始的设备状态监测是通过人的感观结合使用经验对设备进行健康状态的甄别。但是这种方法不能定量测量故障的严重程度，更不能实现对故障的预测，而且对监测人员的专业技能和设备使用经验要求很高。

2）第二阶段是使用简单的检测仪器进行定量测定。监测人员使用简单的检测仪器对设备参数进行定量测量和现场采集，依据专业技能对设备健康状态进行判断，利用经验对设备维护、保养和维修时间做出预估。这种监测周期受限于检测人员的时间调度情况，很难做到定期检查。

3）第三阶段是通过自动化装备实现设备的离线状态监测。通过传感器在固定测量点获取机械设备的状态信息，人工将其导入计算机进行计算和存储。计算机根据预先设定好的阈值或相应的参数指标，对采集信息进行分析，判断设备状态信息所对应的健康状态，并进行预警和零部件剩余寿命的预测。尽管离线状态监测已经得到了广泛应用，但是它缺乏实时性，很难对突发故障做出及时预警。

4）第四阶段是利用智能化装备对设备进行的实时状态监测。通过安装在机械设备上的传感器实时获取设备运行所产生的状态信号，数据采集处理效率大大提高，状态监测系统的灵活性和扩展性进一步加强，智能化和信息化达到了更高的水平。此阶段可以对机械设备实施更加严密的监控，并能够及时对故障进行诊断、预测与预警，便于事前维护，避免事故发生并减少财产损失。

9.2.2 故障诊断

故障诊断是指通过历史数据对系统中可能出现的故障进行检测、诊断和分类，并给出最终决策方案的一系列流程，其大致流程如图9-2所示。故障诊断这一概念最早由麻省理工学院的 Beard 博士和美国学者 Mehra 等人提出，最初的故障诊断的方法是通过比较设备实时数据和历史数据的差别进行人为判断。之后，Willsky 学者发表了世界上第一篇关于故障诊断的综述文章，并详细介绍了故障诊断技术。随着各种机器学习算法的提出和不断发展，越来越多的学者开始研究故障诊断技术。

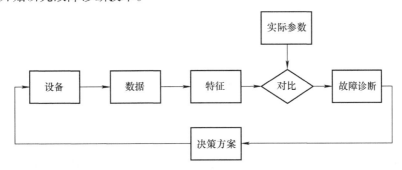

图 9-2 故障诊断流程图

随着故障诊断技术的不断发展和方法的改进，国内外专家学者开始深层次地研究各种机器学习的方法，并按照不同的标准对这些方法进行整理和分类。经研究，故障诊断技术基本上可以分为以下四类，如图9-3所示。

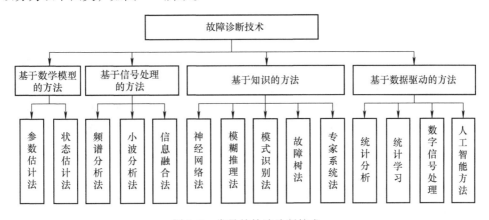

图 9-3 常见的故障诊断技术

1. 基于数学模型的方法

此类方法发展最早，需要建立被诊断对象的数学模型。它利用检测信号或估计出系统的物理参数，或在噪声背景下重构系统的状态，通过参数变化和故障间的联系对故障进行预报、定位、定理和定因。因此，它又可分为参数估计法和状态估计法两种。当参数有显著变化时，可采用参数估计法，根据参数变化的统计特性来检测故障的发生。当被控过程状态能直接反映系统运行状态，且可观或部分可观时，可以采用状态估计法，利用状态观测器或滤波器进行故障诊断。这类方法虽然能综合利用系统的结构、功能和行为信息，但是由于很多非线性系统的数学模型难以建立，因此制约了此方法的发展。

2. 基于信号处理的方法

该方法最大的特点是不需要建立被诊断对象的数学模型。当系统发生故障时，系统的输出随之变化，通过对输出信号的方差、幅值和频率等特征值进行分析处理，可获取故障诊断所需的故障信息，所以这种方法的实用性和自适应能力较强。目前常用于故障信号处理的方法有频谱分析法、小波分析法和信息融合法等。近些年出现了基于多传感器信息融合、信息匹配和信息校核等新的信号处理的故障诊断方法，取得了较好的效果。值得注意的是，基于信号处理的方法对故障信号的先验知识有较大依赖，若缺乏对故障信号的认知，或者存在多个故障信号的混叠，则辨识效率和准确度会大大下降。

3. 基于知识的方法

该方法同基于信号处理的方法一样，不需要事先获得被诊断对象的精确数学模型，具有较为宽广的适用范围。基于知识的方法主要包括：神经网络法、模糊推理法、模式识别法、故障树法和专家系统法等。基于知识的方法可以实现较高水平的智能诊断，但也存在知识获取、知识表示、推理复杂和复杂行为模拟困难等问题。

4. 基于数据驱动的方法

该方法利用信号分析、统计分析和机器学习等方法对大量的离线或在线运行数据进行处理分析，提取故障特征，确定故障原因、故障位置和故障类型。其主要方法包括统计分析（主元分析、偏最小二乘法等）、统计学习（支持向量机、Kernel 学习等）、数字信号处理（谱分析、小波分析等）和人工智能方法。在当前的数字化背景下，随着大数据、物联网和云计算等技术的发展，工业数据收集和存储成本不断下降，基于数据驱动的方法研究受到越来越多国内外学者的关注。

9.2.3 状态预测

机械设备的健康状态预测属于基于性能退化的故障预测，是指预测部件健康状态的发展趋势，判断部件何时失效。剩余使用寿命（Remaining Useful Life，RUL）是指部件距离发生故障的时间，由于具有明确的含义且容易获得，RUL 可以作为一种描述机械设备健康状态的方法，此时称这种方法为健康状态预测方法，它可以分为基于物理模型、基于经验知识和基于数据驱动三类。

1. 基于物理模型的健康状态预测方法

该方法通过能够描述设备退化过程的微分方程或状态方程，构建状态预测的动力学模型。例如，2018 年李贺等为提高航空发动机的可靠性，构建了涡轮叶片的物理模型，利用信息融合算法将发动机涡轮叶片的预测寿命表示到一个区间，实现了对涡轮叶片的健康状态预测。

基于物理模型的健康状态预测方法针对的是特定的设备，当对象的结构、物理参数发生变化时，预测方法便不再适用，而且这类方法建立的物理模型较为复杂，不适用于复杂系统，在实际应用中有较多限制。

2. 基于经验知识的健康状态预测方法

在健康状态预测问题中，常用的经验知识方法为专家系统与模糊逻辑评价。使用专家系统预测故障时，往往需要与 ANN、SVM 等算法结合使用，而且其预测效果取决于专家知识，同时知识库的更新需要专家实现，不具备时效性。模糊逻辑评价具有不确定度表达的特点，因此在健康状态预测领域中有一定的应用。例如，2014 年郭昆等使用模糊理论与层次分析法来评估轨道车辆行走系统状态，通过仿真实验验证了该方法的有效性。基于模糊逻辑评价的健康状态预测方法同样严重依赖专家知识，并且由于模糊规则选择的不确定性导致结论也具有不确定性。

3. 基于数据驱动的健康状态预测方法

（1）基于统计模型的健康状态预测方法 该方法通过采用自回归模型、马尔可夫模型和高斯混合模型等各类统计模型预测机械设备的故障。2018 年张帅等为了提高非高斯数据的预测精度，提出了用动态加权马尔可夫模型与粒子滤波器结合的方法来预测轴承的 RUL，实验验证了该方法的有效性。但是基于统计模型的健康状态预测方法同样存在泛化能力差、处理高维数据效果差等问题。

（2）基于浅层机器学习的健康状态预测方法 常用的基于浅层机器学习的健康状态预测方法有 ANN、SVM 等。2014 年 Soualhi 等学者提出了一种用于电机轴承的故障预测方法，使用 HHT（希尔伯特黄变换）从振动信号中提取健康指标，利用 SVM 检测退化状态，利用 SVR（支持向量回归）得到轴承的 RUL，通过轴承数据集验证了所提方法的有效性。但是基于浅层机器学习的健康状态预测方法存在需要手工提取特征、提取数据深度特征困难等不足。

（3）基于深度学习的健康状态预测方法 深度学习可以避免上述方法的不足，近年来基于深度学习的健康状态预测方法成为最流行的方法之一。它的一般处理流程为：首先使用历史数据离线训练深度学习模型，然后使用模型根据从设备上采集的信号进行在线预测。用于状态预测的深度学习模型有自动编码器（AE）、深度信念网（DBN）、卷积神经网络（CNN）和递归神经网络（RNN）等。

9.2.4 维护决策

决策支持系统（DSS）是信息管理与信息系统专业领域的重要研究内容之一，它是在管理信息系统、运筹学、行为科学和系统工程的基础上发展起来的，以计算机技术、仿真技术和信息技术等为手段，支持决策活动的人机交互系统，用来支持指定复杂决策问题的解决方案，最终帮助决策者做出更好的决策，提高科学决策水平。决策支持系统发展史如图 9-4 所示。

在决策支持系统发展的初期，关于设备维护的研究较少，但随着人工智能、信息技术、计算机技术和专家系统技术的发展和应用，国内外针对维护决策的研究更加智能化、精确化和网络化，智能设备维护决策支持系统逐渐进入了高速发展阶段。

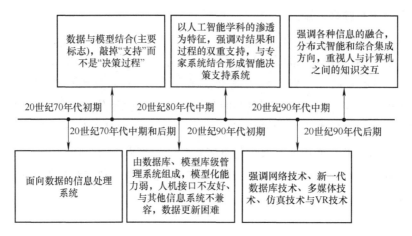

图 9-4　决策支持系统发展史

9.3　工业预测性维护体系结构和关键技术

9.3.1　工业预测性维护体系结构

在实际运行的过程当中，由于工业系统的系统状态是随着时间而改变的，即呈现非线性变化，故在对其进行维护操作时，要面对的情况也是不固定的。在进行故障处理时，要在一定的预算范围内，根据实际情况对其自身进行预测和处理，由此，OSA-CBM（Open System Architecture for Condition Based Maintenance，基于状态维护的开放系统体系结构）应运而生。OSA-CBM 是一个指导实现 CBM（状态维护）系统的标准框架，由美国海军出资组建的工业研究小组进行研究和验证，小组成员遍布工业、商业和军事等领域，如 Boeing（波音）、Caterpillar，罗克韦尔自动化和罗克韦尔科技公司等。另外，美国宾夕法尼亚州的应用研究实验室和机械信息管理开放系统联盟（Machinery Information Management Open System Alliance，MIMOSA）也为此做出了贡献。OSA-CBM 将 CBM 系统分成以下七个层次，如图 9-5 所示。

1. 数据获取层（Data Acquisition Layer）

企业大数据采集是迈入工业 4.0 的必经之路。要想实现生产智能化，第一步必须实现生产设备联网数据采集。工业生产设备作为工业生产最为重要的一部分，其各种数据直接关系着企业经营效益。

制造业中的数据采集是使用传感检测技术、通信技术和采集设备进行的，目前制造业数据采集的难点主要体现在采集设备和通信协议的差异性，以及现场环境的复杂性。在制造业领域实施工业互联网并进行数据采集的过程有两种接入方式：一是通过 PLC 等工控设备以网络通信的方式经过交换机等网络系统进行数据上云；二是通过嵌入式产品等终端设备在物联网模式下经过 Wi-Fi、LoRa 等协议，使用无线网关、基站等进行数据上云。工业互联网的数据采集及分析系统一般是利用传感检测技术对数据进行工业通信，使管理人员通过人机界面或设备本身获得对采集到的工业数据处理后的反馈信息，完成对工业生产的监管和调控。

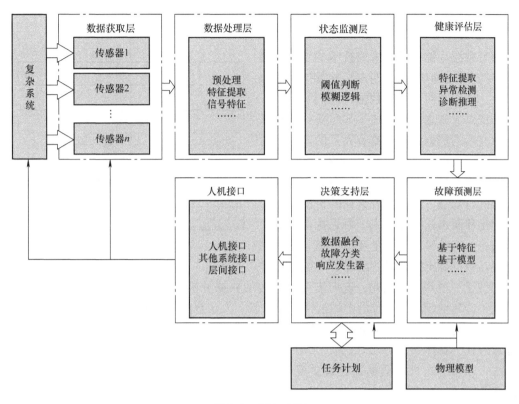

图 9-5 OSA-CBM

在现代工业生产尤其是自动化生产过程中，工厂智能设备每时每刻都在工作，这个过程中会源源不断地产生数据信息，在利用这些数据信息的过程中，首先要解决的如何获取准确可靠的信息。有研究表明，在传统智能设备中，由于无法精确掌握设备的工作状态，实际生产效率远低于理论计算值。因此数据采集模块在智能设备中发挥着越来越重要的作用，其主要功能是对数据源进行收集、识别和读取。传感器是获取自然和生产领域中信息的主要途径与手段，在系统运行过程中，为控制各组件的运行，要设置各设备组件的参数，这些参数由传感器进行控制和监视，传感器的调节能让设备处于正常工作状态甚至处于最好状态，不仅能提升产品质量，还能提高生产效率。但是传感器采集到的信息不能直接被计算机识别，需要通过 ADC 将采集到的模拟信号量转化成计算机能识别的数字信号量，根据传感器和实际的采集需求灵活选择 ADC 的类型，从而满足不同精度和带宽的需求。在传感器和 ADC 的配合下，设备的状态信息才能被计算机捕捉到，才有可能根据这些数据来分析设备的状态。因此，数量多、功能强、品质优良的传感器是现代化智能设备研发的关键条件。数据采集模块的核心组件是传感器和 ADC，二者使数据采集得以顺利进行。除此之外，在使用数据采集模块时，要注重采样频率的设置，若设备信号的最高频率为 f，根据香农定理，采样频率为 $2f$，这样才能采集到信号的最高频率。

工厂中不同设备的终端可能对应着不同类型的数据信息，因此数据采集模块应该具有可扩展性。随着工厂规模的不断扩大和传感技术的不断进步，以后需要增加更多的传感器设备并升级陈旧的传感器设备，该模块将预留传感器接口，以完成数据采集模块功能的实现。数据采集模块设计如图9-6所示。

2. 数据处理层（Data Manipulation Layer）

随着数据存储技术和采集技术的发展，越来越多的数据被收集，人们占有的数据呈爆炸性增长。然而面对大量的数据，人们就像坠入数据的汪洋大海之中，迷茫不知尽头，若要从中提取有用的信息，则需花费大量的人力和时间，传统的数据库概念、方法和技术已经难以有效解决现在的问题。此外，相当多的数据具有较强的时效性，这意味着数据的价值会随着时间的推移而迅速降低。由于缺乏挖掘数据中隐藏信息的有效手段，海量数据中蕴含的有用信息很难被挖掘出来，以致出现了"数据爆炸

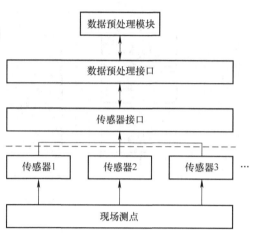

图9-6　数据采集模块设计

而知识贫乏"的现象。因此，迫切需要强有力的数据分析技术从海量数据中获取信息或知识，在一些其他领域如统计学中的抽样假设检验、人工智能中的机器学习搜索算法及学习理论建模技术的启发下，逐渐形成了一套完整的数据处理技术。数据处理包括数据预处理和特征提取过程，具体如下。

（1）数据预处理　数据预处理主要包括缺失值处理、离群点处理和无量纲化处理等，如图9-7所示。

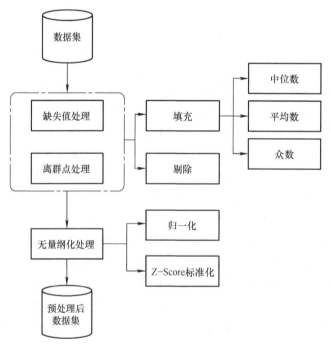

图9-7　数据预处理

（2）特征提取　特征提取技术采用现有的统计学方法和数学方法从海量数据信息中提取与分类结果有很大相关性的特征信息，剔除数据中冗余的特征。如常用的机器学习有奇异

值分解（SVD）、主成分分析（PCA）、卡方检验、信息增益、互信息等特征提取方法，经过特征提取技术提取的这些特征能充分的表明特征信息与分类结果有很大的相关性。研究表明，与未经过特征提取技术处理的数据相比，经过特征提取技术提取后的特征在机器学习训练预测过程中效果会更佳。

（3）特征选择　特征选择的核心功能是寻找一个重要的评估函数，在原有数据集上选择出能代表分类结果的特征子集。经过评估函数选择后的特征是非冗余且具有代表性的子集。现有的特征选择模式中有很多种分类方式，具体的特征选择模型可分为过滤器模型、封装器模型和混合型三种。

（4）数据/特征降维　设备信号中会含有多个指标变量，用来表征信号的状态信息，这么多指标变量之间可能会存在关联，在做数据分析时只需要提取分析关联变量中的其中一个即可。因此根据实际情况，需要将多个相关指标变量转化成少数几个相互独立的变量，这些变量能够反映原变量提供的绝大部分信息，通过降维方式，大大减少了数据处理的压力，避免浪费不必要的计算资源。

3. 状态监测层（Condition Monitor Layer）

设备状态监测是一项利用现代传感技术和计算机技术对运行中的设备进行监测，以实时获取设备当前的运行状态，并在必要时提供报警和故障诊断信息的技术研究。分析设备状态监测数据，能够预测设备运行的健康状况，引导维修人员及时进行故障检修与排除，避免因故障的发生或扩大而导致更加严重的事故。近年来，随着数字化技术和物联网的飞速发展，从传统制造业、汽车行业到军工航天，每个行业都有其核心的关键设备，如大型电力变压器、飞机发动机和发电机等。同时，现代设备装配的传感器种类不断丰富，数量不断增加，为基于大数据的故障检测和健康状态评估带来了前所未有的机遇。分析设备状态监测数据不仅能为操作人员提供重要的知识见解，还能够有效提升制造环境的生产效率。在大数据背景下，设备监测数据的数据量和复杂性不断增加，一个设备往往具备相当多的传感器和较高的采样频率，同时传感器之间存在着复杂的关联性。

（1）设备状态监测数据　在不同领域，设备状态监测数据具有不同的含义。在电力运输领域，设备状态监测数据包括变压器油温、负荷和环境温度等；在矿业生产领域，设备状态监测数据包括电流、电压、功率、锚固压力、钻孔应力和顶板分层环境等；在电气领域，热量是监测电气设备状态的有效指标。设备状态监测数据丰富且多样，根据属性的不同，可将数据分为网络数据、时空数据、多维数据和统计数据。四种数据的来源和特点见表9-2。

表9-2　数据来源和特点

数据类型	主要数据来源	数据特点
网络数据	计算机网络	动态拓扑、节点数量多、分布密集
时空数据	环境监测站、传感器节点网络	动态演变、空间信息的不确定性
多维数据	工业设备性能指标	数据噪声多、各维度高度相关
统计数据	设备报警数据、设备维修日志	聚合多个复合属性

1）网络数据即图数据，包括传统的以计算机为中心的网络，如互联网，以及以实物为中心的真实世界网络，即物联网。对于一个大型设备，收集监测数据时需要多个传感器节点，每个节点既能单独计算，又相互级联通信，构成了复杂的网络。分析网络数据可以监测

网络拓扑结构的显著变化，识别损坏的无线链路和突然失效的传感器节点。面向设备状态监测的网络数据具有动态拓扑、节点数量多、分布密集等特点，大多采用节点连接图对其进行分析。

2）时空数据是大数据时代最典型的数据类型，包括时间数据和空间数据。设备的监控指标（如温度、湿度、CPU占用率和内存）的表现形式都为一组多元时间序列。时间数据有助于分析设备状态的演变，空间数据显示了传感器节点实际的物理位置。

3）多维数据使用多个数据维度描述对象的属性。若要全面理解数据，则需要在可视化视图中传递多种模式，如设备在多个指标（如温度和压力）之间的时间模式。曾有学者将数控加工设备数据分为四类，其中加工信息监测包含利用率、加工时间、开机和平均无故障时间等八个维度的信息，为设备维护提供了重要的参考价值。

4）统计数据是设备状态监测中常见的一种数据类型。现有的工业报警系统能够提供大量的警报，同时对于大规模的设备状态监测数据，需要按照时间、地理位置等方式进行分类统计，以帮助分析人员快速理解数据。

（2）可视化模型　设备状态监测的可视化遵循一个通用的可视化模型，如图9-8所示。

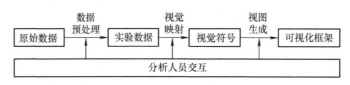

图9-8　可视化模型

1）数据预处理。来自系统日志或传感器记录的原始数据中包含许多噪声和错误，同时因采样频率过高而数据量巨大。因此，需要对原始数据进行处理，将其转换为实验能够使用的结构化数据。数据预处理操作包括常规的数据清洗、数据聚合和数据转换等。

设备实时监测会产生源源不断的流式数据，相比离线数据，流式数据对于采集、计算和集成的时延要求较高。一般需要对到达的数据按时间、空间进行分割或按规则聚合后形成摘要统计，形成一个统计模型或分析模型。

2）视觉映射。完成对数据的预处理后，可视化设计人员需要根据特定的分析任务将数据转换为有针对性的视觉符号，以方便可视化分析与处理。针对设备状态监测，在设计过程中需要考虑突出显示异常、融合辅助信息以及采用直观的视觉隐喻等。

3）视图生成。最后将设计的视觉符号整合到视图中，同时在每个阶段分析人员都能够进行交互，典型的交互方式包括选择、拖动和缩放等。通过设计易于理解和直观的交互方式可以使分析人员参与到整个可视化流程中，最大限度地利用专家知识。

在数据预处理阶段，分析人员可以对数据进行特征选择和异常值剔除；在视觉映射阶段，可以调整颜色和数据映射方式；在视图生成阶段，可以调整视图等。

（3）可视化任务　通过对现有研究工作中的设计需求和可视化任务进行分析，总结出了四个可视化任务，即状态监测、相关性分析、异常原因推理和预测分析。

1）状态监测。设备运行过程状态的可视化使维护人员可以直观、快速地识别和诊断故障。状态监测包含原始数据查看和异常检测两部分内容。由于数据量和数据维度巨大，且分析人员的分析能力有限，无法将所有监测到的原始数据呈现出来，因此需要对数据进行筛选、聚合，以有效的视觉映射方式在有限的屏幕中展示数据。异常检测的目的是找到与其他观察结果有很大偏差的结果，这样的偏差可能是由于不同的原因或机制所产生的。异常检测首先需要识别出所有可疑的异常时间段或事件，然后对异常检测结果单独进行可视化，同时需要结合专家经验在异常检测方面的优势，改进异常检测模型，提升异常检测的速度和质量。

2）相关性分析。复杂设备往往拥有数量庞大的子系统或子设备，如一个云数据中心通常包含数千个计算节点，每个节点又记录着不同的指标。不同子系统之间相互级联耦合，相同子系统之间由于生产环境的不同，会呈现出不同的状态。相关性分析不仅需要在系统层级分析各个子系统、子部件之间的相似性和差异性，同时也需要在数据层级分析数据维度之间的相关性。

3）异常原因推理。虽然异常检测算法能够计算出数值异常结果，但算法提供的解释能力有限。当正常情况和异常情况缺乏明确的边界时，解释能力会进一步下降，因此需要将异常检测结果与来自原始性能数据的辅助信息连接起来，形成针对异常实例的语义背景，辅助用户理解数据与异常之间的关系。异常原因推理依据状态监测的信息进行，联合历史维修记录可对已发生或可能发生的故障进行诊断和分析，提出维修对策，快速排除故障，恢复生产。

4）预测分析。预测分析包含两部分内容：

① 状态预测。利用现有的设备状态检测数据，预测器件的未来状态或关键事件，一般指下一次设备维护的时间点。

② 制定生产计划。生产计划是将原材料、产品部件、机器和工人等有限资源分配到不同的生产任务中，根据已有监测数据和历史计划对未来计划进行调整。

4. 健康评估层（Health Assessment Layer）

设备健康状态是指在规定的条件下和规定的时间内，设备能够保持一定的可靠性和可维修性水平，并稳定完成预订功能。由定义可知，设备的健康状态与设备可靠性的含义相近，通过对比可发现，设备健康状态更加注重设备的长期稳定运行和性能保持，即在规定时间内保持一定的可靠性水平。

对于机械设备而言，其健康状态可分为两部分：一是保持一定的可靠性，即在实际生产过程中，设备的性能保持在良好的水准，能够在较长时间内正常工作；二是保持一定的可维修性，即在机械设备发生故障后，通过一定的维修手段能够迅速使其恢复性能，从而继续正常工作。

设备健康状态反映设备的整体性能，良好的健康状态是进行长期稳定工作以及保证产品质量和生产效率的前提，设备健康状态评估通过对不同传感器采集的状态监测数据进行被监测对象健康状态的分类和估计。早期的健康状态采用是非制的方法，粗暴地将装备分为故障和非故障两个状态，这对于复杂装备系统而言收效甚微，在进行状态评估时容易忽略微弱故障而导致维修滞后。随着技术的不断发展，设备健康状态引入了多级的分级原则，即目的性原则、可分性原则和可用性原则，针对具体装备进行不同的状态分级，更好地描述设备状态，实现状态维护。

设备健康状态评估技术的关键是选用合适的健康评估方法，根据具体设备的具体工况条件，选用不同的评价方法进行评估。设备健康状态评估的方法大致分为基于模型驱动的方法和基于数据驱动的方法等。

5. 故障预测层（Fault Prognostics Layer）

传感技术的进步加大了制造和生产系统实时监控和状态评估的使用频率，使得利用采集数据对机械设备进行健康状态实时评估、规划何时对机械设备进行维护成为研究热点。CBM是一种将传感器采集到的数据实时传输并分析其可能出现的故障，从而对机械设备制定最经济合理的维护策略的技术，已被证明是一种将维护成本降至最低、降低系统故障的频率和严重性、提高安全性和运营效率的有效方法。近年来，基于传感器信息的 RUL 预测方法得到了广泛研究。研究表明，将预测信息纳入维护计划有助于为单部件系统做出更明智的维护决策。

CBM 的重点内容是对机械设备的退化状态进行监测，这就对利用有效模型对设备的实时监测数据进行特征提取，构建可以表征设备退化状态的 HI（健康指标）曲线提出了要求。在实际工业应用中，直接使用传感器采集的原始数据作为衡量机械设备退化的指标往往是不现实的，其原因主要有：对机械设备的检测过程往往是长时间、无间断的，在机械设备运行的生命周期中，传感器前期采集的数据和后期采集的数据可能不在同一单位尺度，造成在观察监测数据时，短时间内很难对设备的退化趋势做出判断；在多传感器工作的情况下，由于数据的复杂性，每组数据存在不同的变化趋势，导致各维度的变化趋势和设备的真实退化趋势之间不具备线性相关性，从而无法对设备的健康状况进行监测；在复杂的机械系统中，数据信号的变化特征往往存在一定的周期性，导致分析这些原始数据需要大量的专家知识，提高了 CBM 的成本，降低了泛用性；大量且高维的原始数据在直接输入到 RUL 预测模型时，由于原始数据量庞大且存在很多冗余数据和噪声，会加大模型的训练时间，降低模型预测的准确性。因此对机械设备的原始信号进行特征提取和特征约减，将原始信号转化为更易观察和泛用性更佳的退化 HI 曲线，对实时监控设备的运行状态和 RUL 预测具有重要价值。

在构建机械设备的退化 HI 曲线用来判断退化状态的基础上，机械设备从实时到故障所经过的时间叫作设备的 RUL。RUL 的准确预测有助于提前为机械设备制定适当的维护方案，以确保良好的工作条件，防止突然故障，也可以为节省人力做出贡献。目前根据传感器数据对机械设备的 RUL 进行预测的方法主要分为两种：基于模型的 RUL 预测方法和基于数据驱动的 RUL 预测方法。

6. 决策支持层（Decision Support Layer）

决策支持层接收来自健康评估层和故障预测层的数据，给出活动建议和方案选择，包括相关的维修活动时间表。为了保障系统不被故障所影响，尽快恢复正常状态，在上一层诊断或预测到故障后，需要就故障提出解决方案。预决策健康管理模块按照专家知识库中故障与处理方法的匹配记录，生成维护决策，并将结果发送给参与到实际维护中的工作组，给予其在工作方案制定上的技术支持。

预决策健康管理模块用例图如图 9-9 所示。配置维护策略的基础是专家系统，根据先前的运行数据和日志分析，得到系统发生过的故障信息和解决方案，组成专家知识库。在接到状态监测与故障预测模块的故障反馈前，需要将维护决策模块相关配置准备妥当，如在专家知识库中存储故障信息的数据表，其属性主要有系统编号、故障编号、故障种类、故障名称和故障影响程度等。配置好模块的基本信息后，当有来自于状态监测与故障预测模块的信息时，读取故障数据信息并调用专家知识库中有关于故障的信息表，在对故障信息解释说明的同时将故障信息呈现给维护人员，或者就未来可能出现的故障提出建设性的预防措施。结果展示、界面显示等与上述模块相差不多，这里不再赘述。

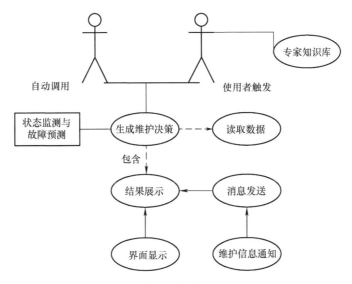

图 9-9 预决策健康管理模块用例图

7. 人机接口（Man-Machine Interface）

人机接口包括状态监测层的警告信息显示和健康评估、故障预测层和决策支持层的数据信息表示等，人机接口用于实现各层之间及 PHM 系统与其他系统之间的数据信息传递。

智能化维护系统除了上述所涉及的模块，为了保证系统的完整性，还应该存在以下模块：首先，维护系统对网络系统全天实时监控，会产生很多监控数据和运行日志，所以面对如此海量的日志，需要根据日志的类别分开存储，存在不同位置的日志应用特定解决方案。另外，通过系统的日志，可以帮助维护人员回溯到异常发生之前的系统变化，形成经验积累，进一步巩固专家知识库。其次，由上述对各主要模块的描述可知，在使用算法进行故障诊断和故障预测与管理前，需要参数配置模块设置好网络的输入节点的数量、属性。还有就是要通过外界完成设定参数初值的设置。最后，还需要操作页面可视化模块，进一步提升系统的可操作性，如进行故障信息展示时，除了要将信息交代清楚，还需要保证界面美观大方，浅显易懂，方便操作。

9.3.2 工业预测性维护关键技术

研究发现，当下工业预测性维护关键技术有以下三种。

1. 故障预测技术

故障预测技术是以时序数据为基础，在当前时间点结合历史信息、系统实时状态，通过相应的算法策略和模型，对系统未来短时间内的状态进行预测的技术。该技术在 PHM 中是实现 CBM 的关键技术，通过预测就能够在故障到来之前或者故障带来的影响达到最大之前为后勤保障人员提供维护信息，让外来力量提前干涉系统，从而达到提高系统稳定性的目的。

目前故障预测技术主要分为序列分析方法和神经网络方法两大类。序列分析方法主要有使用指数平滑方法的 Holt-Winters 模型，以及使用滑动平均和差分方法的自回归模型。这类方法模型的特点是参数简单、计算效率高，但预测准确度稍差。神经网络方法通过注意力机制学习时序数据中的变化规律和潜在模式，实现对未来一段时间的预测，这类方法模型的特点是能够学习和识别复杂的模式，但是存在模型搭建困难、预测效率低和解释性差等问题。

2. 健康管理技术

健康管理技术的根本目的在于延长目标系统的正常使用时间，而实现方法的基本思想为尽可能早地解决目标系统的故障或者消除目标系统的故障隐患。最为简单的健康管理技术是告警功能，PHM 系统通过将发现的故障及时告知给后勤保障人员，让人工力量尽早介入到目标系统中，防止目标系统进一步受故障侵害，从而实现目标系统长时间的正常运行。常见的告警方式有站内通信、邮件和电话等。进一步讲，健康管理技术包含了辅助决策技术，该技术的主要目的是辅助后勤保障人员判断故障的原因，因为以往的告警功能只是报告了目标系统的一个状态，而状态的原因是不被后勤保障人员知晓的，如果让后勤保障人员逐一排查问题，在目标系统较为复杂的情况下非常困难，而辅助决策技术通过尽可能提供有效的故障定位信息缓解了这一问题。常见的辅助决策技术包括故障分类和根因分析等，这些技术相比于人的主观判断，可以提高维修决策的可信度和客观性，从而提高维修效率。

3. 数据挖掘技术

数据挖掘即从数据中挖掘或提取隐含、新颖、潜在有用的信息，是数据库技术、人工智能、机器学习、统计学、模式识别、神经网络、信息检索及可视化计算等多学科交叉发展而产生的新兴学科。数据挖掘以一种全新的概念改变着人类利用数据的方式，使数据处理技术进入了一个更高级的阶段，被称为未来信息处理的骨干技术之一。它不仅能对过去的数据进行查询，而且着眼于找出过去数据之间存在的潜在联系，进行更高层次的分析，以便更好地预测未来的发展趋势，做出正确决策等。

9.4 基于边缘计算的工业预测性维护

9.4.1 边缘计算的发展

边缘计算从概念的提出到现在已经发展成为一个热门的技术体系，并在实际应用中得到了人们的认可，其发展阶段基本上可以分为三个：技术储备阶段、快速积累阶段、稳定发展阶段。

1. 技术储备阶段

边缘计算最早可以追溯至 1998 年 Akamai 公司提出的 CDN。CDN 是一种基于互联网的缓存网络，依靠部署在各地的缓存服务器，通过中心平台的负载均衡、内容分发和调度等功能模块，将用户的访问指向最近的缓存服务器上，以此降低网络拥塞，提高用户的访问响应速度和命中率。CDN 强调内容（数据）的备份和缓存，而边缘计算的基本思想就是功能缓存。2005 年韦恩州立大学施巍松教授的团队就已提出功能缓存的概念，并将其用在个性化的邮箱管理服务中，以节省延迟和带宽。2009 年 Satyanarayanan 博士等提出了 Cloudlet 的概念，Cloudlet 是一个可信且资源丰富的主机，部署在网络边缘，与互联网连接，可以被移动设备访问，为其提供服务。Cloudlet 可以像云一样为用户提供服务，因此又被称为"小朵云"。此时的边缘计算强调下行，即将云服务器上的功能下行至边缘服务器，以减少带宽和时延。

2. 快速积累阶段

2015～2017年为边缘计算快速积累阶段，在这段时间内，边缘计算由于满足万物互联的需求，引起了国内外学术界和产业界的密切关注。

在政府层面上，2016年5月，美国NSF（国家科学基金会）在计算机系统研究中将边缘计算替换云计算列为突出领域；2016年8月，NSF和英特尔专门讨论针对无线边缘网络上的信息中心网络；2016年10月，NSF举办边缘计算重大挑战研讨会（NSF Workshop on Grand Challenges in Edge Computing），会议针对三个议题展开研究：边缘计算未来5～10年的发展目标，达成目标所带来的挑战，以及学术界、工业界和政府应该如何协同合作来应对挑战，这标志着边缘计算的发展已经在美国政府层面上引起了重视。

在学术界，2016年5月，韦恩州立大学施巍松教授团队给出了边缘计算的正式定义：边缘计算是指在网络边缘执行计算的一种新型计算模型，边缘计算操作的对象包括来自于云服务的下行数据和来自于万物互联服务的上行数据，而边缘计算的边缘是指从数据源到云计算中心路径之间的任意计算和网络资源。

工业界也在努力推动边缘计算的发展，2015年9月，ETSI发表关于移动边缘计算的白皮书，并在2017年3月将移动边缘计算（Mobile Edge Computing，MEC）行业规范工作组正式更名为多接入边缘计算（Multi-access Edge Computing，MEC），致力于更好地满足边缘计算的应用需求和相关标准制定；2015年11月，思科、ARM、戴尔、英特尔、微软和普林斯顿大学联合成立了开放雾联盟，主要致力于开放雾计算参考体系架构的编写。为了推进和应用工业场景与边缘技术的结合，该组织于2018年12月并入了工业互联网联盟。

3. 稳定发展阶段

2018年是边缘计算发展过程中的重要节点，尽管此前业内已经对边缘计算报以很大期望，而2018年边缘计算被推向前台，开始被大众熟知。这一阶段，边缘计算的参与者范围扩大很快，已经基本涵盖了计算机领域的方方面面，可以将它们分为六类：云计算公司、硬件厂商、CDN公司、通信运营商、科研机构和产业联盟或开源社区。

9.4.2　边缘计算的应用

随着边缘计算技术的发展，其在工业领域得到了广泛应用，推动了智能制造业的发展。Blanco-Novoa等学者为了提高智能制造系统中响应的实时性，将系统中的计算任务交给边缘计算处理，边缘计算为制造业提供了巨大的辅助作用。Fernandez-Carame等学者使用云、Cloudlet、雾计算和AR技术提出了一种解决方案，该解决方案提供低时延和QoS感知的应用程序，减少了网络流量和传统云计算系统的计算负载，能够减少可视化设计制造的时延。智能制造中的数字孪生技术将物理环境和虚拟空间相结合，用虚拟模型模拟真实系统的特性和行为，研究了基于"云+边+端"的数字孪生系统。张健等学者为了解决虚拟模型和实体同步时延高、计算量庞大的问题，利用边缘计算技术开发了一种信息物理机床，该机床通过数字孪生技术实现虚实交互，而边缘计算则减少了虚实交互的时延，与此同时，该机床还利用边缘计算技术实现了远程的监控、管理和控制。

边缘计算技术也广泛应用于智能制造中的智能运维。Mocanu学者提出了一种边缘计算的架构方案，其中的虚拟化进程允许访问高级计算机资源，并在离线状态可以实时利用，实现了对智能制造过程设备的实时监控运维。Ashjaei等学者认为边缘计算有助于解决工业物联网中的延迟、可靠性、安全性和隐私问题，提出的新智能制造运维管理平台能够根据不同的需求灵活地分配不同的维护任务。

故障诊断和缺陷检测作为智能运维的重要环节，边缘计算也推动了它的发展。王太勇等学者实现了刀具磨损的状态监测和预测，监测功能依靠多尺度卷积长短期记忆模型实现，预测功能依靠双向长短期记忆网络实现，并将其部署在雾计算体系结构中，由边缘计算层承担实时信号采集任务。

边缘计算在故障诊断和缺陷检测方面也有一些应用。武向军学者搭建了一套滚动轴承在线监测系统，该系统边缘侧使用随机森林和隐马尔可夫模型进行滚动轴承故障诊断，云端进行包络谱分析，完成轴承故障诊断任务。汤华松学者针对轴承振动信号进行解调、降噪、编码和解码等操作，通过包络谱分析技术完成故障诊断，并在边缘计算平台上进行了验证。王晓飞等学者为了减少边缘计算中数据传输量，提出了一种数据还原方法，对原始数据进行压缩处理后传输到服务器，在与服务器端进行分离之后再进行故障诊断，而边缘侧主要进行数据处理，没有进行故障诊断。可见，边缘计算已经成为当前研究的一大热点，而且也有大量的研究聚焦在工业领域。

9.4.3 边缘计算典型形式

边缘计算由多方不同的代表提出并主导发展，典型边缘计算形式有移动边缘计算（也称多接入边缘计算）、微云计算和雾计算。

1. 移动边缘计算

移动边缘计算的主导者是通信运营商，其动机在于通信运营商的基站是移动互联网用户接入网络的第一跳位置，在基站侧部署计算设备有利于为用户提供更为便捷的计算服务，并可以拓展其业务维度，获得更多收益。同时，5G 的发展使得通信运营商的基站部署密度更高，而 5G 带来的高通信速度加重了核心网的通信压力，因此必须将部分核心网的功能下放到边缘侧，这也成为 5G 的标准之一，进一步促进了移动边缘计算的发展。移动边缘计算中主要的边缘计算设备是位于通信基站侧的边缘服务器，边缘服务器通过核心网与云端相连，用户通过移动网络接入，后期拓展为多接入方式。与其他形式的边缘计算相比，移动边缘计算典型的特点是用户多通过移动网络接入，因此对移动边缘计算的研究通常要考虑时频等移动通信资源的管理。

2. 微云计算

微云计算的主导者为云计算服务提供商。云计算服务提供商的服务器分布在全球范围内的几个地方，不同地理位置的用户可以就近地利用云服务。用户离云服务器的地理位置越近，越能享受更便捷的计算服务，而当云计算服务商进一步提高服务器的地理覆盖范围，在城市范围内提供更广泛的服务器分布时，这些服务器就形成了一个个小的微云（边缘云）。用户利用近端的微云计算可以获取更好的计算服务，云计算服务商也可以降低通信成本，阿里云、亚马逊云等都提供类似的服务。微云计算与云计算亲缘关系最近，所有者都是云计算服务提供商，因此对微云计算的研究通常需要考虑计算资源定价策略等问题。

3. 雾计算

雾计算的主导者是以思科为代表的通信设备制造商，核心思想是利用如交换机、路由器等广泛分布的通信设备的闲置资源为用户提供更好的计算服务。雾计算的最主要特点是其计算设备的所有者是多个不同的主体，不同于移动边缘计算中计算设备属于通信运营商、微云计算中计算设备属于云计算服务提供商，雾计算中的设备没有统一的主体，计算设备的所有者拥有该设备计算和通信资源，他们通常既是资源的提供者，又是资源的使用者。使用雾计算中其他计算资源需要付费，贡献自己的计算资源又可以获得收益，因此资源的贡献激励研究往往是雾计算研究所关注的。

9.5 基于边缘计算的工业预测性维护系统架构和关键技术

9.5.1 基于边缘计算的预测性维护系统架构

工业场景中的边缘计算可以采用9.4.3节中的形式，但又不尽相同。移动边缘计算、微云计算和雾计算都是为了补充云计算的不足，计算是从云端下放到边缘侧，原始的边缘侧并没有计算；而工业边缘计算却并非是这种自云至边缘的发展形式，云计算的概念虽然已经提出很久，但是真正形成规模应用却是近几年的事情，在工业领域的应用更是远滞后于其他领域。工业云平台的建设与边缘计算是同步进行的，这导致在工业场景中，边缘侧的计算设备是先于云计算存在的。在云计算概念提出前，工业现场就已经存在了大量的计算设备，并运行相关的计算任务。工业互联网的发展促进了设备联网的需求，工业现场总线无法直接上传数据至互联网中，因此网关开始在工业现场大量部署，工业现场这些新旧计算设备构成了工业互联网中的边缘计算层，它具有不同的架构、资源水平和任务需求等，异构性是它们最显著的特点。因此，从边缘计算的起源来看，雾计算是与工业边缘计算最为接近的一种边缘计算形式。但是在大的工业互联网背景下，移动边缘计算、微云计算等形式的边缘计算也都可以算作工业场景下边缘计算的组成部分。因此考虑到所有边缘计算的形式，工业边缘计算的整体系统架构图可以如图9-10所示。

该架构图可以分为云平台、不同形式的边缘侧和终端设备三个部分。其中，云平台位于核心网远端，计算设备由云计算服务商提供，用户根据自己的需求选择云计算服务商不同层次的服务（如IaaS、PaaS和SaaS等）并部署自己的计算任务。当云计算服务商在用户所在的城域网范围内部署了微云，用户可以利用更快速便捷的微云计算给接入互联网的工业设备和移动边缘计算服务器提供就近的计算服务。在工业现场，用户可以利用厂房园区内的工作站进行边缘计算，也可以在现场部署边缘计算网关和边缘服务器，现场原有的计算设备如各种工业控制器、网络设备等也可以成为边缘计算设备，这种形式的边缘计算与雾计算接近。以工业环境中最典型的智能装备维护为例，用户要实现工业现场生产数据的收集，并在云平台进行数据分析、故障诊断与参数优化等功能，首先需要利用云计算服务商提供的云计算或者微云部署云平台，对于现场数据采集、清洗和上传等功能，可以利用本地的边缘服务器、边缘计算网关进行。若智能装备工作在野外，如石油装备等，则可以借助移动边缘计算服务器。

9.5.2 基于边缘计算的预测性维护关键技术

实现边缘计算赋能预测性维护，依赖诸多关键技术，这里就边缘计算网关堆栈、云边协同及边边协同、区块链与安全、计算卸载做重点阐述。

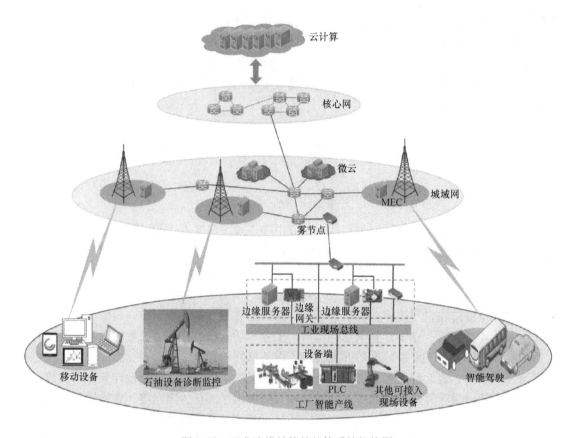

图 9-10　工业边缘计算的整体系统架构图

1. 边缘计算网关堆栈

Akraino Edge Stack 为 Linux 基金会项目，其支持针对边缘计算系统和应用程序优化的高可用性云服务。Akraino ELIOT（Edge Lightweight and IoT，边缘轻量级物联网）是该项目中提出的一个边缘轻量级物联网堆栈设计。

堆栈设计体现了边缘计算网关的工作特点，向下能够兼容各物联网终端，支持 ARM 与 x86 系统，搭载轻量级操作系统及 JVM（Java 虚拟机）。设备管理、模式故障诊断等应用以瘦镜像形式在网关中承载，并与云平台进行协同。预测性维护所需的数据采集，最终汇总至边缘计算网关后上传到云平台。作为面向未来的通用标准，且拥有基金会及各大企业的支持，在预测性维护场景中边缘计算网关的设计上，应着重参考上述设计规范。

2. 云边协同及边边协同

边缘计算是相对云计算而言的概念，因此云边协同对于边缘计算的应用有着重要意义。在边缘计算赋能预测性维护系统架构中，其最大特点是充分利用了边缘侧的计算能力，将云平台部分工作前推至边缘侧完成，并与云平台开展协作。在实现云边协同的基础上，进一步实现边边协同，规避不必要的数据路径，进一步提升生产效率。

实现云边协同及边边协同，最大难点在于数据互联互通。实现互联互通依赖以下两个方面：一是物理基础通信设施的建设，借助新基建，物理基础通信设施在可见的未来能够得到快速推进和改善；二是统一的数据互联互通标准和标识体系，包括工业互联网联盟大力推进的标识解析节点建设，以及 OPC UA 等关键支撑技术。目前国家一级标识解析节点基本建设已经完成，各地的二级节点建设也已全面铺开。

关键支撑技术以 OPC UA 为代表。OPC 标准于 1996 年发布，其目标是将 PLC 的特定协议抽象成统一的接口和应用。OPC UA 是在 OPC 的基础上创立的新框架，约定了一整套协议标准，对所有使用该协议的设备实现相互访问和控制。无法互通就谈不上协同，因此在未来的几年间，数据互联互通将是云边协同和边边协同的关键突破点。

3. 边缘安全

工业安全问题是阻碍工业互联网发展的最大障碍之一，对于预测性维护同样如此。得益于云安全的发展，终端数据入网后安全性能够得到有效保证，然而从终端数据源到数据入网这一段却始终存在严重的安全隐患，成为整个工业安全体系的短板。

区块链的兴起为边缘安全提供了新的思路。区块链是一种去中心化的分布式账本数据库，不受任何人或实体控制，数据在多个节点上可进行完整的复制或分发，攻击者没有单一入口点，因此数据安全性更有保障。数据进入区块链后所有类型数据均无法更改，网络中的所有节点均可访问信息。预测性维护场景中的边缘侧为了更好地监测设备状态，每个设备需要安装数个传感器，一个工厂通常需安装几百甚至上千个终端设备，终端数量庞大。通过对终端进行智能化改造和加装 Flash 等方式，将其作为记账节点纳入区块链系统，整个系统的规模将会十分庞大，足以实现数据多方交互和可信存证，增强边缘安全，补齐工业安全体系的短板。

4. 计算卸载

计算卸载的主要目的是将本地的计算任务卸载到云平台或者边缘侧等不同的位置进行执行，以完成不同目标的优化，卸载目标可以分为降低任务时延、降低设备能耗、最小化计算成本或者混合目标。计算卸载需要对计算任务进行建模，划分成多个子任务，然后将根据优化目标决策子任务的执行位置计算卸载，与后续讨论的资源分配会存在耦合的部分，因为计算卸载在部分情况下也会考虑子任务的资源分配，但是计算卸载的主要研究对象是计算任务，而资源分配的主要研究对象为计算设备，因此分开讨论计算卸载与资源分配。

5. 深度学习任务的边缘计算

边缘计算的目标是为计算任务提供多元化的计算资源，因此计算敏感型任务将是边缘计算中最主要的任务负载，其中典型的代表就是深度学习算法。深度学习任务的卸载，主要目的是选择一个合适的分区点来分离模型，决策模型的执行位置。为了使深度学习任务更适合进行边缘卸载，往往需要对模型进行改进，如 BranchyNet、多分支神经网络，多数的云边分区的卸载方案都是利用这种结构。将云边协同的深度学习卸载方法应用到工业生产线的故障检测中，使中央服务器的计算负载转移到边缘节点，可提高计算效率。

6. 资源管理

资源管理指的是对边缘计算环境中的资源进行管理和优化的技术，资源可以是 CPU、GPU、内存、I/O 和硬盘等计算资源，或者带宽、频谱等通信资源。资源管理是决定边缘计算水平的重要技术，传统的云计算对资源管理技术已经有了很多研究，但是云计算中计算设备类型单一，并且资源水平也基本相同，而工业边缘计算环境中，计算设备在所有者、计算架构、资源水平、计算成本和通信成本等方面存在较大的异构性，因此工业边缘计算中的资源管理往往比云计算中的资源管理存在更多的问题与挑战。

边缘计算的资源管理按照具体的功能可以分为资源放置、资源分配和资源定价与激励。资源放置指的是在一定地理范围内部署边缘节点,包括设置边缘节点的位置、计算资源水平和通信资源水平等。资源分配问题是资源管理中最为常见的问题,资源分配指的是为计算任务分配相应的计算与通信资源,也是边缘计算资源管理中研究最多的内容。资源定价指的是为资源或服务设定合理的价格,而激励问题考虑到资源使用者同时又是贡献者,如何激励用户将自己的资源贡献出来参与计算,是资源激励主要的研究内容。

9.6 基于边缘计算的工业预测性维护案例

近年来,随着传感技术、电子技术和工业自动化的发展,大部分的工业制造过程都可以被监测,从而产生海量的数据,制造流程的复杂性和商业活动的频繁性同样产生了大量数据。如何利用生产过程中产生的数据,从中提取有价值的信息,从而改进生产过程,是智能制造的主要需求,如针对重要设备的故障诊断、预测性维护和参数优化等所有的智能技术都离不开对数据的分析,而数据分析任务是一种计算敏感型任务,需要大量的计算资源,这在工业环境中很难满足,尤其是以深度学习为代表的数据驱动技术。云计算虽然可以在远端提供一定的计算服务,但是由于时延不定、通信成本高等问题无法完全满足工业需求,因此边缘计算概念一经提出,就在工业环境中得到了广泛应用。

在工业应用中,轴承的运行状态在很大程度上影响着机械产品的运行状态,同时对其分析的实时性要求非常高,而且需要准确地进行故障诊断。边缘计算作为一种新兴技术,需要在轴承近端就能够实现轴承的故障诊断,而模型的训练和更新则需要放在云平台。

硬件方面,本例使用安装有酷睿 i5-7500 CPU 和 NVIDIA GTX 1650 GPU 的计算机。软件方面,计算机安装 Windows7 系统,使用 Python 开发云端程序,其中,神经网络使用 PyTorch 搭建。

边缘侧主要用来模拟实时数据并进行轴承的故障诊断工作。使用 EAIDK-610 智能开发平台,安装 Fefora 操作系统,数据处理和故障诊断程序都使用 Python 编写。

EAIDK-610 是用于边缘计算的人工智能基础研发工具,如图 9-11 所示,该硬件平台使用高性能 ARM 处理器架构,支持嵌入式人工智能开发,能够为边缘侧的人工智能开发提供简单高效的 API,有效促进终端人工智能产品的场景化应用落地。

图 9-11 EAIDK-610

EAIDK-610 既安装了 Fedora 28 操作系统和桌面系统，还安装了边缘智能框架 Tengine 和简单高效的算法加速库 BladeCV。Tengine 的核心部分是一个轻量化、模块化、高性能的人工智能推断引擎，并且具有很高的通用性和开放性。Tengine 能够支持主流的深度学习框架，提供了高可扩展性的接口，并且针对端侧的计算平台，能够完成神经网络的高效运行。BladeCV 能够支持图像识别、视频处理算法，进行图片和视频的读取和解码，而且支持多张图片或者多条视频信息的融合，还带有图形界面显示功能，能够在轻量化平台上进行部署，简化视觉类算法的开发流程，节省开发成本。

在通过历史数据集建立故障诊断模型以后，先进行模型轻量化处理，再部署到网络边缘侧。这种情况下，即使脱离网络或者云计算中心，边缘侧也可以实现轴承的故障诊断。在不脱离网络和云计算中心的情况下，也可以将数据上传云计算中心，对已有的模型进行再训练，不断提高模型的精度和适应能力。基于边缘计算的故障诊断系统架构如图 9-12 所示。

边缘侧主要用来模拟实时数据并进行轴承的故障诊断工作。实现数据上传与模型功能使云边两侧相互协作，两个部分实现的具体功能也有所不同。其中云平台包含的功能有来自边缘侧的数据的接收、数据的存储、模型的训练和模型的下发等；边缘侧包含的功能有数据的预处理、轴承故障诊断、数据的上传和模型的下载等。实现数据上传与模型更新功能需要保证云平台与边缘侧

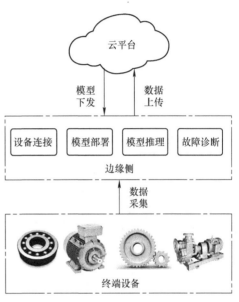

图 9-12　基于边缘计算的故障诊断系统架构

实现网络连接，先启动云平台，一直保持运行状态，边缘侧则与服务端建立连接，可以通过不同的命令完成不同的功能。在轴承故障实时诊断中，随着数据集的不断增加，模型在云平台再训练之后，边缘侧需要重新下载模型，以保证模型的准确率。可见，边缘计算因为提供了更为便捷的计算资源，为工业现场数据分析任务提供了计算支撑，经研究，所述案例验证了基于边缘计算的轴承故障诊断方法的有效性。使用 EAIDK-610 智能开发平台作为边缘节点，Windows7 的计算机作为云平台服务器，并实现云-边的网络通信，边缘侧能够完成故障诊断、数据上传和模型下载的任务，云平台能够完成模型再训练、数据接收和模型下发的任务。本例进行了基于边缘计算的轴承故障诊断实验，原始的故障诊断模型并不能满足实时性要求，而轻量化卷积神经网络、基于剪枝和知识蒸馏的模型压缩这两种轻量化模型都能实现实时性故障诊断，能够在 20ms 内完成诊断任务，并且最大能够支持 51200Hz 采样频率下的实时性轴承故障诊断。

9.7　本章小结

本章首先介绍了工业现场预测性维护的应用现状，描述了预测性维护的定义与发展，介绍了工业预测性维护的技术体系和关键技术，回顾并剖析当前预测性维护的技术内涵、分析

方法。然后以工业互联网为技术背景，分析了基于边缘计算的工业预测性维护发展及系统架构，说明了在工业物联网时代，随着越来越多的设备联网，边缘计算模型将原有云计算中心的部分或全部计算任务迁移到数据源附近，相比于传统的云计算模型，边缘计算模型具有实时数据处理和分析、安全性高、隐私保护、可扩展性强、位置感知及低流量的优势。最后介绍了边缘计算的实际应用，边缘计算得到了来自工业界和学术界的广泛重视和一致认可，同时边缘计算是工业互联网的重要技术支撑，作为新型的数据计算架构和组织形态，边缘计算扩展了网络计算的范畴，将计算从云中心扩展到了网络的边缘，为用户就近提供智能服务。随着边缘计算的不断发展，其在工业领域数字化转型中发挥的作用将会更加突出。

本章习题

1）简述边缘计算概念及其发展历程。

2）工业预测性维护的策略一般有哪些，说明各部分的作用。

3）OSA-CBM（视情维修的开放体系结构）包含几部分内容，分别介绍每部分具体内容。

4）阐述基于边缘计算的预测性维护关键技术有哪些。

5）在基于边缘计算的预测性维护案例中，阐述边缘计算如何应用于故障诊断工业场景中，并介绍主要流程。

第 10 章

工业边缘计算的挑战与展望

10.1 工业边缘计算的挑战

10.1.1 数据同步与适配

边缘计算作为物理世界到数字世界的桥梁,是数据的第一入口,拥有大量实时、完整的在网络边缘侧产生的数据,包括设备运行数据、环境数据以及信息系统数据等,具有高通量、流动速度快、类型多样、关联性强和分析处理实时性要求高等特点。

随着边缘计算技术的发展,边缘侧产生的数据量几乎每天都呈现爆炸式的增长,各类数据频繁融合、汇聚、卸载、传递、迁移、更新和演化,边缘节点之间的数据同步和适配都将受到极大的挑战。在边缘智能场景下,大量设备接入边缘云,上报数据量大,采样类型种类多,导致数据存在大量冗余。同时,虽然节点之间业务协作与数据同步的需求不断增加,但与此对应的链路带宽并未得到相应比例的增长,反而受到边缘资源零散性、异构性的约束。

如何在边缘侧计算资源受限的情况下,针对传输协议多样、来源多样的数据进行动态适配和同步,是工业边缘计算的一大挑战。

10.1.2 模型协同与部署

模型的构建和应用贯穿于整个制造系统,可以在制造活动实施之前进行分析、预测和优化,并提供决策支持,是提高制造系统效率、缩短研发和生产周期、降低成本、提高质量的关键。

工业边缘计算系统中的设备和资源通常具有异构性、差异性等特征,这意味着节点的计算能力、时钟频率、操作系统、所使用的开发语言和硬件资源等在很大程度上是不同的,平台开发者需要根据特定的设备类型进行模型构建,不具有可扩展性,这无疑会大幅增加模型协同的难度。因此需要研发易于使用的编程框架和工具,支持边缘计算编程模型需要的任务和数据的并行性,同时兼顾软硬件的异构性和边缘节点的资源容量,这使得边缘计算模型的部署比传统模型更复杂。

10.1.3 安全与隐私

边缘计算模型可以在网络边缘完成一部分数据处理工作,这虽然避免了用户隐私信息在过长的传输链路上被滥用和被窃取的风险,但是边缘计算中多类别、多数量设备的接入也带来了新的安全与隐私问题。

1)基础设施易受攻击。边缘计算增加了网络边缘侧的传感器、智能终端与核心主干网络的互联，但由于边缘服务器的计算能力较弱，难以部署完整、可靠的安全策略，导致其更容易受到现有攻击方式的攻击，即使这些攻击早已对云服务器失效。同时，边缘计算的分布式架构使得网络节点数量巨大、网络拓扑复杂，导致攻击面增大，破坏者可以选择从任意有安全漏洞的物联网设备入手，对整个互联网生态进行破坏和污染。

2）安全机制难以建立。传统计算机倾向于使用标准的操作系统和统一的通信协议，而边缘计算中包含的智能设备种类繁多，通常具有不同的操作系统和通信协议，暂时缺少统一的、标准化的规则，导致设计统一的边缘计算安全保护机制比较困难。此外，由于边缘网络的动态性，授权实体并不完全可靠，系统需要具备识别和监控能力，仅仅依靠传统数字签名或口令机制，难以保证边缘网络的安全通信。

10.2　工业边缘计算的展望

10.2.1　云边端一体化

边缘计算适用于局部、实时和短周期的数据处理与分析，可以有效支撑本地业务的智能化决策与执行。但随着边缘计算节点数量的迅速增加，分散的边缘计算网络出现了数据同步与适配、模型协同与部署以及安全与隐私等问题，成为边缘计算发展的主要挑战；而云计算擅长全局性、非实时和长周期的大数据处理与分析，若在云平台搭建云边协同全局管理平台，对边缘计算节点进行统一管理，则能够在终端设备的长期维护、决策支撑等领域发挥优势。所以，从资源、数据、服务、应用、安全和运维等方面达成云平台、边缘节点和终端设备间的协同，实现云边端一体化，是工业边缘计算进一步发展的基础。

云边端一体化旨在消除云、边缘、端基础设施之间的异构资源差异，提供统一视角的资源管理和使用，实现数据自由流通，统一应用运行环境，构建立体化安全保障能力，满足多样性、实时性和可靠性等需求指标。在云边端一体化平台中，云平台负责统一管理和集中式计算，依托大数据分析优化输出的业务规则或模型可以下发到边缘侧；边缘侧运行模型，并进行数据接入和实时计算；终端实现泛在感知和本地智能。云边端一体化将进一步放大边缘计算的应用价值，为工业互联网场景化开发部署提供全周期支撑，实现对工业数字化转型的深度赋能，已成为重要发展趋势。

10.2.2　工业互联网应用

边缘计算的通信和数据处理技术的核心在于工业互联网的应用。随着工业互联网技术体系的发展越来越成熟，现在更需要的是落地到多角度、多领域的融合应用，如工业互联网在各个垂直领域里的深度应用，包括石化、钢铁和食品等流程领域，汽车电子、机械制造和纺织服装等离散行业，或是结合5G、区块链的融合技术应用于智能矿山、物流运输的场景等。随着客户个性化的发展和企业需求的不断变化，广大工业企业对于工业互联网平台的诉求出现分化，各具特点的平台会逐渐出现。未来，如何真正满足客户诉求，平台本身及其所依附的平台生态将会成为关键。

大多数的工业互联网应用场景是基于工业企业的数字化改造，目前正呈现构建区域级或行业级工业互联网平台的趋势，各地政府和行业头部企业寄希望于通过构建工业互联网平台整体赋能产业。例如，在某一个区域构建基于本区域的工业互联网平台，搭建符合本地区域产业特点的底座和业务应用，通过整体为整个区域的工业企业开展数字化转型提供服务。我国的工业大省是这方面的先行者，正逐渐产生此类的集群式效应。同时，一些三线城市逐渐意识到工业互联网带来的价值和效果，这些城市一方面有极大的诉求去开展整个城市工业体系的重构和工业互联网的应用，另一方面又由于本身供给侧资源的缺乏，缺乏抓手去协同推进工业互联网产业的落地。因此，这些城市对于互联网供给侧企业来说是一个极大的蓝海。

10.2.3 标准体系建设

由于边缘计算属于融合概念，参与主体众多，连接的设备种类繁杂，应用场景各具特色，不同领域的标准组织均从各自领域出发对边缘计算进行了说明和规定。这导致标准化工作仍缺乏统一布局，现有的标准碎片化和重叠化现象比较明显。因此，虽然边缘计算技术具有良好的发展前景，但是仍然缺乏对边缘计算系统的统一规定，这样不利于行业发展和推广。

目前国内边缘计算标准体系仍处于起步阶段。中国通信标准化协会（CCSA）、无线通信技术工作委员会、（TC5）移动通信核心网及人工智能应用工作组（WG12）组织发起了5G边缘计算系列标准的制定，这成为国内首个针对5G服务平台体系的边缘计算行业标准，具有较强的指导性。由中国电子技术标准化研究院主办编制的《信息技术 云计算 边缘云计算通用技术要求》，提出了物联网边缘计算的系统架构和功能架构，并规定了功能要求，适用于边缘计算节点的设计、开发和应用。

建立完善的行业标准体系，还需加强沟通、深化合作，整合并充分利用国内外工业互联网边缘计算相关企业、研究机构的优势资源。加强对边缘计算的核心设备、关键技术、测试规范、应用指南和安全等关键标准的研制，进一步促进边缘计算系统的API、服务方式及数据格式采用统一的标准和兼容接口，确保边缘计算与云计算、边缘计算系统之间、组件之间的信息交互与共享。统一安全和管理标准，指导边缘计算的推广和创新应用，加速推动跨厂商边缘计算产品互联互通互操作，从而促进行业技术标准体系的不断发展与完善。

10.2.4 产业生态营造

工业制造规模庞大且门类细分，产业发展依赖于行业协会、联盟的组织和引导，往往围绕龙头企业形成地区产业集群。边缘计算已经掀起产业化的热潮，其发展不仅需要技术与应用的创新，也要依靠各类产业组织、商业组织发起和推进的研究、标准、产业化活动。具有代表性的活动有：由IEEE和ACM正式成立的IEEE/ACM Symposium on Edge Computing（边缘计算顶级会议），组成了由学术界、产业界和NSF共同认可的学术论坛，对边缘计算的应用价值、研究方向开展了研究与讨论；由中国科学院沈阳自动化研究所等联合倡议发起的ECC，目前已拥有成员单位200余家，与多领域产业展开了正式联系与合作；由中国自动化学会组织成立的边缘计算专业委员会，参与承担了与边缘计算相关的国家重点研发计划、工信部智能制造、工信部工业互联网创新发展工程等一系列重大项目。

推进边缘计算的发展，需要吸纳广大从业者和组织机构参与到相关产业生态的研究和运营工作中来，以下有三点建议：一是构建开放的合作研究和广泛的应用实践，开展行业动向交流，促进行业内部的沟通合作，激发应用创新活力，繁荣应用生态；二是鼓励重点企业关注行业需求，合作完成工业互联网边缘智能的细分行业解决方案，形成一批可复制、可推广的应用路径，带动中小企业开展网络化改造和边缘计算应用，提升整体发展水平；三是完善融合政策体系，打破行业壁垒，结合 5G、工业互联网等新型基础设施建设规划及发展需求，统筹规划边缘计算基础设施规模化部署。

10.3 本章小结

本章简要介绍了边缘计算目前所面临的技术挑战，并对其未来发展趋势做出展望。首先从边缘计算的特点出发，分别阐述了其在实际运用中需要解决的数据同步与适配、模型协同与部署以及安全与隐私等挑战。其次，分别从边缘计算的发现现状和需求着手，展望了其未来在云边端一体化、标准体系建设和产业生态营造等方面的前景。

本章习题

1）简述边缘计算基础设施存在的安全隐患。

2）边缘计算在云边端一体化平台中发挥什么作用？

3）工业互联网平台如何为产业赋能？

4）边缘计算相关的研究、标准和产业化活动组织有哪些？

参 考 文 献

[1] BUYYA R, SRIRAMA S N. 雾计算与边缘计算：原理及范式 [M]. 彭木根，孙耀华，译. 北京：机械工业出版社，2020.

[2] 杨振东，陈旭东，冯铭能. 一种多业务边缘计算的 IP 网络架构和承载方式 [J]. 邮电设计技术，2019（12）：56－59.

[3] 马小婷，赵军辉，孙笑科，等. 基于 MEC 的车联网协作组网关键技术 [J]. 电信科学，2020，36（6）：28-37.

[4] 张晟，盛琦，戎伟. 面向垂直行业的 5G 组网（边缘计算）方案及策略 [J]. 电信科学，2019，35（S2）：1-7.

[5] 乐光学，戴亚盛，杨晓慧，等. 边缘计算可信协同服务策略建模 [J]. 计算机研究与发展，2020，57（5）：1080-1102.

[6] 张建敏，杨峰义，武洲云，等. 多接入边缘计算（MEC）及关键技术 [M]. 北京：人民邮电出版社，2019.

[7] 张星洲，鲁思迪，施巍松. 边缘智能中的协同计算技术研究 [J]. 人工智能，2019（5）：55-67.

[8] 中国电子技术标准化研究院. 机器视觉发展白皮书：2021 版 [Z]. 2021.

[9] 梁程，薛建彬. 基于云-边缘协同计算的表面缺陷检测系统研究 [J]. 机械与电子，2022，40（2）：65-70.

[10] 边缘计算产业联盟，机器视觉产业联盟，智能视觉产业联盟. 边缘计算视觉基础设施白皮书 [Z]. 2022.

[11] 朱亚东洋，李心超，魏文豪，等. 基于边缘计算的实时目标检测系统的研究与实现 [J]. 北京石油化工学院学报，2022，30（2）：40-45.

[12] 李欣，王璐欢. 智能视觉技术应用初级教程：信捷 [M]. 哈尔滨：哈尔滨工业大学出版社，2021.

[13] 雷波，陈运清. 边缘计算与算力网络：5G＋AI 时代的新型算力平台与网络连接 [M]. 北京：电子工业出版社，2020.

[14] DE OLIVEIRA VALADARES D G, QUININO R C, CRUZ F R B, et al. Repairable system analysis using the discrete Weibull distribution [J]. IEEE transactions on reliability, 2023, 72（4）：1507-1514.

[15] 潘凤文，麻斌，高莹，等. 奇偶空间法用于电动车锂离子电池传感器故障诊断 [J]. 汽车工程，2019，41（7）：831-838.

[16] 施杰，伍星，刘韬. 采用 HHT 算法与卷积神经网络诊断轴承复合故障 [J]. 农业工程学报，2020，36（4）：34-43.

[17] 龚俭. 计算机网络安全导论 [M]. 南京：东南大学出版社，2000.

[18] 严新平，杨琨. 可监测性与数字诊断技术 [M]. 武汉：武汉理工大学出版社，2018.

[19] 朱友康，乐光学，杨晓慧，等. 边缘计算迁移研究综述 [J]. 电信科学，2019，35（4）：74-94.

[20] 王其朝，金光淑，李庆，等. 工业边缘计算研究现状与展望 [J]. 信息与控制，2021，50（3）：257-274.

[21] 施巍松，张星洲，王一帆，等. 边缘计算：现状与展望 [J]. 计算机研究与发展，2019，56（1）：69-89.

[22] 李辉，李秀华，熊庆宇，等. 边缘计算助力工业互联网：架构、应用与挑战 [J]. 计算机科学，2021，48（1）：1-10.

[23] 中国信息通信研究院，工业互联网产业联盟. 流程行业边缘计算解决方案白皮书 [Z]. 2022.